民國建築工程期刊匯編

MINGUO JIANZHU GONGCHENG QIKAN HUIBIAN

66

《民國建築工程期刊匯編》編寫組 編

廣西師範大學出版社
GUANGXI NORMAL UNIVERSITY PRESS
·桂林·

第六十六册目録

中國營造學社彙刊

33037

中國營造學社彙刊
第二卷 第三期
民國廿一年九月

中國營造學社彙刊第三卷第三期目錄

論著

雜俎

本社紀事

北平智化寺如來殿調查記

劉敦楨

一　引言

北平自遼太祖會同元年 A.D.937 改幽州爲南京以來，歷遼金元明清五代，前後九百餘載，咸宅都於是，年代悠遠，求之歷代都邑，殆罕其匹。惟其城闕宮殿配列之狀，僅明清二代因襲相承，變易較微，若金之於遼，元之於金，明之於元，皆代有改建，而建築結構彩畫裝飾諸項，亦與時推移，不乏變遷。今以清宮建築與宋李氏營造法式相較，其差異之點不一而足，方之唐制，出入尤多，更可想見。昔日人伊東博士嘗調查清宮，謂「清之幽燕建築，與遼金元異族文化，綜錯激蕩，演爲明清二代之制，與南式稍異，」（見明治三十四年建築雜誌第一百七十八號）其說固多扼要。惟證以本社梁思成先生調查遼獨樂廣濟二寺之結果，知遼代寺剎之結構，大體尚存唐制之舊，初無異族習尚滲雜其間，如金元二代之甚者。其後金海陵營中都，圖寫汴京制度，曲盡其數，屏扆窗牖，胥輦自汴京，明成祖營北京，一依洪武南京規制，董役諸臣亦多南人，皆見諸典籍，確鑿可徵。而永樂間鄭和航南洋，及明末東西交通之頻繁，俱與建築材料裝飾，不無關係。故自遼金迄清，其間建築幾經嬗變，初非一系相承之系統，其所受外來影響，亦非遼金元數者而已。惟明清宮殿建築異於唐宋二代者，究至若何程度，其變化起於何時，經過狀況若何，受外來影響者何在，皆爲研究我國近代建築史者亟宜討論之點。至於蒐集實例，定其先後，辨其異同，闡明其時代之特徵，期與文獻互相印證發明，又爲首要之圖，不待言也。

北平古建築之留存者，明清二代占其大部。此二代建築差異甚微，遠不逮唐宋，宋明間變遷之巨，固盡人皆知。惟其局部結構與彩畫裝飾花紋，間有出入，且各能發揮其時代之特性，亦治斯學者不能棄置者也。愚於舊夏卿中大建築系之命，來平調查古物，聞社友南策心如諸先生言，城東有智化寺搠於明正統間，雖牆垣傾圮，簷牙落地，而規範猶間有存者。就中萬佛閣之藻井，雲龍蟠繞，結構恢奇，頗類大內規制，非梵剎所應有，因約往觀。詎至該寺而藻井已亡，惟閣內彩畫裝飾雕刻諸項，類具明代特性，屋頂步架舉架及上下昂結構，爲宋清間過渡之物，尤有裨建築史料，因測繪其大概而歸。歸後旋值滬變，棄置籠篋中者數月。今秋北來，從事整比，發見脫誤不少，乃重行訂正補綴而成此文。昔賢有云：『孤證不足信』，茲篇之作，乃調查北平建築系統之起點，凡所論列，皆臚舉見聞所得，供海內賢達比較研究之資料，非云遽有結論。至測量繪圖攝影彩畫餘項，賴梁思成劉南策二先生匡助之力居多，而本社邵力工宋麟徵王先澤莫宗江，中大濮齊材張至剛戴志昂諸君，皆身預其役，不辭勞瘁，協力合作，稿成後復承社長朱先生是正多處，故本文雖云簡陋，亦非愚一人之力所能畢具者，謹誌顛末，並表謝衷。

二　智化寺沿革

明季北京梵刹琳宇，吻脊相望，而出自權璫經營者尤多，智化寺其一也。寺在齊化門內黃華坊祿米倉舊武學東，明巨閹王振所建。王振者，英宗北狩之罪魁，與魏忠賢前後輝映，爲明閹宦專權之巨擘，其寺則英宗賜名「報恩智化禪寺」者也。按明史宦官傳，洪武初定江左，鑒前代之失，鐫鐵牌置宮門，禁內臣不得干政。及永樂靖難之役，閹人多參預行間，其後疑建文亡海外，遣鄭和泛海耀兵異域，復置東廠刺民間隱事，漸加委寄，然永樂宣德間，犯法者輒置極典，諸中官亦不敢肆。振於永樂間入宮，歷仁宣二朝，頗受寵遇。英宗立，少不更事，振狡黠得帝歡。正統七年冬，太皇太后崩，三楊年老不能制，於是漸擅朝政，沽權示威，卒導帝北征，釀土木之變，明社幾瀕危殆。其後汪直劉瑾魏忠賢輩，皆步振後塵，逢惡作奸，戕削國本，啟滅亡之端，故明閹宦擅權之局，實自振首開其例，於有明三百年政治史中不無關係。

寺之創立年代，據該寺『勅賜智化禪寺之記』及『勅賜智化禪寺報恩碑』，寺始工於正統九年正月初九，完成於同年三月初一，爲期不足兩月，頗引爲莫解。按明史振本傳，『正統七年太皇太后崩，榮已先卒，士奇以子稷論死不出，溥老病，新閣臣馬愉曹鼐勢輕，振遂跋扈不可制，作大第皇城東，建智化寺，窮極土木，』又云『正統十四年八月壬戌，始次土木，瓦剌兵追至，師大潰，帝蒙塵，振乃爲亂兵所殺，……振擅權七年，籍其家，得金銀六十餘庫，玉盤百，珊瑚高六七尺二十餘株，其他珍玩無算』，則振奢縱肆行，營建宅寺，當在太皇太后崩御以後無疑。攷仁宗誠孝張皇后崩於正統七年十月，其時愉鼐二人輔政甫二載餘，適與史文所稱擅政七年相符。且智化寺現存堂殿十餘所，在獨力經營之寺剎中，其規模亦可謂之宏巨，明史謂『建智化寺，窮極土木』記中亦言，『卽其尚曠高朗處，垣而寺之』，則此寺應屬新建。而振宅僅金銀庫一項已六十餘所，其範圍遼闊，又可推知，謂其鳩工擇材，爲咄嗟間所能辦，決非事理所有。矧前述『勅賜智化禪寺之記』及『勅賜智化禪寺報恩碑』，皆立於正統九年九月，故愚意振營宅寺，必蓄意已久，其始工當在誠孝張皇后崩御之次年，卽正統八年至九年秋季樹碑紀恩之間，其全部落成，或稍後於此，殊未可知。故碑文所紀始工竣工年月，恐未必一一與事實符合。朱桂辛先生頗疑振改舊第爲寺，藉建寺之名，另營新宅，記中所云，乃故弄虛玄，避奢僭之目，免言官彈舉者，並記於此，以供留心此寺歷史者之參考焉。

勅賜智化禪寺之記

今上皇帝嗣承大寶以來天下太平百穀豐稔無間遠邇內外皆家給而人足是以安生樂業之餘又得以遂其報本追遠之願焉夫萬物本乎天人本乎祖譬之達海之水其流百折而愈遠者由其源之所自深也千尋之木其幹千尋而益茂者由其根之所託厚也人有此身榮顯康寧壽考享無窮之慶者孰非由於祖宗積德深厚之所致哉於乎水本乎源能濬滋而不忘則其流之遠也不達於海不止木本乎根能培養而不遺則其幹之茂也不干乎霄不已人於祖宗而能不忘不違生則致其養沒則盡其時思之忱則豈獨足以福庇其身於永久而於君子尊祖敬宗報本追遠之道亦庶幾矣以物言之則身與物皆萬物也以天言之則天與佛無非天也天者在天之佛佛者在世之天萬物欲效報於天者非皈依佛不能而人欲效報於祖者舍佛其誰能資其冥福哉此吾一念惓惓在於佛者蓋以報本追遠爲主其次增延福壽濟渡幽顯於無窮也京城之東稍北爲順天府大興縣黃華坊振之私第在焉境幽而雅喧塵之所不至乃即其閒曠高朗處垣而寺之將俾吾後之人掌持而供奉於其間永敬無怠寺之建也殿堂門廡各以序爲與夫幡幢法具庖湢庫庾之類靡或不備規制弘敞像設尊嚴塗墍堅完采繪鮮麗凡百工材之費一出已貲蓋始於正統九年正月初九日而落成於是年三月初一日既而以

附

王嘉之特賜名曰智化禪寺　奎章赫弈

佛日光輝饒無量之幸也然念不可無記謹拜稽首記而銘之銘曰稽首諸佛諸龍天巍巍功德浩無邊慧光普照三大千

如日出地明赫然迷塗渺渺生靑蓮慾海茫茫浮舟船衆生乘此妙因緣度脫艱虞離糾纏我惟眞發願力堅手中金寶

樂棄捐黃華之境何幽偏築構莊嚴精且專成兆大剎奉金仙幸殫一念善果圓心不忘佛佛在前一燈初起千燈傳上

資慧力福我先下冀集禧兼延年恒河沙界智與賢共此見聞增福田

大明正統九年九月初九日佛弟子□□□□□□□□□

土木變後，振族無少長皆誅，並籍其家，事具明史景帝紀及振本傳，惟史籍未言此寺拆毀沒收，則當時似未波及。其後天順元年英宗復辟，追念舊事，爲振立精忠祠於寺內，塑像祀之。惟建祠時日，明史英宗後紀謂「天順元年冬十月，賜王振祭葬，立祠曰精忠」，而日下舊聞引國朝彙典，謂「天順元年四月詔復王振官，刻木爲振形，招魂以葬，塑像智化寺北祀之，勑賜寺曰精忠，」與明史所稱，前後約差半載。此外萬佛閣後有英宗諭祭碑，（第一圖）下刻振像，上鐫英宗諭祭文，褒振引刀自刎，賜蟒衣玉帶，致賻建祠，惜首段被寺僧斬削，未詳其歲月。其左側有「天順已卯秋，住山然勝述錄，住持性道立石，」之銘刻，後於天順元年約二載，未能證彙典與明史孰爲正確。故精忠祠建立年月，在另未發見有力證物以前，暫以明史爲斷。

第一圖　英宗諭祭王振碑

英宗諭祭王振碑（碑額皇明恩典）

口口口口口口口口口口口
口口口忠祠口口有曰
口口口口口口口口大之器可屬倚任
仁宗昭皇帝凡有腹心之委咸屬於口
宣宗章皇帝達豫獨荷付託之命正統改元輔
上承繼大統十五年間海宇寧謐人民樂業措天下於泰山之安可謂有
社稷之功矣曩者
車駕北征口以腹心扈從將臣失律并以陷沒即引刀自刎迨今
皇上復登大寶錄舊勞昭曠典以篤君臣之義以勵侍從之節即
詔招靈祭葬蟒衣玉帶致賻建祠撰碑頌勅以旌忠義尙全始終猗歟盛哉誠激勸涵煦萬世綱常之聖典也
天順己卯秋重陽日
勅命繼嗣香火僧錄覺義智化住山旌孝然勝拜手頓首述錄
宗師住持性道口口口立石

旌忠祠之位置，一如建祠時日，疑點甚多，據日下舊聞考，『王振祠及像，明彙典謂在智化寺北，實錄謂在智化寺內，其實在寺中之北，非兩處也，』乾隆七年御史沈廷芳奏請仆毀王振塑像摺中，亦云『其後殿西廡，逆振之像儼居高座，玉帶錦衣，香火不祀英殿西簷下，現有英宗諭祭之碑，褒其忠義，」則此祠當時附設智化寺北部，非另立專祠可知。惟該寺後部重要堂殿，如如來殿・大悲堂・萬法堂等，爲數不一，（第二圖）沈氏所云後殿，未審何指。嗣張嘉懿君告愚大悲堂原名極樂殿，有康熙間重修牌可證，同社邵君破堂藻井，於其明間脊枋上搜得此牌，高〇・二四公尺，闊〇・一三公尺，題「第十三代住持宗果宗玉宗實，法徒輔遠，近舉進士弟順化觀，法孫法清西悅固永演，康熙二十年二月初一日開工，重修極樂殿日期記，」除法清法悅法固法永法演外，餘皆見該寺譜牒，則大悲堂之名，必乾隆毀像後所改。今觀堂前有垣有門，自成一廓，而英宗諭祭碑卽立於門左，其東廡有碑仆臥簷下，字跡鑿毀，亦疑卽沈氏摺中所稱李實碑，故愚意門內或爲精忠祠之故址。但現存西廡二間，湫狹異常，非宜於錦袍玉帶之設，豈毀像後改建者耶。

沈廷芳奏請仆毀王振塑像摺

協理陝西道事山東道監察御史臣沈廷芳謹奏爲前朝之逆閹塑像猶存亟請勅毀以儆奸邪以垂懲戒事臣聞王者之政旌別宜先敍有惡必彰時代雖遙猶加毀斥凡所以樹風聲也臣向居詞館校閱明史告竣之後旋蒙恩賜得以徧觀稿查英宗後紀云天順元年冬十月丁酉賜王振祭葬立祠曰旌忠振本傳云作大第于皇城東建智化寺窮極土木後振爲亂兵所殺英宗復辟念振不置賜祭招魂以葬祀之智化寺祠曰旌忠等語夫振之罪惡滔天古今共憤蹟其竊柄弄權肆奸納賄搆釁瓦剌乘輿播遷致令宗社幾傾罪孽尤極身既喪亡家亦族滅論世者猶以爲死有餘辜太息痛恨乃英宗猶

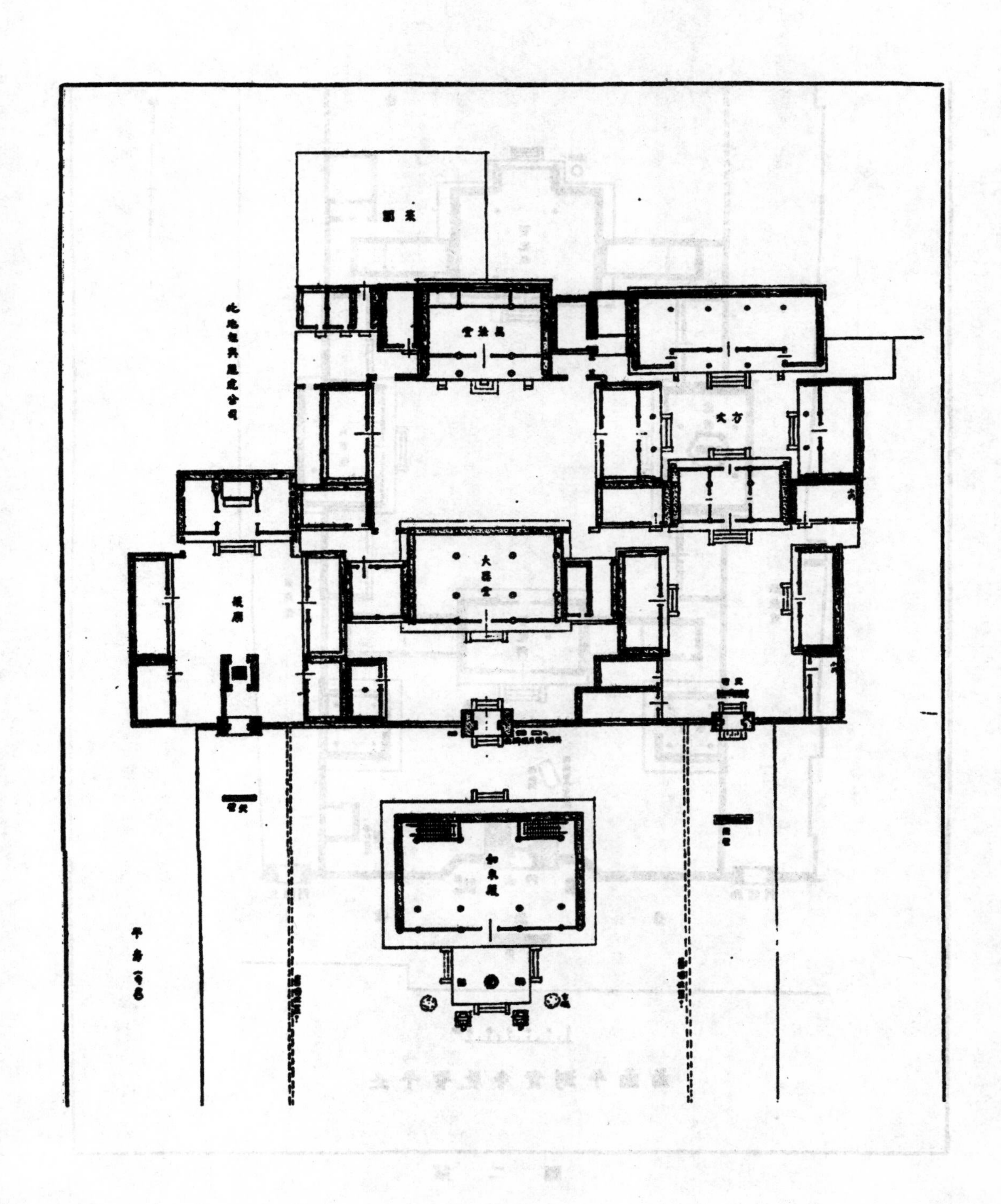

33053

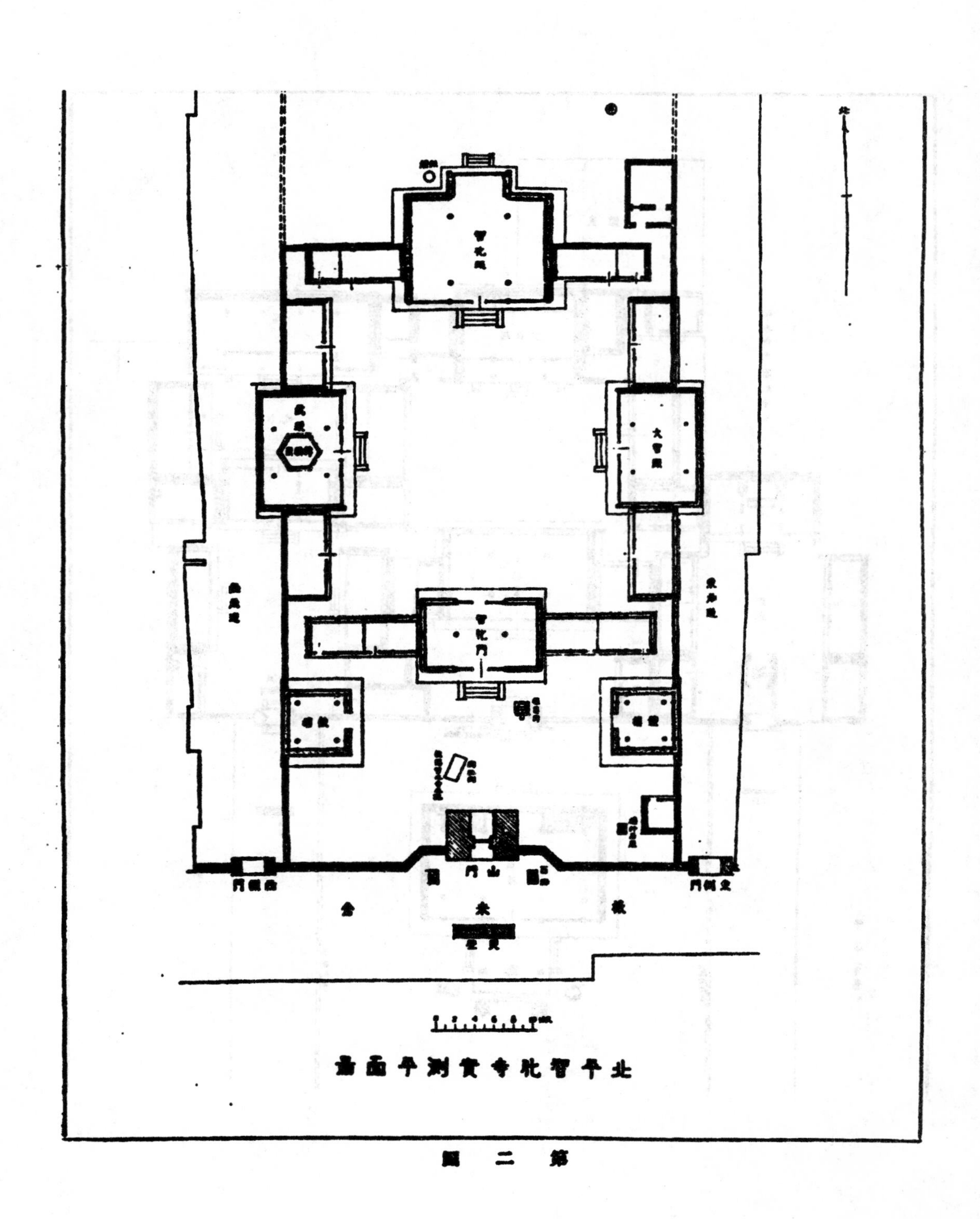

北平智化寺實測平面圖

第二圖

謂其爲國殉節疊加身後之恩以致後來宦豎橫行轉相則效如汪直劉瑾魏忠賢諸逆鬨風而起卒至濁朝綱四奴正士中原塗炭民不聊生較之漢唐其禍更烈溯厥源流皆由振始是逆惡王振固明代之罪人實萬世之炯戒臣既讀明史深切慨嘆近因公事經行海岱門內之祿米倉前則見智化寺巋然尚存規模實鉅其後殿西廡逆振之像儼居高座玉帶錦衣香火不絕殿西簷下現有英宗諭祭之碑褒其忠義大殿前則建李賢所撰智化寺碑稱其豐功大節幾於殺身成仁觀覽之下不禁髮指伏思我朝家法治化清明寺人奉職惟謹不敢稍干外政此誠度越漢唐邁蹟三代臣恭閱聖祖仁皇帝賜題于謙之碑嘉其忠貫日月義壯山河而臺臣張瑗奏請剷平魏忠賢墓幷仆其碑奉旨魏忠賢墓著交與該城官員仆毀剷平該部知道欽此旌別之義千古常昭中外快心迄今仰頌聖德今茲光天化日之下大都首善之邦豈容尚留穢像猥稱祠祀其何以儆大慜昭憲典況信史既行褒貶顯著雖僅屬前代餘慝不足重煩睿慮而大義所在必須昭示伏祈勅下地方有司立毀其像投諸水火並仆李賢之碑以示懲創至英宗之碑並請移置他所埋瘞俾天下後世凜然知凶惡之徒且不能保其像於身後而聖明癉惡之義炳如日星嚴如斧鉞咸知鑒戒於弈禩矣臣因此等事世道人心所關既有所見不敢隱匿仰懇皇上睿鑒施行謹奏乾隆七年正月二十九日硃批著照所請行該部知道

天順六年，英宗復頒賜藏經一部於此寺，今如來殿內東側次間，尚有英宗頒賜藏經碑一通，保存完好。（第三圖）又有經櫥二，作曲尺形，分列殿東西二側，足徵天順復辟後，此寺屢邀宸注，盛極一時。而智化寺創立之初，係以僧官掌持，尤爲該寺隆盛之證。據該寺正統十一年所立譜牒，其開山第一代住持然勝出臨濟宗，寺內諸碑載其曾爲僧錄司左講經，校讐三藏，提督漢經廠教經，廣善戒壇傳法宗師，兼勅建大興隆寺第四住持。然勝掌此寺垂三十年，沒於成化十一年，觀該寺大悲堂所藏祭牌，鐫刻憲宗諭祭文，多褒美之辭，似不失當時大德之一。又據日下舊聞考引武宗實錄，「正德二年五月，陞僧錄司右覺義性道爲右講經，僉押管事，兼智化寺住持，寺乃故太監王振所建，天順初賜振碑文，立旌忠祠於寺內，以僧官主之，至性道三傳矣。」則此寺自正統創立後，至正德初年，前後五十餘年間，因英宗寵眷及諸閹維護，以僧官主持，甚爲明瞭。惟性道以後，史跡無徵，則無考焉。

英宗頒賜藏經碑

皇帝聖旨朕體

天地保民之心恭成

皇曾祖考之志刊印大藏經典頒賜天下用廣流傳茲以一藏安置智化寺永充供養聽爾住持右覺義然勝及其徒衆看

誦讚揚上爲

國家祝釐下與生民祈福務須敬奉守護不許從容閒雜之人私借觀玩輕慢褻瀆致有損壞遺失敢有違者必究治之故

諭

天順六年十二月十五日

（背面）

僧錄司左街講經前奉

第三圖　英宗頒賜藏經碑

詔授灌三藏廣善戒壇傳戒宗師智化開山
特恩旌表孝行承
旨提督漢經廠教經兼
勅建大興隆寺第四代住山口然勝口口勒石

憲宗諭祭然勝文（碑文剝落强半據大悲堂祭牌重錄）

維成化十一年歲次乙未七月戊申朔二十二日己巳
皇帝遣禮部員外郎于懋
諭祭於僧錄司左講經然勝曰爾蚤通釋典恪守毘尼祗事朝廷歷遷今秩正期益振宗風胡爲遽爾長逝
特茲諭祭用彰䘏典爾靈有知尙其歆服

（背面）

臨濟正傳宗派偈

妙德凝然常覺性
眞如智慧本圓明
弘慈輔法隆慈濟
嗣祖傳心道大興

成化八年龍集壬辰孟夏　佛降誕日
授廣善戒壇宗師兼　賜智化寺第二代住持常欽
第三代住持性道　立石

智化寺自明中葉以降，世俗香火，似亦繁盛，其如來殿內鐵磬，爲弘治十年通州惠德鄉駒子馬房信女李惠聰造，殿前鐵鐘，係成化三年京師東城南薰坊品官房陳氏鳳氏造，鐵爐則萬歷二十八年郝𡸇造，（第四圖）足爲當時人士信仰所繫之證。入清以來，施布佛具之證物雖未發見，然就前述極樂殿修理一舉論，此寺經濟狀況必非窘迫。其後乾隆七年，御史沈延芳奏請仆毀王振塑像，寺僧畏被波連，凡碑文中片言隻字涉及振者，咸鑿削無遺，自是以來，銷聲匿跡，冀求倖免，而寺運亦日就衰微。今寺之前部自智化殿以南，爲細民叢住之所，寺僧依租金度日，勉延殘喘，故諸殿毀敗日增，傾塌之虞，爲期不遠。而如來殿外簷凋敝，欄楯傾頹，上層藻井亦於數年前爲西人重金購去，僅內部裝修彩畫，尙存明代餘俤，足追緬舊時勝概於萬一耳。其後部方丈萬法堂諸處，現附設小學校及國術講習所各一，保存尙佳。

綜上所述，智化寺創立年代，當在明正統八年，（A.D.1443）而完成於正統九年，歷星霜四百八十餘度，在北平現存諸寺中，不失年代較爲悠遠者之一。惟研究此寺最感困難者，即建立以來之修理紀錄，甚形缺乏。據寺僧得諸長老傳說，諸大殿自明末一度修理後，清代未加繕葺，僅萬法堂附近，爲咸豐間所改建，以現狀對照觀之，其說有合有不合。蓋愚於山門石額西側，發見『萬曆五年三月三日，司禮監管監事，兼掌內府供用

第四圖　如來殿前香爐

璫印，提督禮儀房太監都督等重修」，小字數行，知明末此寺復經群閹修治，惟康熙間重修極樂殿（即今大悲堂）爲寺僧所不知，又此舉僅限於極樂殿抑普及全部，亦屬不明，若就愚輩遍搜各殿，未發見同類紀錄言，似當時修理祇此一殿。茲觀寺內各建築狀態，其大悲堂萬法堂及東西二廡，已如前述。餘如智化殿後部抱厦及兩側平房，與藏殿大智殿北側梁柱等，或經改造，或經添建，或經修補，其跡歷歷可認。而方丈影堂及如來殿外簷額枋，及殿內挑尖梁穿插枋等處彩畫，亦顯受後代重修者。惟諸殿梁架斗科，則無更換痕跡。尤以內部藻井・大枙・經櫥・佛座・諸彩畫，雖不能斷爲正統初建之物，惟就萬佛閣大枙底部隱於佛龕內之彩畫，與兩側露出部分比較觀之，其花紋完全一致，故各殿之內簷彩畫或經明末清初重修，殊未可知，其圖案結構，則尙保存舊日原狀。他若轉輪藏與諸裝修之雕刻花紋，遒勁雄樸，在在發揮明代特徵，與淸中葉以後表現者逈異其趣。故依觀察所得，此寺大體保存明代舊觀，似可徵信。

三　寺之配置

智化寺自創立迄今，歸臨濟宗住持，已廿六代於茲矣。臨濟者禪宗之支派，黃檗門下臨濟義玄所創，近世南北叢林，往往屬此派掌持，禪宗內推爲最盛者也。其堂殿配列之法，唐宋以來有伽藍七堂之稱。惟各宗略有異同，而同在一宗，復因地域環境，互有增省，其簡陋者以食堂．寢堂．庫房．浴室．列入七堂之內，而大寺除塔．佛殿．講堂外，尙具鐘樓．鼓樓．戒堂．數者，似其設備依教義與需要而異，無一定不變之局。今智化寺之前部，自山門．鐘樓．鼓樓曆智化門．大智殿．藏殿迄於智化殿，爲數適七，（第二圖）而智化殿內供奉萬歲牌，當時以此殿爲寺之主體，略可度知。故此寺全部出自新建，則明中葉尙存七堂之法，若僅由舊宅改緝而成，又祇能謂爲無意中之巧合，不能以遵奉宗派規律之美名屬之，關於此點，尙待蒐羅文獻證物，闡其究竟，非今日所能決定。至其置轉輪藏於大殿西廡，題曰藏殿，則不僅唐宋所無，卽明淸諸寺中，除時代略後之隆福寺外，亦難發見同樣之例。（見帝京景物略）

此寺自智化殿以北，有如來殿．（卽萬佛閣）大悲堂．萬法堂．及東北隅方丈諸建築。就中如來殿位於智化殿後，上下二層，規模爲寺中諸殿冠，而殿內供釋迦本尊像及左右脇持二尊，似爲寺之主重建築。但殿內墻壁槅扇遍置佛像，爲數近萬，既非正規萬佛樓，尤非莊嚴佛殿所應有，殆沿胡元以來大第後部設萬佛樓之例，置於智化殿之後歟。殿後有大悲堂，供祀觀音。又有萬法堂，卽講堂．禪堂．之別稱，因近方丈，置於後部。又如來殿西北隅有小殿，供大士像，俗稱後廟。西甬道之西，復有平房數排，頗似舊日僧寮附屬諸屋。其迤北一帶空地亦寺產，近租與德人龍虎公司。東北方丈之東耳房，有二門通東側民房，似舊日亦屬於寺內。

智化寺之交通，約可分中左右三路，而中路又可析爲前後二者。（第二圖）即中央前部之七堂，純由山門出入，與兩側旁門無涉。而東西旁門內，各有甬道，東側者直達方丈，西側者通西北隅之大士殿（俗稱後殿）及西側各平房。若中央後部諸堂殿，或由山門經智化殿兩側至如來殿前，或由東西甬道經左右側門，亦至如來殿前。今殿前左右二牆及東西側門，雖庚子拳匪亂後，毀於駐寺外軍之手，其餘跡猶可辨識。故就交通一項論，寺內各部，劃分甚清，極似法華寺及西山臥佛寺兩側之甬道，而與妙應隆福護國諸寺異，殊足耐人吟味。朱桂辛先生謂明清王公大第，胥分中左右三路，路各有門，不相淆雜，頗類因第宅改建，如洛陽伽藍記所稱長秋建中諸寺之例，較與事理相近云。

本文以調查如來殿萬佛閣爲主體，故全寺之配置，僅能舉其大要，而各建築之現狀，亦未能逐一詳及，茲略述概況如次。

山門　智化寺在今祿米倉東口，距東城根甚近，南向。其山門前有照壁。二獅分踞門左右，體積甚小，惟鐫琢渾樸，不失中上之選，現因路面增高，獅座半入土中，益形狹小。（第五圖）門東西三間，南北五架，規模頗狹小。外壁塗紅堊，上覆單簷歇山頂，黑色琉璃瓦脊，簷端無斗科，代以磚製 Moulding 爲北平寺剎最普通之式樣。

門上白石橫匾，書『勅賜智化寺，』東側題『正統九年正月初九日奉勅建，』西題『萬歷五年三月三日，司禮監管監事，兼掌內府供用庫印，提督禮儀房太監都督等重修，』字甚小，且剝蝕難識。但其筆勢姿態，如出一手，似東側諸字，亦萬歷修理時所補鐫者。

鐘鼓樓 山門內，東側有旛桿底座故基一。次爲鐘鼓二樓，分列左右。樓上下各二層，下層甃以磚壁，四面闢門，舊有梯可登，今毀。簷端列三彩單翹，上覆短簷，其上掛落斗科亦三彩單翹，掛落之上，舊有短欄縈繞，今傾毀無遺。上層之壁爲木製障日板，門四出。上簷置三彩單昂，歇山頂，南北脊。（第六圖）

此二亭結構足堪注意者，卽下層角科之座枓，其闊度較普通座枓增加一倍，遠觀之，若並列座枓二具於一處。（第七圖）枓內平列翹及螞蚱頭二組，其正心瓜栱正心萬栱及廂栱，皆自角科延長於左右。蓋屋簷挑出頗長，屋角之重量，集中於角科，爲增加角科昂栱之載重力，不得不爾。同時明清二代建築之開間，爲斗科攢數所縛

第五圖　智化寺山門

第六圖　鼓樓

東，絕少伸縮餘地。此亭面積甚小，非堂殿可比，其下層梢間不能過廣，否則上下頓失平衡。故其梢間之柱頭科與角科二者之間，未能添設平身科一攢，而僅加座枓一具之隔度，俾下層之簷，無過巨之失，殆於縛束中勉求解脫之術歟。今內城崇文門樓及皇城東西華門神武門與護國寺諸殿之角科，亦作此式，殆皆為屋角上翹之故梢間增加斗科一攢，失之過闊，不增則嫌太狹，故出此耳。

智化門　門在鐘鼓二樓北，南向，前有豐碑二，（第八圖）西題「勅賜智化禪寺之記」現僵臥草叢中，疑為乾隆七年。毀像時仆倒者記文詳前節沿革內。東題「勅賜智化禪寺報恩之碑」盛稱振受數朝寵顧，建寺報恩，為國祈福，可知自來權奸，無不飾辭自掩其私，顧欲掩彌彰，其技亦窮於是。碑中凡敘名處皆被鑿去，碑末正統九年九月初九日下亦毀九字，然望文生義，知為振官銜姓名無疑。碑文詳後；

勅賜智化禪寺報恩之碑

臣口竊惟一介微弱生逢　盛世爰自早歲獲入　禁庭列官內秩受
太宗文皇帝眷愛得遂問學日承誨諭既而俾侍
仁宗昭皇帝於靑宮復蒙念臣小心敬慎委以腹心之任暨登　大寶屢加顯擢
宣宗皇帝臨御猥以久在侍從眷顧有加　龍馭上升之日遂荷付託之重

今上皇帝察臣愚忠益隆親信　恩德之大天地難名是以祗慎兢惕敬恭夙夜披瀝肝膈竭誠瘁躬惟恐上不副
列聖屬任之意而下無以效涓埃之報於萬一也仰惟
佛氏之道以寂靜爲宗以能仁爲用宰不言之生成妙無爲之教化闡明天人之理昭示幽顯之報大要欲人離塵絕垢不
陷於迷塗明心見性同歸於正覺功德無量不可思議故自其教流入中國以來自王公以至民庶具高明之識者莫
不敬信崇重至若臣子懷
君親之大恩亦皆於此祝釐禱祈薦嚴以圖報於無窮實人天之珍閟大化之均陶也惟慈勝力允愜良緣於是謹稟微
誠悉捐已貲僦工市材建茲寶刹莊嚴　法御暨諸像設供薦之具百爾咸備事聞蒙
勅賜額曰智化禪寺額榜輝煌法門壯麗將以休沐之暇時獲瞻禮及諸眷屬朝夕崇奉
顧祈　慈造保佑　國家上願
聖天子福壽萬年永膺景命福惠蒼生再願
天地淸寧和氣充溢雨暘時順年穀屢豐以及　國家民物之衆無間遠邇鉅細貴賤愚良均霑化育之恩同躋仁壽之域
庶副區區平素之志夫
天地雖未嘗責報於萬物而萬物自不忘生成之德
聖人雖未嘗責報於臣下而臣下之心自不能忘　恩德之重此臣所爲惓惓攄衷懇禱而不能已臣謹拜稽首而祝頌曰
於赫
皇明誕育萬方
列聖繼作仁澤汪洋凡在兩間靡不漸被況茲伊爾霑沐尤至顧我微躬希世遭逢受知委任　恩德兼隆天地之大物何

第七圖 鼓樓角科

第八圖 智化門

能報惟北一誠庶格穹昊矧惟我　佛憫念衆生有求皆遂靡願弗成功德宏深實同覆載慧光徧照幽顯咸賴爰十
爰築有儼梵宮既完既潔晨夕鼓鐘顯祈　慈造上佑
聖明齊天福壽永撫太平六氣時調八表寧謐年穀順成民生滋殖法門廣大佛日輝光國祚延永萬世無疆
大明正統九年九月初九日□□□□□□□□□□

門東西三間，南北二間，題曰『智化門』，即天王殿。門左右各有窗皆歡門式，南北門窗間裝直板，板縫加木條，即宋之障日板。東西爲山墻，簷端置三彩單昂，上覆單簷歇山頂，南北七檁。其簷步寬度，等於科栱二攢，惟金步脊步之總寬度，僅等於科栱三攢，而金步又視脊步略廣，故自外至內，其簷金脊三步逐漸縮小，非皆等於科栱二攢。其歇山結構，亦與寺內他殿稍異，即脊瓜柱兩側無脊角背，僅於單步梁上飾以蔴葉雲板，如南方廳堂之狀。而單步梁・雙步梁・皆非直接擱於瓜柱之上，乃於瓜柱上置一科三升，其上承梁。又雙步梁・上金桁・下金桁・三者之下，皆排列一科三升斗科，非承以墊板。凡此數者，殆因門制無天花藻井遮隔上部者居多，故其梁架結構，視智化殿萬佛閣諸主要建築，更爲繁縟，其爲增加室內美觀起見，殆無足疑。

門內中央設佛座，前置彌勒，後置韋陀，與常制同。其左右二廂以木欄區隔，約高五尺。前部置金剛二軀，分列東西，後部塑四天王像，按前二者多屬之山門，後者納之天王殿，此或因規模狹小，併合一處，然遼獨樂寺山門亦復如是，其來由蓋已久矣。諸像彫塑惡劣，似屢經修葺，非初建時原物。其四天王位置，東北爲持國天，（Dhritarashtra）東南增長天，（Virudhaka）西北多聞天，（Vais'ravana）西南廣目天，（Virupaksha）與居庸關雕刻完全一致。而此寺除此四者外，其藏殿轉輪藏上部，雕有金翅鳥，萬佛閣中央佛壇之花紋及各殿脊檁之彩畫，皆有輪螺傘罐花蓋魚長八寶。足徵八思巴（Pasta）挾元世祖威力與國師地位，擴張喇嘛教勢力於中國北部，致唐以來盛極一時之禪宗，爲之黯然失色。而習俗移人，俗匠無知，唯秉師傳，凡佛像裝修，祇知爲此數者，遂至禪宗寺剎之佛具，與異派了無差異，亦足知近世佛教消長之消息。至若末世緇流，唯知酬應，不究經義，遑云宗派儀式，更不足責矣。

大智殿　智化門之北爲智化殿，大智殿其東配殿也，殿南北三間，東西七檁，簷口三彩單昂，單簷歇山頂。（第九圖）殿內東側有金柱二，西側無。明次三間天花皆作方形小井，以青色爲地，雜以朱綠金三者，古色盎然，與近法異。其北側額枋下添設一柱，似曾經後代修理。

第九圖　大智殿

第十圖　藏殿

殿內明間有白石須彌座，彫刻繁密，傖俗之氣撲人，似非出自高手，壇上中央供觀音像，左文殊，右普賢，歷經後代續補，頗失原狀。其北壁中央有地藏像，南壁列三像，不審何名。

藏殿：殿爲智化殿之西配殿，與大智殿東西遙對，殿之結構亦與大智殿同，（第十圖）其北側額枋破損，屋頂亦向西傾頹，急待修葺，殿內明間設轉輪藏一具，故名藏殿。轉輪藏八角形，下承白石須彌座，（第十一圖）彫刻手法與大智殿石座同，惟彫工較前者細緻，其束腰轉角處，琢力神撐持，上緣卷草中亦鐫八寶爲飾，皆足引人注意。輪藏自須彌座以上爲木製，每隅有小柱，其上刻蹲象，口含蓮花。每面有抽屜四十有五，俱貯經之所，各屜皆刻佛龕於表面。（第十二三圖）藏之上緣彫 Garuda，鳥喙雙翼，蹲足揮手，俗名金翅鳥，印人尊爲強壯敏捷之神，亦即善之象徵。兩側有龍女（Naga）各一，Naga 即蛇，爲惡之象徵，故頭戴五蛇，其尾亦作蛇形。（第十四圖）此二者與居庸關門洞上彫刻，大體符合，惟居庸關龍女頂上具七蛇，此則減去其二，且龍女姿態漸華化，略似古飛仙之狀。又居庸關門洞兩側，有神騎於羊首雙翼之異獸上，此獸復立於象背，係取材印度神話。今輪藏每面兩側柱旁，亦琢此三者，惟非上下連貫一氣，其象獸之間，添獅一軀，三者皆以蓮瓣二層隔之，歟上飾以卷雲，神立雲中，略似海甸大覺寺門圈雕刻，象獅間以蓮瓣一層區隔，故雖同受喇嘛教之影響，而元明二代間手法，亦不無出入，未能一概論也。以上各項雕刻，構圖叢密，頗乏優美表現，但其線條粗勁，長短互見，不失中下之選。舊時輪藏全體皆塗彩色，今大部毀褪，僅於雕刻窪凹處，尚見石青石綠硃紅諸色。輪藏之頂部，鐫蓮瓣數層，上置佛像一軀，面貌豐麗，衣紋洗練流動，雖構圖稍具匠氣，較下部諸刻則勝一籌矣。

此殿左右二間之天花皆方井，與大智殿同，惟中央轉輪藏之上，因藏頂佛像過高，故天花中部飾以藻井，向上凹入，與兩側異（第十五圖）藻井下方上圓，其結構自左右栿梁起，向上斜出，斜板之上，遍繪佛像，上琢卷雲蓮瓣各一層，皆方形，上覆圓板若井，板之隅角，（Spandrel）亦彫卷雲，其上有小栱五層，中央置圓板，書七字眞言。統觀此藻井彫刻之比例，以雄壯遒勁見長，其卷雲蓮瓣，亦以朱青綠三色間雜相飾，其間別以金線，配色强烈，足與彫刻本身相稱。惟上部枓栱過小，未獲與蓮瓣諸物調和，乃其缺點也。

智化殿　殿南向，東西三間，南北九檁，單簷歇山頂。（第十六圖）中央長槅四扇，左右窗槅各四，皆菱花格，即營造法式之簇六毬文，非若大智殿藏殿僅用方格，

第十一圖　轉輪藏須彌座

第十二圖　轉輪藏下部

第十三圖　轉輪藏上部

第十四圖　轉輪藏上部金翅鳥

第十五圖　藏殿中央藻井

第十六圖　智化殿

殆以體制較巨故也。簷端科栱爲五彩重昂，中央明間六整二半，計七攢。左右次間四整二半，計五攢。但其角科亦如鐘鼓二樓，並列坐科二具。故其次間之寬度，爲平身科五攢，再益以座科一具之闊也。角科構造，無搭角鬧二昂，僅自斜頭昂之貼耳斗上，出短翹以支外拽廂栱，與晚近北平通行之法異，此項當於後節如來殿斗科內，再詳論之。

殿內南北三間，九檁。東西山牆上之斗科，則中央一間八整二半，即平身科九攢。南北二端者一整二半，即二攢。但角科之座科，亦爲二具並列，故其寬度（即簷步之闊）爲平身科二攢及座斗一具之闊。中央有金柱四，南側二柱略小，蓋其大柁自南側簷柱至北側金柱止，係八架梁而非九架梁，故同爲金柱而所受重量稍異，柱之切斷面亦自異也。其步架之寬度，簷步大於平身科二攢，已如前述。自下金步至脊檁，共占平身科四攢半，而下金上金二步皆相等，各爲平身科一・六攢，脊步略窄，爲平身科一・三攢。此胥得之目測，不能謂爲精確之數，然脊步視上金下金二步稍小，上金下金又視簷步小，則一目瞭然，毫無疑點者也。（第十七圖）梁架之結構，則各檁之下無墊板，與前述智化門檁下飾以一科三升者稍異。其脊枋下無雀替，唯上金下金二枋有之，但下金之雀替略短，（第十八圖）自次間檁下之枋，延長於瓜柱內側，雀替之起源，基於梁枋兩端之延長，於此又獲一證焉。歇山之構造，係於順扒梁上載七架梁，與清制同。

殿內天花皆撤去，僅存其架，知左右次間均爲方形小井，架上東西向每格支條之上，裝帽兒梁（Ceiling Joist）一根，直徑約四寸，下承托座，（第十八圖）與清工程做法略同，但此寺無木吊掛及鐵吊掛代替帽兒梁，若清黃寺諸例，豈當時尚無此簡便之法歟。明間之中央有方形藻井，左右承於大柁上，南北餘剩處以小井塡配其間，（第十八圖）即其製作奇麗，與萬佛閣藻井同，亦於數年前被西人購去。

殿內中央有白石須彌座，上奉佛像，前列木案，供萬歲牌，恐係正統創立時舊物，再前爲香爐，下有白石座，形狀與如來殿香爐完全一致，當係同時製作者。殿左右二側各列羅漢十尊，北側亦有佛座，惟像已失。其東側次間有青銅鐘一，懸於木架上，形體拙笨，且無銘刻，但鐘帶略與南京洪武大鐘同，架上雕飾亦與其他裝修手法無異，疑爲明代之物。

明間之北有抱廈，（第十九圖）如南方之庇山，其闊度等於明間之寬，似係後人增建，因其木材較劣，而簷椽比例甚小，不與大殿相稱，如爲同時建造，則殿廈一體，何至區別若是。且抱廈屋面未用黑色琉璃瓦，亦與殿異。按各色琉璃瓦中，黑者

第十七圖　智化殿梁架(一)

第十八圖　智化殿梁架(二)

第十九圖　智化殿後部抱廈

之品級雖次於黃綠二色，然與翠綠俱稱難製，非官窯莫辨，正統間王振挾英宗之勢，炙手可熱，區區之瓦自不難羅致，惟後世增建，或不易求購，故僅以普通之布瓦葺覆耳。

殿左右各有平房三間，緊接殿之東西山墻，與智化門左右平房四間，大智殿藏殿左右平房三間，同一情狀。（第二圖）惟此項平房，橫亙東西，致自智化殿至如來殿之交通極形不便，恐屬後代增築，非正統建立時所應有。

如來殿萬佛閣　詳後節。

大悲堂　如來殿後有垣及門，門前東側樹二碑，左題「臨濟正宗」，篆額，碑文漫漶難辨，僅知為臨濟宗派偈，與西碑背面所載者同，末題大清順治十六年□□四月辛巳數字。右即英宗諭祭碑（碑文詳前），下鐫振像，（第一圖）據沈廷芳奏請仆毀振塑像摺中，碑在後殿西廡下，寺僧云偶於土中覓得，因立於此，殆乾隆毀像後移置此者。門西側之碑，正面刻憲宗諭祭然勝文，亦強半剝落，背面鐫此寺宗派偈，見前。門內東屋簷下亦有碑倒仆於地，文字鑿削無遺，疑係沈廷芳摺中所云李賢碑。

門內為大悲堂，舊名極樂殿　南向，東西三間，南北七架，單簷歇山頂，簷端三彩單昂。內部天花皆方形小格，規模與大智殿大體符合，惟角科並列座枓二具為稍異耳。堂內窗門皆菱花格，其中央簾架之花格，空眼甚大，頗秀麗。（第二十圖）內部隔斷之花格，塗深青色，兩側飾以極窄之金線，尙別緻。其內部彩畫疑係康熙間重修，惟其花紋，與前部諸殿及萬佛閣大木彩畫一一符合，恐重修時仍照舊樣重描者。

萬法堂　堂在大悲堂北，居寺之最後，就地點言，尙存古代寺剎配置之法。堂南向，東西三間，無斗科，硬山捲棚頂，現爲小學校敎室。（第二十一圖）內無藻井，現有紙糊天棚係最近新加者。其屋面山墻亦經修葺，寺僧指爲咸豐間新建，萬法堂橫匾亦有「大淸二十一年丙子六月烏永阿誠祥沐手敬」數字，惟察其梁架似係舊構，梁思成先生謂其柱之比例短而粗，抱頭梁之闊度，亦未較柱徑加大二寸，與淸工部工程做法規定者異，恐係正統原物，誠不刊之論。堂左右有東西廡各三間，亦硬山捲棚式，規模頗小，其西廡現設國術講習所，附近雜屋如第二圖所示，說明從略。

方丈　方丈在大悲堂東，其後復有一進，題「無上能人」，皆東西三間，南向，左右各有東西耳房三間，結構與萬法堂同，而規模略小。其外簷彩畫剝落强半，依其殘留花紋觀之，確屬淸代所塗，但影堂之槅扇裙板及內部佛龕家具等，又與智化殿如

第二十圖 大悲堂籠架槅心

第二十一圖 萬法堂

來殿保存者完全一致，非清以後所製，故愚疑其梁架骨構皆明代舊物。

其餘附屬屋　大悲堂之西爲後廟，廟門南向，與方丈之門東西對稱。門內小屋三椽，內供大士，案前陳二小像，着明代官服，未審誰氏。其兩廡低小破舊，與寺內其他諸屋不稱，顯係後世重修。此廟與西甬道西側各屋，現均租與貧民居住，荒敗不堪寓目。

此寺自山門起至大悲堂止，其重要堂殿用黑色琉璃瓦脊，自此以北諸屋及方丈附屬屋等，咸覆普通布瓦，卽前部各殿之左右廂廡，亦復如是，恐初建時卽有此差別，非後代改用廉價之瓦也。

四　如來殿萬佛閣

殿在智化殿之北，內奉如來本尊像，故名如來殿，殿上下二層，牆壁隔扇遍飾佛龕，置小像約九千軀，故上簷榜書萬佛閣，同一建築而上下異稱，非二建築物也。殿南向，下層東西五間，南北三間，外壁塗紅垩，四周無廊。下簷之上，有掛落斗科，繞以迴廊欄楯，閣之稱殆起於此。上層東西三間，四方磚壁塗紅色，覆廡殿式，四注頂黑色琉璃瓦脊。（第二十二圖）其規模在寺內雖云最巨，以視隆福護國諸寺則遜一籌，設非觀其內部裝修，僅憑外觀，不足引人注意，茲就調查所得，逐項分敘如次。

（二）平面配置

附近情狀　殿前有坪頗空敞，據寺僧云，殿左右舊有垣及東西側門，通兩側甬道，毀於庚子辛丑間外兵駐寺時。今觀殿後左右垣尚餘一部，其位置與前部鐘鼓二樓及大智殿藏殿諸建築之後牆，適在一直線上，而藏殿西北平房之外牆轉角處，尚見舊牆餘跡，寺僧所稱，似非子虛。舊時牆內或有廊廡排列兩側，如前部智化殿之狀，今了無痕跡可尋，未審毀於何時。（第二圖）

平台　殿前有平台，其東南西三面舊各有踏步，現除東側者略有遺跡可認外，僅存南面踏垛二級，級前左右二碑，龜趺螭首，頗豐偉，惜文字於乾隆七年毀像時悉剷去，無從稽考。台東西闊八·一公尺，南北深五·八〇五公尺，約為三與二之比，高〇·四〇四公尺（第二十三圖）中央鐵爐萬歷二十八年郝畋造。（第四圖）其堦條石·垂帶石·踏垛石·分心石·之尺寸如次；

堦條石	廣〇·三八公尺	厚〇·一〇公尺
垂帶石	廣〇·三八五公尺	厚〇·一六五公尺

第二十二圖　如來殿正面

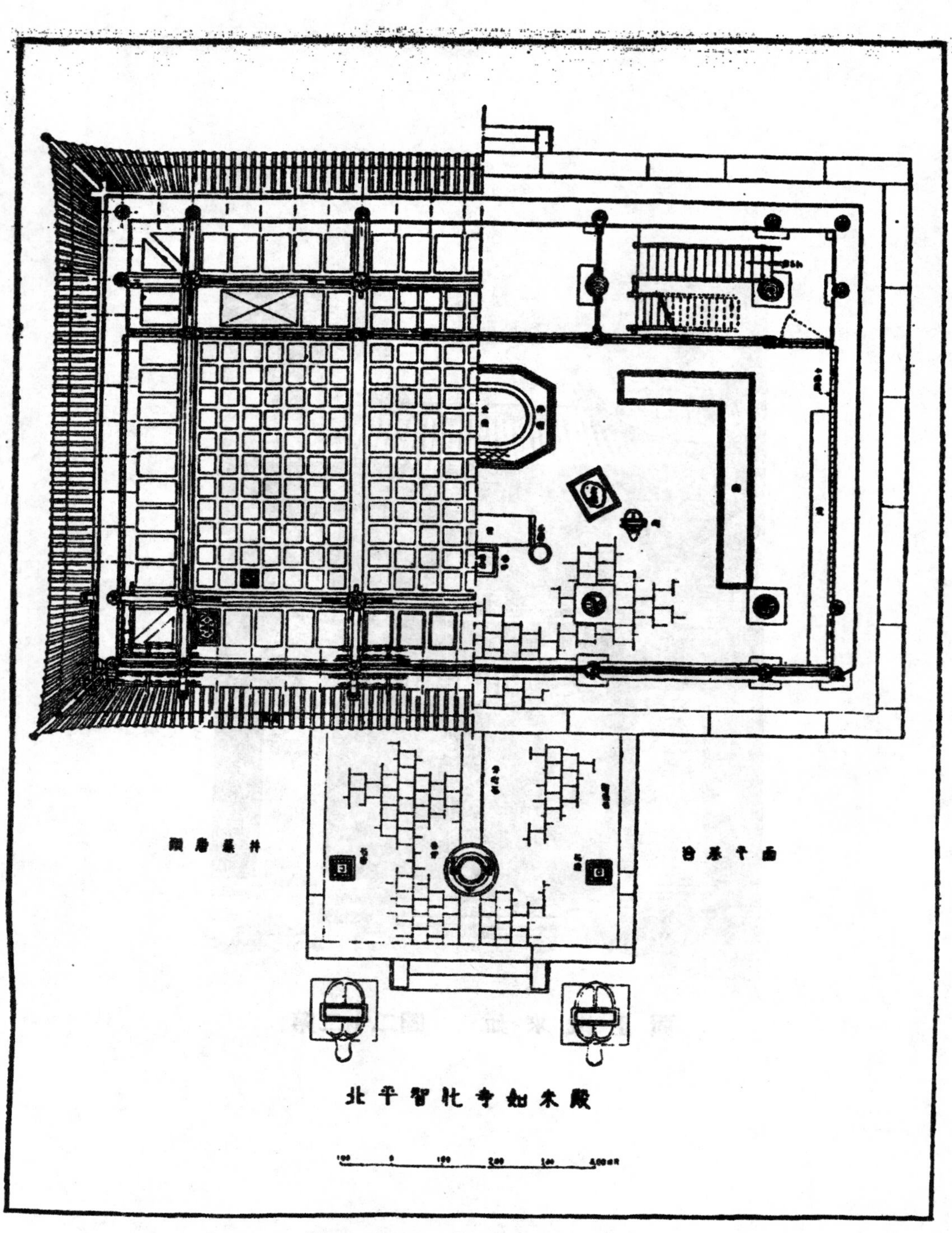

第二十三圖

踏跺石　廣〇・三八公尺　厚〇・一六五公尺

分心石　廣〇・五六公尺

胎墁地磚　方〇・三八公尺

階・

殿本身之階，自地面計算高〇・四六八公尺，較平台高一步。階之闊度，自簷柱中心起至堦條石外口止，廣一・六九公尺，視上部出簷長出〇・一二三公尺，爲近代鮮見之例。按清工部工程做法卷四十二石作做法，有回水規定，回水者，卽堦之外口較上部出簷稍向內側收進，俾免雨水不致滴至堦上，其收進之數，等於出簷十分之二，頗合實用。今觀寺內智化殿・大智殿・大悲堂・諸處之簷，較堦條石之外口挑出〇・一至〇・二四公尺不等，此則反視出簷增大，恐非建造當時之狀，豈現存之簷，經後代修改縮進者歟。

堦條石寬〇・六二公尺，厚〇・一八五公尺，約爲十與三之比。較工程做法「以本身淨寬尺寸十分之四定厚」，恰薄十分之一。又堦中段之分心石，工程做法以金柱頂見方尺寸壹倍半定寬，此則僅寬〇・五一公尺，等於金柱之直徑，而爲柱頂石二分之一，工程做法三分之一耳。

殿東西北三面之堦，與前述南側之堦完全一致，惟北面有踏垜一處，東西二側無。

殿下層平面　殿東西五間，闊一八・〇〇五公尺，南北三間深一一・六九公尺。（第二十三圖）因年久受風力吹欹，及木材本身之收縮，致次梢各間之面闊參差不一，其詳細尺寸如次；

東西

明間面闊	五・九二公尺
東次間面闊	四・三〇五公尺
西次間面闊	四・二八公尺
東梢間面闊	一・七四五公尺
西梢間面闊	一・七五五公尺

南北

中央一間深	八・一九公尺
南北二間各深	一・七五公尺

殿面闊與進深之比例，如上所述，約爲八與五・二之比，惟明尺之長度不明，未能一一換算當時尺度，頗引爲憾恨。今就此殿平身科斗口寬〇・〇八公尺論，合本社所藏乾隆六年營造尺二寸五分三厘，（以下簡稱營造尺）惟斗口製作，向無零數，應爲二寸五分無疑。依此標準，假定明尺爲〇・三二公尺，則前述明間適爲十八尺五

寸，恰合整數，其餘各間，雖參差不一，但大木結構之本身，極難望其精確，不僅木質收縮一端而已，茲表列如次，以供研究明尺者之參考焉。

明間面闊	十八尺五寸
東次間面闊	十三尺五寸一分五釐
西次間面闊	十三尺三寸七分五釐
東梢間面闊	五尺四寸五分
西梢間面闊	五尺四寸八分四釐
南北中央一間深	二十五尺五寸九分四釐
南北兩端二間各深	五尺四寸六分八釐

殿下層東西北三面皆磚壁，其南面明間有長槅四扇，（第二十四五圖）左右次間菱花窗各四，梢間各二，爲殿內採光之主要部分。其東北西北二隅之梯，則僅於墊栱板之間，闢圓洞，置方格其中，以納光線，故殿之後部頗黑暗。殿內悉鋪金磚，方〇·四七公尺，坎墊石闊〇·五五公尺。中奉如來像，製作平庸，像座之雕刻，亦遠不及上層者精美。左右列脇持二尊，其左側者之東南，置英宗天順六年頒賜藏經碑，白石製。（第三圖）東西次間有曲尺形經櫥各一，舊庋藏經，今空洞祇餘軀殼。如來像後有槅扇一列，自東徂西，其東西二端有門，通後部之梯，可自此達上層，扇槅

內遍置小佛像，（第二十六圖）與東西山墻內側及槅扇上部之佛龕同。殿內四周天花，依屋面斜度作長方形，（第二十七圖）中央三間則爲方形小井。（第二十八圖）自地面至天花板，高五·八九七公尺。

上層平面　如來殿之上層，亦稱萬佛閣，東西三間，南北七檁，四面圍以磚壁。閣之地面，於木板上鋪金磚，大小與下層等。其明次各間之柱，自下層金柱延長於上部；故其開間進深上下略同。閣內因左右二梯之位置，其平面作凸字形。（第二十九圖）每間中央供佛一尊，以明間一軀爲最巨，其佛座雕琢精美，外繞以欄，亦與他異。（第三十圖）壁面除南側者外，皆設小佛龕，惟細查龕內之佛，工拙不一，以大枕底部卸下者最佳，餘似陸續添補，非製自同時也。明間中央藻井作鬬八式，雜飾雲龍，決爲明代舊物，（第三十一圖）惜於數年前爲西人購去，像片所示，係藻井將拆時，社友陶心如先生攝爲紀念者，今不審原物流落何處矣。其旁皆方形小井，四周者作長方形，斜置下昂枰桿下，今俱拆去，僅餘空架。南側之壁，中央闢門，左右次間有窗各一，皆發券式。

閣外繞以走廊，其結構自下層挑尖梁之中央立童柱，（第三十二圖）上置額枋平板枋及三彩單翹掛落斗科。斗科之攢數，除稍間減去一攢外，餘與下層符合，其螞蚱頭

第二十四圖 如來殿槅扇

第二十五圖 如來殿槅扇之菱花槅

第二十六圖　如來殿內部槅扇

第二十八圖　如來殿天花

第二十七圖　如來殿長方形天花

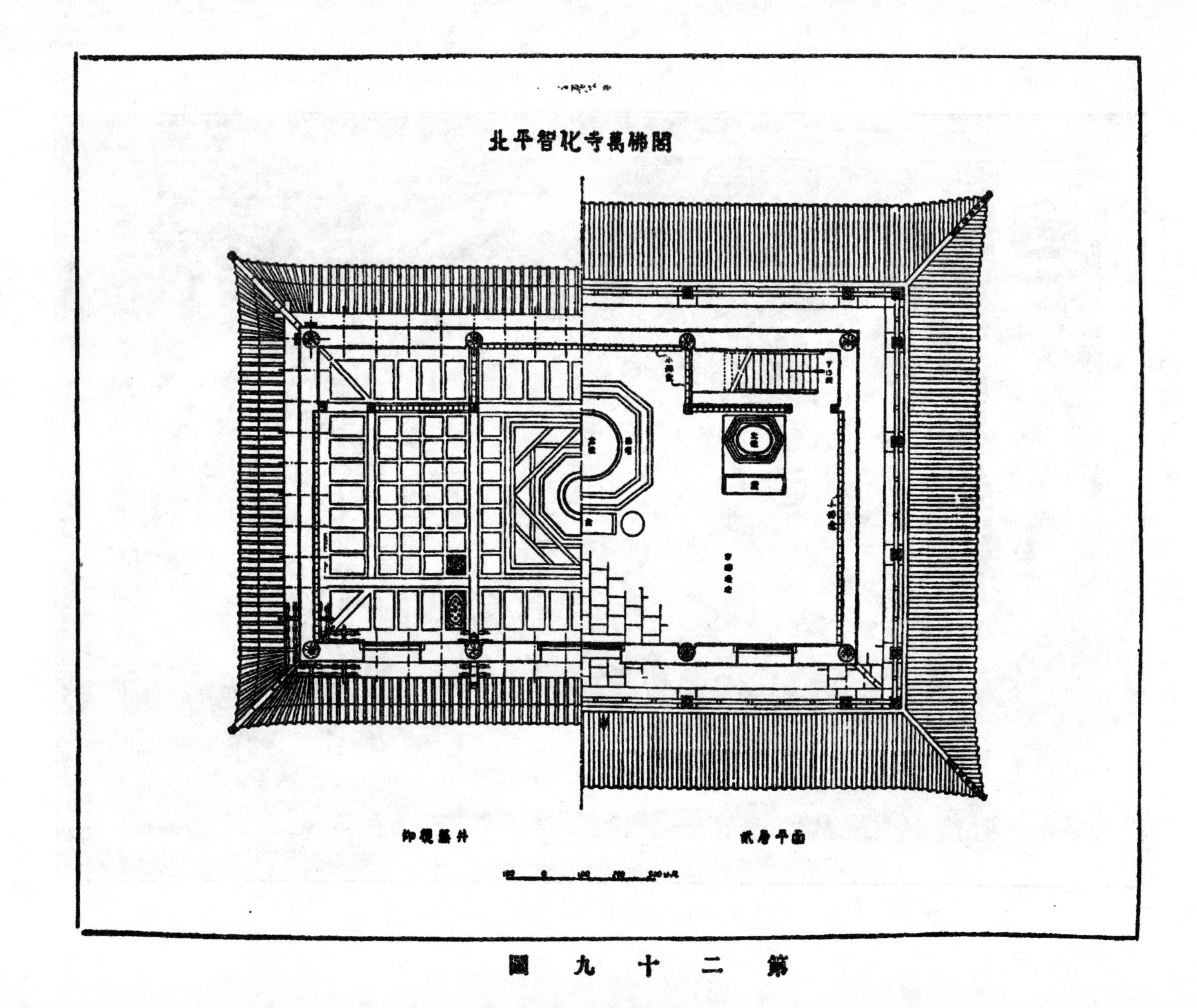

第二十九圖

第三十圖　萬佛閣中央佛壇

第三十二圖　如來殿內側斗科斜天花及挑尖梁童柱

第三十一圖　萬佛閣中央門八藻井

第三十三圖　如來殿掛落

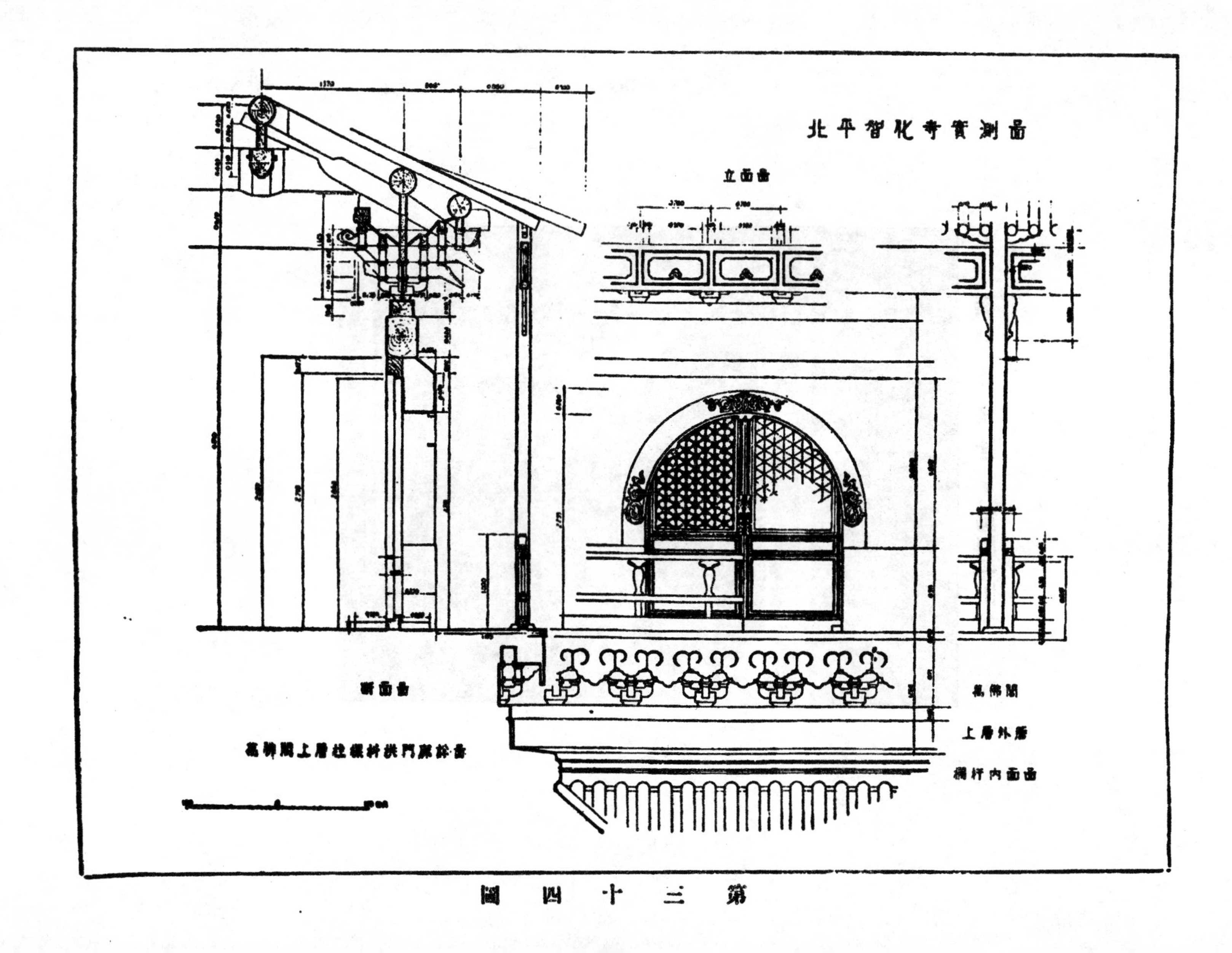

第三十四圖

之外側，遮以琉璃掛落板，大小相間，正面之中央每大小一組，適與斗科每攢寬度相符，（第三十三圖）惟此殿側面斗科配列稍稀，故東西二面未能與掛落板一致耳。掛落之上有堦條石及木欄，欄柱方〇・一六公尺，上飾楣子，固定於飛簷椽之下，（第三十四圖）今摧殘過半。自堦條石以內，悉舖金磚，惟其轉角處，加砕磚一條，乃晚近鮮見者。（第二十九圖）

（二）大木：

柱：下簷柱高三・五四公尺，僅為斗口寬度四四・二五倍，較清雍乾後制度略短。按清工部工程做法無七檩重簷廡殿式名目，其九檩廡殿，九檩歇山，七檩歇山，九檩樓房，及九檩以下諸大木規矩，或連斗栱於內，高斗口七十倍，或為明間面闊十分之八，此則為明間面闊十分之六，連斗科於內亦祇斗口五十八倍，未能斷其與清代制度關係何似也。柱底之直徑為〇・三七公尺，頂部〇・三四公尺，較底徑縮小三公分，其收分比例為高度百十八分之一，較工程做法百分之七收分約小六分之五。柱之上端向內側傾斜〇・一三五公尺，即李氏營造法式所云之側脚，（見營造法式卷五大木制度）。但其比例較營造法式百分之一或千分之八之規定，及下述殿之金柱側脚增出約四倍，故亦疑為年久風力欹動所致，非建立當時原狀。至以工程做法較之，則後者有收分而無側脚，與宋法異。苟能多獲實例比較研究，當能知側脚之制廢自何時，若茲所述，僅過渡時期參考之一例也。

金柱之底徑〇・五公尺，其高度自地面至上層樓面高六・一一五公尺，就扶梯轉角處觀之，知上層萬佛閣之柱，卽下層金柱延長於上部者，故柱總高九・〇二公尺，惜上層之柱埋於墻內，不能察其直徑何似。至於柱之側脚，可比較上下二層中央明次三間金柱中距之面闊進深，卽能知之。

	下層	上層	上層收小
面闊	一四・四九五公尺	一四・三二一公尺	〇・一七四公尺
進深	八・一九公尺	八・〇〇公尺	〇・一九〇公尺

上層收小之數，以二除之，再與前述柱之高度比較，則其側脚爲九十五分之一弱，及一百零三分之一强。此二數舊應相等，殆因年久震動，或結構當時卽未十分精密，故呈此差異，然皆與營造法式所規定者接近，似明中葉尙遵行舊法也。

此殿簷柱直徑約爲斗口寬度四倍半，金柱之徑，視簷柱約增三分之一，俱與工程做法規定不合，此或因上部屋頂墻壁及萬佛閣樓面之死荷載（Dead load）活荷載（Live load）等，自梁枋集於下層各柱，故不得不增大其直徑，適與淸大內太和殿金柱簷柱之比例大體類似。然此殿金柱之柱頂石方一公尺，爲柱徑二倍，則又與近世法則吻合。而簷柱柱頂石自○・七七五至○・八一五公尺不等，其小者亦恰爲柱徑二倍，比例亦同。

掛落之童柱徑○・三一公尺，比簷柱略小，爲斗口寬度四倍弱。內部間壁之柱，下層者方○・二四公尺，上層方○・二五公尺，約爲斗口三倍。

梁枋樓板　殿內外梁枋尺寸，就調查所得，表列於次；

名稱	高	寬	挑出
下層明間承重大柁	高○・六一○公尺	寬○・四○○公尺	
下層明間天花梁	高○・四九○公尺	寬○・三四○公尺	
下層次間承墻大柁	高○・五○五公尺	寬○・三八五公尺	
下層挑尖梁	高○・四九公尺	寬○・三八公尺	
下層穿插枋	高○・二六二公尺	寬○・一八五公尺	
下層額枋	高○・四二公尺	寬○・二七八公尺	
下層平板枋	高○・一六公尺	寬○・二六五公尺	
下層覇王拳	高○・二九公尺	寬○・二四二公尺	挑出○・二五五公尺
下層平板枋搭交出頭	高○・一六公尺	寬○・二六五公尺	挑出○・二八公尺
下層穿插枋出榫	高○・一五○公尺	寬○・○九公尺	挑出○・一七五公尺

下層枋木	高〇・二三五公尺	寬〇・二〇五公尺
上層七架梁	高〇・六二公尺	寬〇・四九公尺
上層額枋	高〇・四三公尺	寬〇・三三六公尺
上層平板枋	高〇・一八八尺	寬〇・二八一公尺

以上梁枋高寬尺寸，一一衡以斗口比例，皆與工程做法不符，就中與清制睽違最甚者；(甲)梁之寬度，無一較柱徑更寬二寸。(乙)額枋之寬，上下不一致，且非自本身之高，減少二寸即爲寬。(丙)穿插枋之尺寸，未如工程做法小額枋之比例。(丁)各梁枋寬與高之比，自 5:3.28 至 5:3.92 不等，其高雖遠不及唐遼宋（見梁思成先生薊縣獨樂寺山門觀音閣考）及明初永樂長陵享殿諸例所示，然除挑尖梁之高，適如本身寬度加三成，與工程做法一致，及楞木略近形者外，餘皆視清制稍崇，故自唐以來，梁之寬度逐漸增大，乃顛撲不破之事實。(戊)平板枋之高，雖爲斗口二倍，但其寬度除座枓進深(即斗口三倍)外，復加墊栱板之厚，故其轉角搭交出頭處，較下部覇王拳稍闊，與清代異，(第三十五圖)亦爲宋以來平板枋漸趨窄狹之證。(己)覇王拳之曲線，自由粗放，不若清乾嘉後之工整，與今蘇寧一帶者類似。(庚)穿插枋之出準，大於本身之高一倍以上，非爲高之二分之一。(辛)挑尖梁外端作方形，

第三十五圖　如來殿角科及霸王拳

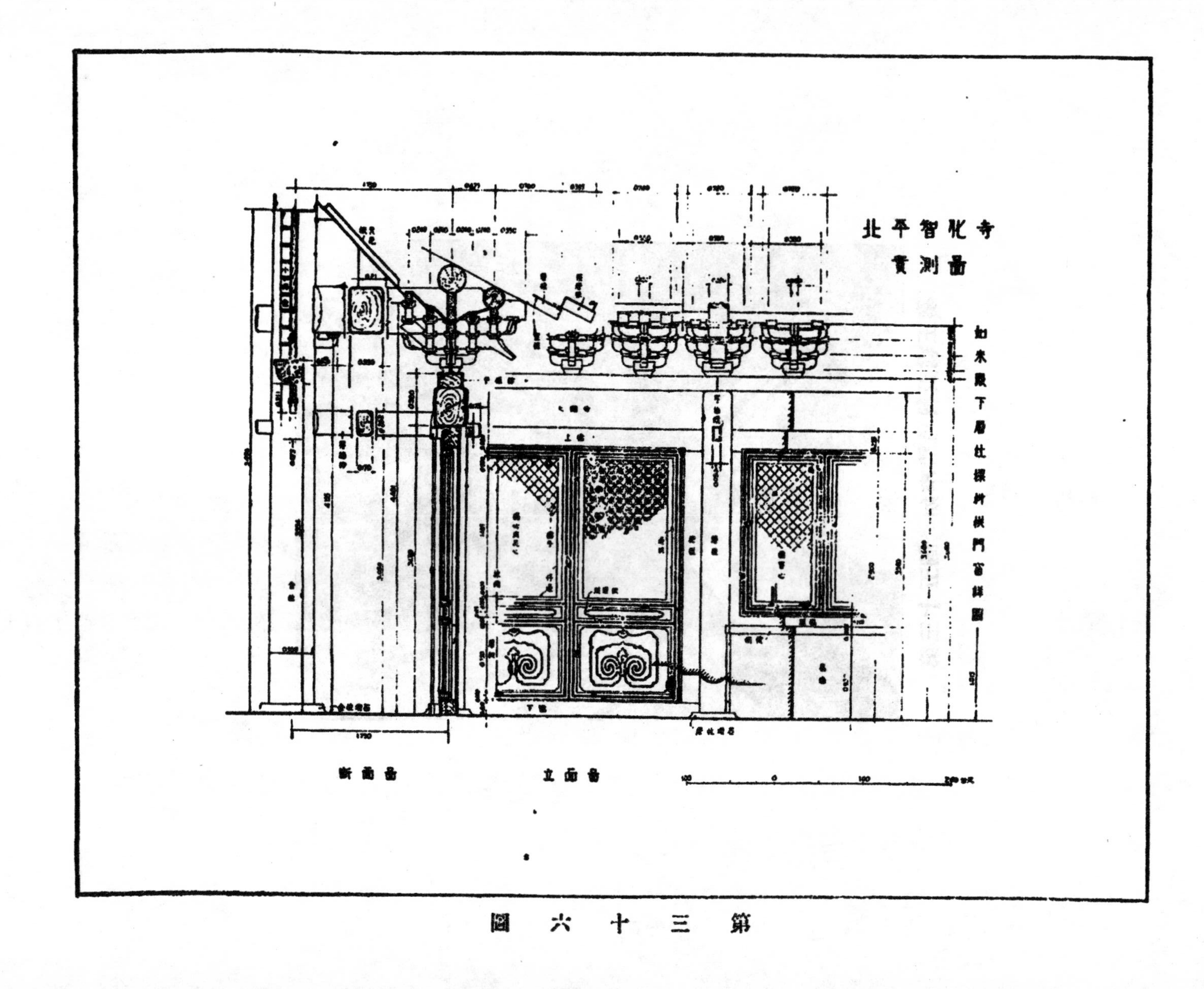

第三十六圖

下承以栱，皆於梁之本身雕出，（第三十六圖）此式清大內長春，翊坤，儲秀諸宮及各門樓皆如是，惟太和，保和諸大殿，梁端皆作螞蚱頭形狀，故不能斷爲明代特有式樣。但就外觀言，梁端之栱，與下部柱頭科一致，且體積不及螞蚱頭體積之巨，令人刺目。其挑出情狀，與角科把臂廂栱相同，自側面視之，亦無參差不齊之弊。

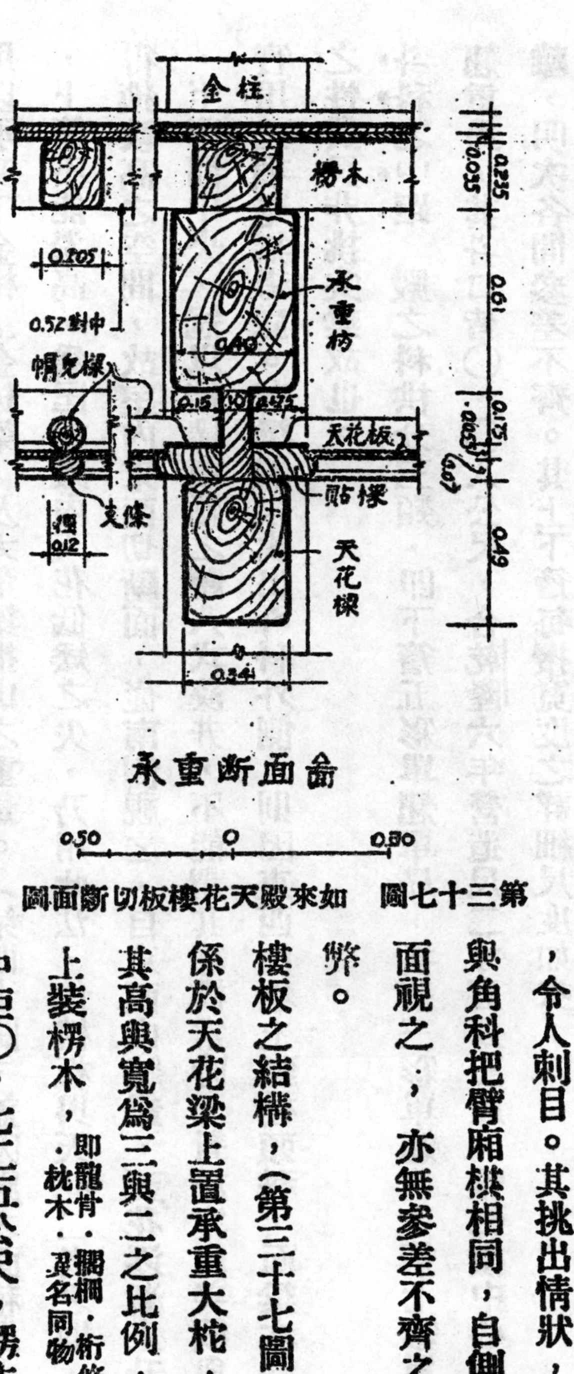

第三十七圖　如來殿天花樓板切斷面圖

樓板之結構，（第三十七圖）係於天花梁上置承重大梲，其高與寬爲三與二之比例，上裝楞木，（即龍骨，擱柵，桁條，枕木，異名同物，）中距〇．七二五公尺，楞木之端，非如晚近簡陋建築，嵌入梲身內，乃擱置梲上，故二者皆未因接榫之故，減削其載重力，極合構造原理。又左右楞木之間，有方形之木置於梲上，此殆爲楞木兩端之欂，嵌入木內，俾無擺動危險，此法未見於工程做法，足徵此殿結構周密，有出吾人意料外者。楞木之上鋪木板二層，金磚一層，如圖所示。

此外最足引人注目者，無如上層萬佛閣之順扒梁，（第三十八・三十九圖）梁皆東西向，其內端置於七架梁上，外端作彎曲狀，略如月梁之半，載於兩山斗栱之上，用以承受下金桁上金扒梁，及太平梁推山之重量。（第四十圖）蓋因殿之面積過小，上簷不能過高，爲匡救殿內天花低矮之失，乃用此法，俾樓板與天花二者之間，得獲較高之空間，故室內東西切斷面，從南側視之，自東西山牆起，天花逐漸上升，至明間中央，冠以結構複雜之鬬八式藻井，不能謂其締構當時，對於室內美觀與實用二項毫無考慮。若梁端未挑出斗科外側，則因東西山墻上無柱頭科，而梁本身之性質又非挑尖梁故也。

斗科之中距　殿之科栱分三類，即下簷五彩單翹單昂，掛落三彩單翹，上簷七彩單翹重昂，其斗口皆〇・〇八公尺，合乾隆六年營造尺二寸五分三厘，惟每攢中心距離，明次各間參差不齊。其上下簷每攢寬度之詳細尺度如次；

下簷

明間（六整二半）　每攢寬〇・八四六公尺　斗口一〇・五七五倍

次間（四整二半）　寬〇・八六〇公尺　一〇・七五倍

第三十八圖　萬佛閣北側彎曲順扒梁

第三十九圖　萬佛閣南側彎曲順扒梁

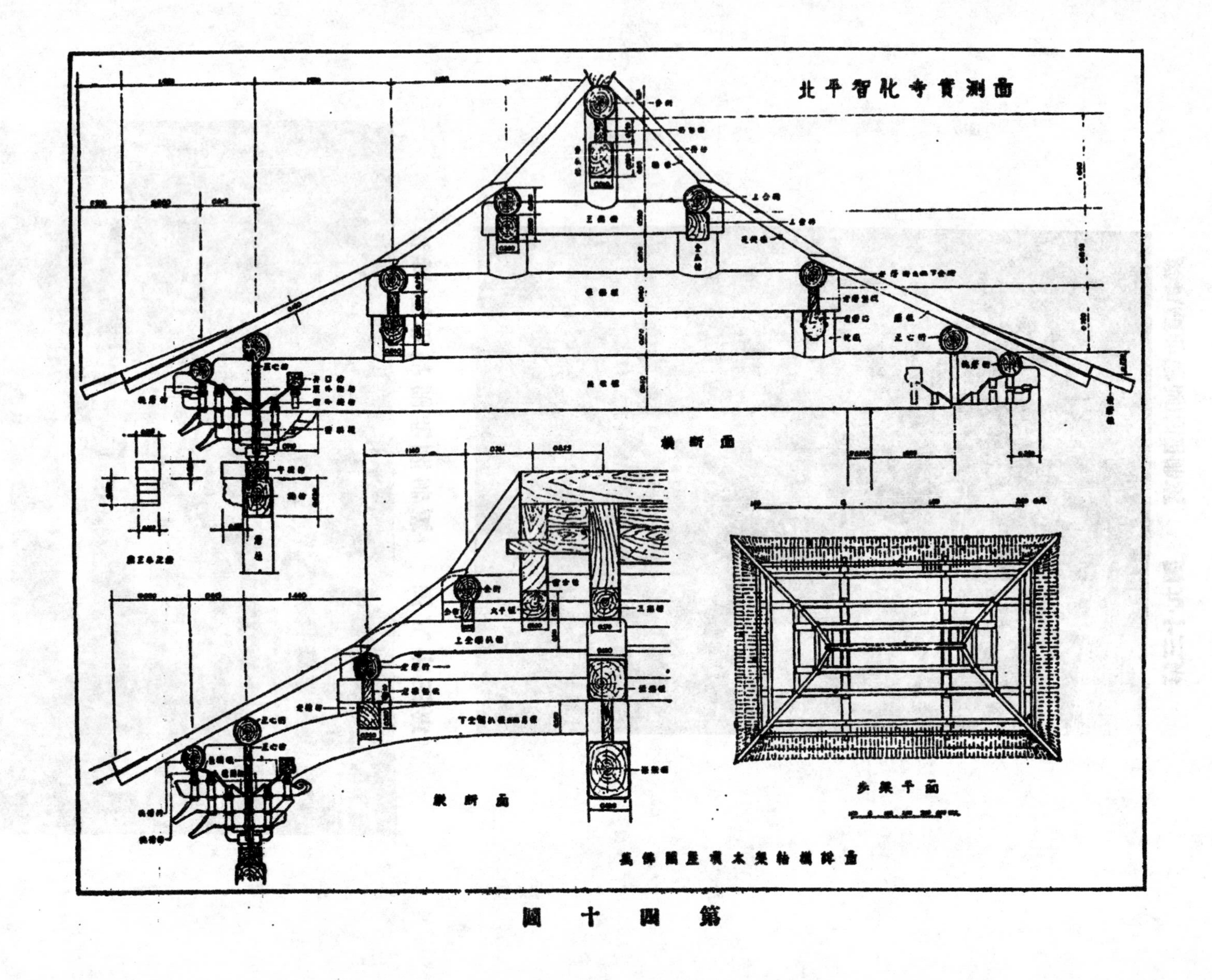

第十四圖

梢間（一整二半）	寬〇・八七五公尺	一〇・九四倍
兩山中央（八整二半）	寬〇・九一〇公尺	一一・三七五倍
兩山南北二間（一整二半）	寬〇・八七五公尺	一〇・九四倍
上簷		
明間（六整二半）	寬〇・八二八公尺	一〇・三五倍
次間（四整二半）	寬〇・八五四公尺	一〇・六七倍
兩山（九整二半）	寬〇・八〇〇公尺	一〇・〇〇倍

註　排落斗科之中距，據實測結果，其次間每攢寬〇・八五九公尺，適居上下簷次間斗科寬度之間。蓋爲次間金柱側脚收進之結果，毫無疑問，故排落斗科之中距從略。

觀前表知上下兩山之斗科，較南北二面稍密，同爲山科，上簷復較下簷爲甚，其疏密最大之差，爲〇・一一〇公尺，而上簷山科之中距，僅及斗口十倍，與工程作法斗口十一倍之規定不符。惟此殿斗科中距如是廣狹不一，其故何在，而山墻上叢密之斗科，以何術免其二攢間之衝突乎。據愚輩測度殿上下各處瓜栱萬栱之長，如次表所示者，知中距最窄之上簷山科，其瓜栱萬栱亦較他處爲短，則此殿建造當時，必先定面闊進深之尺度，然後配以斗科，乃極顯明之事實。但明清二代斗科排列甚密，遠不若宋以前之疎散，而各柱之間，如前表所列數字，非以斗口十一倍爲標準，勢必有餘不足之病。於是遂於梢間並列座枓二具，補其空檔，如智化殿大悲堂及鐘鼓樓諸例，或如此殿上簷山科，縮短瓜栱萬栱之長，勉相容納，以期救此缺點。惟此法瑣碎不便工作，究非建築結構之常軌，故愚輩雖不能依此一例，卽斷當時尙無斗口十一倍之規律，然此規律發生以前，類似上述之曲折波瀾，殆爲過渡時代所應有，而救濟此鑿枘不適，及瓜栱萬栱修短不齊諸弊，始以斗口十一倍支配建築物之面闊進深，在宋以後使用叢密式斗栱之建築中，可謂爲結構當然之歸宿也。

各栱長度表

	正心瓜栱	正心萬栱	單才瓜栱	單才萬栱	廂栱
下簷明間	長〇·四九公尺	長〇·七三公尺	長〇·四九公尺	長〇·七三公尺	長〇·五八公尺
下簷次間	〇·五〇公尺	〇·七三公尺	〇·四九公尺	〇·七三二公尺	〇·五八公尺
下簷梢間	〇·四九公尺	〇·七二公尺	〇·四九五公尺	〇·七二公尺	〇·五八公尺
下簷兩山中央	〇·四九公尺	〇·七二公尺	〇·四九公尺	〇·七二五公尺	〇·五八公尺
上簷明間	〇·四八五公尺	〇·六九公尺	〇·四五公尺	〇·六八五公尺	〇·五三公尺
上簷次間	〇·五〇公尺	〇·七四公尺	〇·五二公尺	〇·七三公尺	〇·五八公尺
上簷兩山	〇·四五公尺	〇·六八公尺	〇·五〇公尺	〇·六八公尺	〇·五四公尺

平身科　平身斗科各分件之尺寸，除前述上簷山科之瓜栱萬栱較其他各處特短外，

自餘各件，亦因木材收縮，略有增減。惟相差之數甚微，茲以下簷次間爲標準，先述斗口寬度及座料比例如左；

	尺寸	斗口比例	工程做法之比例
座料	寬〇·二四公尺	斗口三倍	斗口三倍
	進深〇·二六五公尺	斗口三倍加墊栱板之厚	斗口三倍
	高〇·一五五公尺	斗口一·九四倍	斗口三倍
	斗腰高〇·〇三二公尺	斗口〇·四倍	斗口〇·四倍
	斗底高〇·〇六三公尺	斗口〇·七九倍	斗口〇·八倍
	斗底寬〇·一八公尺	斗口〇·二二五倍	斗口二·二倍
	斗口高〇·〇六公尺	斗口〇·七五倍	斗口〇·八倍
	正面斗口寬〇·〇八公尺		

上表中各項比例，大體與工程做法一致，僅座料之進深除斗口三倍外，再加墊栱板之厚，故料之平面爲長方形，與清制異。同時平板枋之寬，連帶增大，其搭交出頭處，亦較覇王拳爲闊。（第三十五圖）又其料底作凹曲線，非若清代之用直線，可云尚存舊法。其各栱升斗之尺寸如次；

	尺寸	斗口比例	工程做法之比例
正心瓜栱	長〇·五〇公尺	斗口六·二五倍	斗口六·二倍

	厚〇・一〇五公尺	一・三一倍	一・二四倍
	高〇・一六公尺	二・〇〇倍	二・〇倍
正心萬栱	長〇・七三公尺	九・一二五倍	九・二倍
	厚〇・一〇五公尺	一・三一倍	一・二四倍
	高〇・一六公尺	二・〇倍	二・〇倍
單才瓜栱	長〇・四九公尺	六・一二五倍	六・二倍
	厚〇・〇八公尺	一・〇倍	一・〇倍
	高〇・一一公尺	一・二七五倍	一・四倍
單才萬栱	長〇・七三二公尺	九・一五倍	九・二倍
	厚〇・〇八公尺	一・〇倍	一・〇倍
廂栱	長〇・五八公尺	七・二五倍	七・二倍
	厚〇・〇八公尺	一・〇倍	一・〇倍
	高〇・一一五公尺	一・四七五倍	一・四倍
十八斗	寬〇・一四公尺	一・七五倍	一・八倍
	進深〇・一二四公尺	一・五五倍	一・四八倍
	高〇・〇七二公尺	〇・九倍	一・〇倍
三才升	寬〇・一一公尺	一・三七五倍	一・三倍

	尺寸	斗口比例	工程做法及實際比例
	進深〇・一二四公尺	一・五五倍	一・四八倍
	高〇・〇七八公尺	〇・九七五倍	一・〇倍
槽升子	寬〇・一一公尺	一・三七五倍	一・三倍
	進深〇・一四九公尺	一・八六倍	一・七二倍
	高〇・〇八公尺	一・〇倍	一・〇倍

就前表言，各栱升斗尺寸略與工程做法之比例符合。就中正心瓜栱萬栱因加入墊栱板之厚，故較後代稍闊，惟十八斗三才升槽升子之面闊進深稍大，單才瓜栱萬栱之高，視廂栱略低，其故尙難斷定。若栱瓣之數，則正心瓜栱正心萬栱皆三瓣，餘爲四瓣，與近世瓜三萬四廂五之說不合。又升斗內側有鴿尾形（Dovetail）暗榫與翹昂接合，防翹昂不勝簷端重量向外側傾斜時，十八斗無滑出之虞，非似晚近建築略去此榫，致升斗皆能自由移動者也。其前部挑出之翹・昂・螞蚱頭與後部之菊花頭・三分頭・蔴葉頭自座斗十八斗中心挑出尺寸，及每拽架之長度如次；

	尺寸	斗口比例	工程做法及實際比例
翹	寬〇・〇八公尺	斗口一・〇倍	斗口一・〇倍
	高〇・一六公尺	二・〇倍	二・〇倍
昂頭	寬〇・〇八公尺	一・〇倍	一・〇倍

	後高〇·一六公尺	二·〇倍	二·〇倍
	前高〇·三七二公尺	四·六五倍	三·〇倍
	前長〇·二六四公尺	三·三六倍	三·三倍
螞蚱頭	寬〇·〇八公尺	一·〇倍	一·〇倍
	高〇·一六公尺	二·〇倍	二·〇倍
	前長〇·二三八五公尺	二·九八倍	三·〇倍
菊花頭	寬〇·〇八公尺	一·〇倍	一·〇倍
	高〇·一六公尺	二·〇倍	二·〇倍
	長〇·二三五公尺	二·九四倍	三·五倍
三分頭	寬〇·〇八公尺	一·〇倍	一·〇倍
	高〇·一六公尺	二·〇倍	二·〇倍
	長〇·二七八公尺	三·四七五倍	四·五倍
麻葉頭	寬〇·〇八公尺	一·〇倍	一·〇倍
	高〇·一六公尺	二·〇倍	二·〇倍
	長〇·二八公尺	三·五倍	三·三倍
下簷外側第一跳	長〇·二四七五公尺	三·〇九四倍	三·〇倍
下簷外側第二跳	長〇·二三五公尺	二·九四倍	三·〇倍

下簷內側第一跳	長〇・二四二五公尺	三・〇三一倍	三・〇倍
下簷內側第二跳	長〇・二三五公尺	二・九四倍	三・〇倍
上簷外側第一跳	長〇・二二七五公尺	二・八四四倍	三・〇倍
上簷外側第二跳	長〇・二〇三公尺	二・五四倍	三・〇倍
上簷外側第三跳	長〇・一九公尺	二・三七五倍	三・〇倍
上簷內側第一跳	長〇・二二七五公尺	二・八四四倍	三・〇倍
上簷內側第二跳	長〇・二三五公尺	二・九四倍	三・〇倍

註　螞蚱頭・菊花頭　三分頭　蔴葉頭・之長除工程做法外，並參酌實際之例決定

據上表所示，明清二代之翹昂・螞蚱頭・菊花頭・三分頭・蔴葉頭，等件之比例與下簷出跳長度，雖略有差違，大體仍無出入，若其昂嘴頗高，昂底斜線之內側起點，適與昂上十八斗中線一致，（第三十四 六圖）自此起點以內，昂之下椽，復雕有波紋曲線，則清代建築亦偶有若是，不能遽斷爲明代之特徵。惟其上簷外側諸拽架，皆非一一相等，殊足引人注目。據實測結果，其第一跳最大，第二跳次之，第三跳（第三十三圖）最短，此殆因水平狀態之翹昂，出跳最遠者，其撓曲轉矩（Bending Moment）及剪力（End Shear）亦最大，故爲消極之策，縮短其外側出跳以求穩固。但此法未見於營造法式及工程做法，最近梁思成先生所著薊縣獨樂寺山門觀音閣考

內，其觀音閣下簷之斗科，第一三與二四各跳之距離，雖亦微有不同，然非如此殿上簷自內至外成爲遞減之狀，故其出處尙待考證。至若此法爲明代之通則，抑係此寺特有式樣，亦非旁徵同時代之例，不能決定。

殿之上下簷斗科，下爲五彩，上爲七彩，雖外側差一拽架，而內側出跳則同爲二拽架，且下層內拽架廂栱無蔴葉頭，（第三十二圖）獨上層有之，（第四十一圖）其故未審何似。若其內拽廂栱下之十八斗斗底內側，有斜線與三分頭外線平行，直達於內拽單才瓜栱之中央，（第三十四圖）二線間相距〇·一三七公尺，稍凹下，遠視之，若置斜撐於廂栱下，疑卽古上昂遺制。按營造法式卷五飛昂項下：

　　上昂施之內跳之上及平坐鋪作之內

與此完全符合，又同書卷三十，上昂側樣所示，（第四十二圖）卽利用上昂支撐要頭之前端與令栱之底，補華栱載重力之不足，防令栱下垂，後世殆因交榫複雜，及偸工減料之故，省略此斜撐（Bracket）式上昂，僅於三分頭菊花頭之端，鉋去一部，表示上昂之形狀位置，所謂形存而實易者也。但此外形之模倣，純屬虛僞，決無長久存在理由，故清代建築中作此式者甚少，詢之舊匠，多不能舉其名。

上簷內側藻井之上，有枰桿插入老簷桁墊板中，（第三十四圖）卽古下昂之變體，

第四十一圖　萬佛閣內側斗科

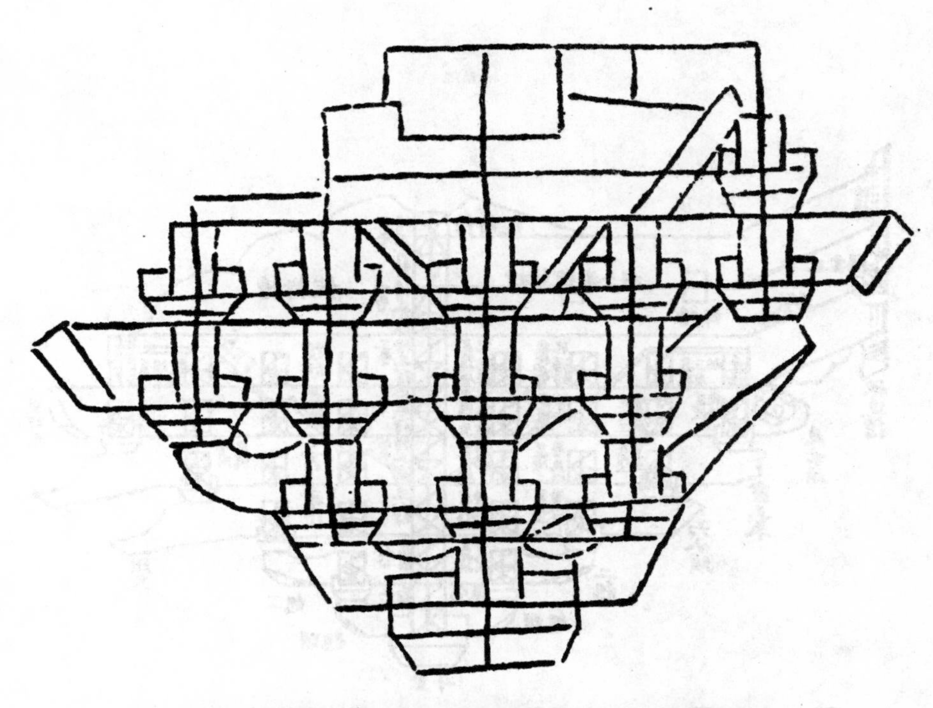

第四十二圖　營造法式五鋪作重栱出上昂

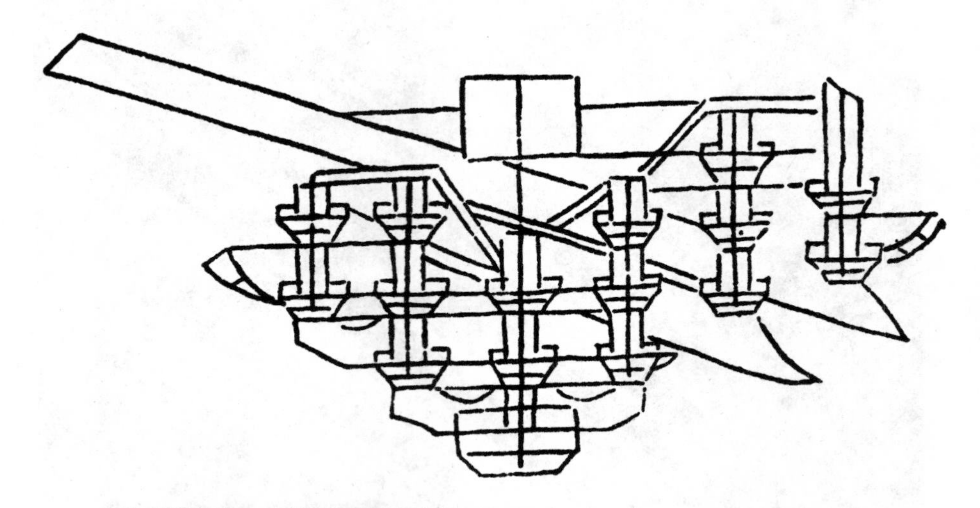

第四十三圖　營造法式六鋪作重栱出單抄雙下昂

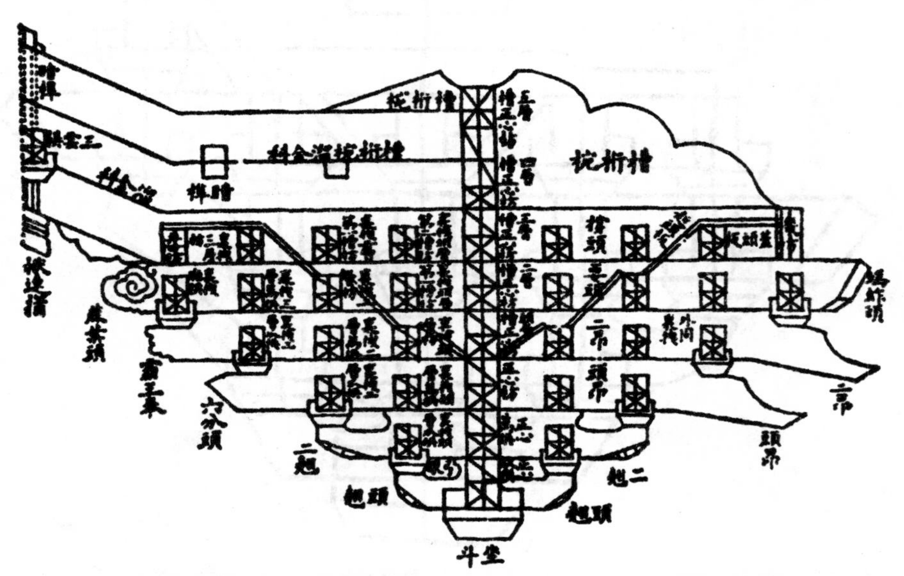

第四十四圖　營造法式附錄重翹重昂九彩帶溜金斗科

惟其枰桿下端非若遼宋諸例，自昂嘴延長，（第四十三圖）乃自螞蚱頭前端斜上，與下部諸昂無涉。恳嘗揣其嬗變之故，竊疑宋下昂置於令栱下，其與耍頭及華栱相交之斜面，不能稍差毫忽，此則提上一層，直接承載挑簷桁之重量，且交榫較少，無前者結構繁頤，而保存橫桿作用，使簷端不致下垂，猶依然如舊。至若螞蚱頭之端，取材時得以二枰桿參差反對爲之，亦無浪耗材料之失，而室內有天花遮隔者，枰桿上端得插入欏下墊板中，備形簡便，故其結構形狀可謂爲宋下昂之簡單化者。而恳尤疑清代溜金斗科係受此螞蚱頭之暗示，水平部分逐漸發達，遂移於槽正心枋後，自井口枋之上，起枰桿斜上，飾以夔龍尾伏蓮梢三伏雲等，如工程做法及營造法式附錄所示者，（第四十四圖）僅略存宋下昂之外形，既未承受挑簷桁重量，亦無橫桿作用，其於結構原意，相差不可以道里計。以上觀察，苟幸無謬誤，則此殿之螞蚱頭枰桿乃上承宋制，下啓近世挑金溜金之構造，爲宋清間下昂變化之重要証物也。

柱頭科　柱上斗科各件之寬度如次表所列，係自下向上逐漸增大，與清代無異，足徵明中葉已有此法。（第四十五圖）惟其起源尚屬不明，以恳意測之，當在叢密式斗科盛行以後。蓋古代斗科甚大。其柱頭科翹昂之寬，無須取等加級數之比例，如營造法式及遼獨樂寺無不如是。洎乎後世斗科排列愈密，比例愈小，不足支撐簷端重量，故僅於柱頭科角科二者用較大尺寸。然其下部座枓須與平身科座枓保持均衡比例，不能如古代之巨，斗口亦隨之俱小，於是翹昂之闊，自下而上用遞加式形狀，期與挑尖梁老角梁・仔角梁・之寬度符合，所謂削足適履之策，不符挑梁式昂栱結構之理也。至梁頭之寬，僅及斗口三倍，則因明代挑尖梁本身之闊，視後代窄狹，梁頭亦與之俱小，清代挑尖梁增大，故梁頭之寬亦增爲斗口四倍。若其頭翹・頭昂・與頭昂・梁頭・間相差之數爲〇・〇四公尺，及〇・〇五公尺，未能相等，當爲木材收縮所致，非故意爲此一公分之差也。

柱頭科細部構造，如頭昂兩側之外拽單才瓜栱萬栱，皆非通常之整材，與翹昂接合，乃以單材栱之半揷入昂內，與近法異。（第四十六圖）此或因柱頭科所受簷端重量，視平身科大，故不欲多事斲削，致損昂之載重力故耳。昂嘴十八斗之下，界以凹形曲線，爲栱翹之狀，自此以前，昂身較後部稍狹，與清代如出一轍。餘如梁頭作方形，已述於梁枋項內，茲不再及。

	尺寸	斗口比例	工程做法之比例
柱頭科座枓	寬〇・三三五公尺	斗口四・一八七倍	斗口四・〇倍

第四十五圖　如來殿柱頭科

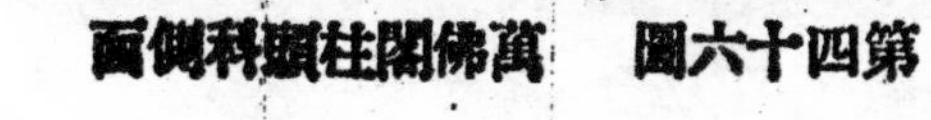

第四十六圖　萬佛閣柱頭科側面

頭翹	寬〇・一四五公尺	一・八一二倍	二・〇倍
頭昂	寬〇・一八五公尺	二・三一二倍	三・〇倍
梁頭下之翹	寬〇・二三五公尺	二・九三七倍	
梁頭	寬〇・二三五公尺	二・九三七倍	四・〇倍

角科 此殿柱頭科之寬度，如前所述。視工程做法稍窄，而角科向上遞增之比例，亦如出一臼，但斜頭翹・斜頭昂・與由昂三者之差雖屬相等，而由昂與老角梁之差，較前三者特巨。且斜頭昂亦特別加長，非自搭角正頭昂之長，每尺加四寸，至轉角處平面圖成方形。其挑簷桁自把臂廂栱之外口亦挑出甚長。俱與工程做法不合，（第三十五圖及第四十七八圖）

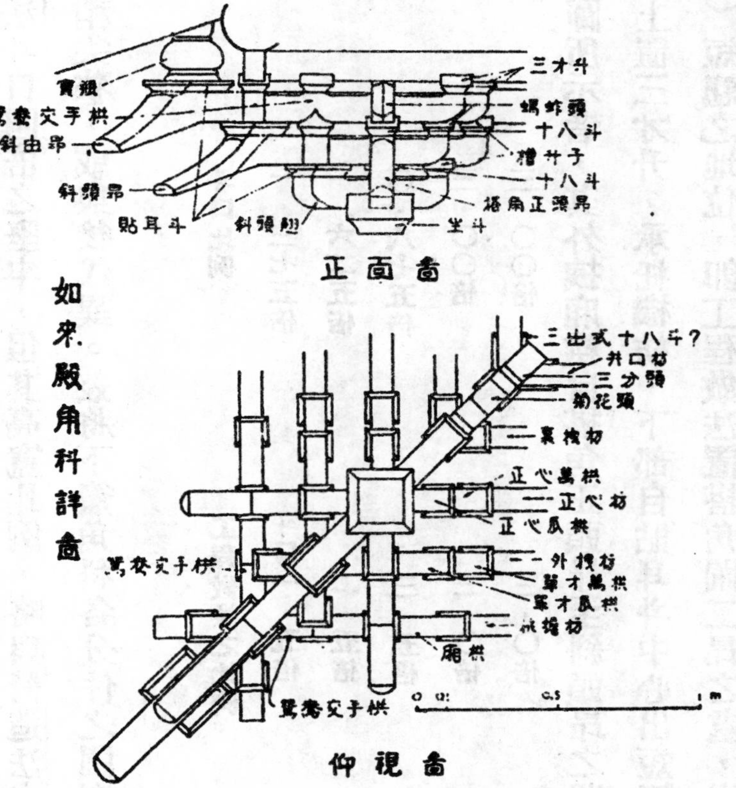

寶瓶 三才斗 鴛鴦交手栱 螞蚱頭 斜由昂 十八斗 槽升子 十八斗 斜頭昂 搭角正頭昂 貼耳斗 斜頭翹 坐斗

正面圖

三出式十八斗？ 井口枋 三分頭 菊花頭 裏拽枋 正心萬栱 正心枋 正心瓜栱 鴛鴦交手栱 外拽枋 單才萬栱 單才瓜栱 挑檐枋 廂栱 鴛鴦交手栱

仰視圖

如來殿角科詳圖

第四十七圖

頗疑後者自此改良整理，與柱頭科取均勻劃一之比例者也。又老角梁之高祇斗口二倍，似歉稍低，不及工程做法斗口四倍之堅牢，但其高寬比例，略與營造法式接近，仔角梁之端置套獸榫處亦稍尖狹，咸與後代異。玆將下簷角科各分件之闊度，表列於次，以資參證：

	尺寸	斗口比例	工程做法之比例
斜頭翹	○·一一公尺	一·三七五倍	斗口一·五倍
斜頭昂	○·一三公尺	一·六二五倍	二·五倍
由昂	○·一五公尺	○·八七五倍	三·五倍
老角梁	○·二四公尺	三·○○倍	三·○倍
仔角梁	○·二四公尺	三·○○倍	三·○倍

角科之立面圖，如第四十七圖所示者，其外拽廂栱自搭角正頭昂至斜頭昂之間，相距二拽架，中央作人字形，上置三才升，承托機枋，下部自貼耳斗中心出短翹，支載栱身之半。（第三十五圖）短翹之地位，卽工程做法置搭角鬧二昂之處，詢諸匠工，不知其名，按營造法式卷四造栱之制：

凡栱至角相連長兩跳者，則當心施枓，枓底兩面相交，隱出栱頭（如今用栱只用四瓣），謂之鴛鴦交手栱（裏跳上栱同），則此物應爲鴛鴦交手栱無疑。而上層七彩角科，其廂栱人字架下，亦如宋制無栱翹承托，（第四十八圖）且與遼獨樂寺觀音閣下簷轉角鋪作之瓜子栱，同爲「至角相連長兩跳者」，而瓜子栱之彩畫作人字形，亦復同一形狀。見本刊第三卷第二期梁思成先生薊縣獨樂寺觀音閣山門考第三十一圖所異者，一爲廂栱，一爲瓜子栱，一爲彫琢，一爲彩畫，地位雖異，而結構原則則一，故仍得謂爲遼宋斗栱之遺制殘留於後日者。惟在近代叢密式斗科中，此式究難與他部調和，則搭角鬧二昂三昂之產生，殆爲外觀整齊劃一起見，不得不出此一途者歟。今觀清大內諸殿，其西路翊坤・儲秀・長春・諸宮之角科，胥與智化寺同，而東路乾隆間建造之甯壽宮，則用搭角鬧二昂三昂，故鴛鴦交手栱，自受工程做法之影響後，漸歸廢棄，乃極明顯之事實也。

上簷角科，係七彩單翹重昂，較下簷出跳增出一拽架，但其結構比例，仍取同樣方式，僅外拽廂栱之下，無短翹承托爲稍異耳。（第四十八圖）

上下簷角科之內側結構，其內拽萬栱作人字形，（第四十九圖）亦係鴛鴦交手栱，與營造法式「裏跳上栱同」一語，完全符合，足爲宋式流傳之證。又其內拽廂栱上井口枋交會之處，用三出式十八斗，（第四十七圖）亦與清代用貼耳斗者異。

・屋架　殿上層南北七檁，（第四十圖）其明間金柱上七架梁之寬度，較金柱上徑加二寸更大，其高亦不止本身寬加二寸，與工程做法異。餘如五架梁・三架梁之高寬，未較七架梁・五架梁減二寸。桁檁嵌入梁端處，梁外側與內側平。瓜柱・脊柱・雷公柱・之切斷面作八角形。上金桁之下無墊板。自脊枋外，其餘檁枋之高，咸不足斗口四倍，其寬亦未自本身高減二寸。上金順扒梁與太平梁皆較五架梁三架梁稍小。凡此數端，均與工程做法所云，判若涇渭。而梁枋切斷面之比例，僅五架梁・三架梁・太平梁・三者因瓜柱・脊柱・雷公柱・之直徑關係，不得不增大其寬度略呈方形者外，自餘各材，咸爲五比四至五比四・四之間，而脊枋特高，且爲五與三・二之比，則當時猶略存宋以前比例，無清工程做法諸規律也。同時各桁檁之下，墊板或有或無，則視需要而定，如老簷桁墊板用以固定下昂枰桿之上端，（第三十四圖）而上金桁下金桁俱無墊板，足徵細部手法，隨時增省，無拘泥之病。

	尺寸	斗口比例	工程做法之比例
七架梁	高〇・六二公尺	七・七五倍	本身寬每尺加二寸
	寬〇・四九公尺	六・一二五倍	金柱徑加二寸
五架梁	高〇・四五公尺	五・六二五倍	自七架梁高減二寸
	寬〇・四六公尺	五・七五倍	自七架梁寬減二寸
三架梁	高〇・三五公尺	四・三七五倍	自五架梁高減二寸

第四十八圖　萬佛閣角科仰視

第四十九圖　萬佛閣角科內部

名稱	尺寸	倍數	附註
上金順扒梁	寬○·三七公尺	四·六二五倍	自五架梁寬減二寸
太平梁	高○·三四五公尺	四·三一二五倍	與五架梁同
	高○·三二公尺	四·○○倍	與三架梁同
	寬○·三○公尺	三·七五倍	與三架梁同
脊檁	徑○·三五公尺	四·三七五倍	斗口四·○倍
上金桁	徑○·二九公尺	三·六二五倍	斗口四·○倍
老簷桁	徑○·二九公尺	三·六二五倍	斗口四·○倍
脊墊板	高○·二五公尺	三·一二五倍	斗口四·○倍
老簷墊板	高○·二六公尺	三·二五○倍	斗口四·○倍
脊枋	高○·三九公尺	四·八七五倍	斗口四·○倍
	寬○·二四公尺	三·○○倍	高減二寸
上金枋	高○·三○公尺	三·七五倍	斗口四·○倍
	寬○·二四公尺	三·○○倍	高減二寸
老簷枋	高○·三○公尺	三·七五倍	斗口四·○倍
	寬○·二四公尺	三·○○倍	高減二寸

殿之出簷長度如次表所示，較工程做法略短，飛簷椽之長亦未為簷椽三分之一，但愚輩所測尺寸，以斗口寬度除之，未獲整數，故不能與清法比較，僅知其斗科出跳

大者出簷亦大耳。至若衡以營造法式「椽徑三寸卽簷出三尺五寸」及「簷外別加飛簷每簷一尺出飛子六寸」之比例，亦不符合，故此殿建造時，依據何項法則，定其出簷長度，尚待鈎討。惟椽徑及中距二者，與清代比例一致，而簷端無卷殺，與翼角翹飛椽十五支，適爲奇法，俱爲明清二代採用同樣方法之證。

	尺寸	斗口比例	工程做法之比例
下層出簷（五彩斗科）	水平長一·六九公尺	二一·一二五倍	斗口二七·〇倍
上層出簷（七彩斗科）	水平長一·九九五公尺	二四·八七五倍	斗口三〇·〇倍
上層正心桁至挑簷桁中距	水平長〇·六一五公尺		
上層挑簷桁中心至簷椽外口	水平長〇·八八公尺		
上層簷椽外口至飛簷椽外口	水平長〇·五〇公尺		
簷椽	寬〇·一一六公尺	一·四五倍	斗口一·五倍
	中距〇·二四五公尺	三·〇六二倍	斗口三·〇倍

清工程做法定斗科二攢，卽斗口二十二倍，爲步架之寬，此殆指大內正規堂殿而言，若九檁七檁門殿無藻井者，依觀察所得，僅簷步等於斗科二攢，自此以內，其金步脊步或相等，或金步大於脊步，變則頗多，然此二者多小於斗科二攢，則係事實，蓋四注與歇山之頂，因屋角上翹及方角之簷，正面梢間如係二攢，側面亦必相等

，而順扒梁須載於兩山斗科中心之上，一攢與三攢有過狹過闊之失，唯二攢寬度最爲適當，同時內部有溜金斗科者，尤非此莫辨，故簷步爲斗科二攢之寬，不問殿堂面積大小，幾爲淸代之常則。但金脊二步得依建築物進深大小及山科攢數，臨時決定，不必一一拘守成法，淸大內較小門殿如此式者，幾不勝枚舉。此寺之九檩七檩屋架，如智化殿智化門及此殿之簷步，亦等於山科二攢，但下金步上金步脊步三者，愈至內側，步架愈窄，（第五十圖）則上述淸代之變則，明代固先有之。而愚尤疑建築物之進深，在未被山科攢數及斗口十一倍縛束以前，此式之應用範圍，或更爲廣汎，殊未可知。至於舉架之高，如以工程做法簷步五舉．金步七舉．脊步九舉，或金步六舉．脊步八舉較之，皆覷此殿爲高，苟自下而上，推之全體，則坡度相差更甚，似此殿屋頂建造時尙無淸代舉架之法也。按營造法式卷五舉屋方法：

先量前後橑簷方心相去遠近，如甋瓦廳堂，卽四分中舉起一分，又通以四分所得丈尺，每尺加八分。

今閣之南北挑簷桁之中心，相距九．六四六公尺，其四分之一爲二．四一一公尺，再加此數百分之八，則屋架高二．六〇四公尺，與愚輩實際所量脊金簷三步總高二．五九五公尺，相差僅〇．〇〇九公尺，則屋頂坡度採用宋甋瓦廳堂舉屋之法，無異明如覩火，然每架折縫之數，又不與營造法式吻合，故此殿之舉折，尚不能斷其取何種方式。豈屋架之總高，遵奉宋甋瓦廳堂規定，而折縫常數，(Constant)因斗科排列密接，簷步為方簷翹角之故，與斗科具連帶關係，同時波及其餘步架，不得不變更舊法耶。

簷步　寬一·五七公尺　高〇·七二公尺

金步　寬一·二八公尺　高〇·八五三公尺

脊步　寬一·一一二公尺　高一·〇四公尺

愚對上項疑問，曾作數度計算，其間偶因此殿之簷步·金步·脊步·三者之總闊三·九六二公尺，與山科五攢之寬相等，因求各步寬度與山科每攢寬度之比例，得

簷步等於山科二攢

金步等於山科一·六攢

脊步等於山科一·四攢

同時此三步舉架總高二·五九五公尺，依山科五攢之例，亦以五除之，得每份高〇·五一九公尺，此數與各舉架之比例，

簷步一·四倍

第五十圖　萬佛閣梁架

金步一・六倍

脊步二・〇倍

今以二者比較觀之，各步之寬高，對於簷金脊三步總高總寬之比例係數，適相反對。綜上所述結果；

(甲)屋架之總高，爲南北挑簷桁間距離四分之一，再加此數百分之八。

(乙)簷步・金步・脊步・三者之寬，等於山科五攢。就中簷步爲二攢，金步一・六攢，脊步一・四攢。

(丙)屋架之總高亦分爲五份，脊步高二份，金步高一・六份，脊步高一・四份，與(乙)項步架之比例係數，適成顚倒相反之狀。

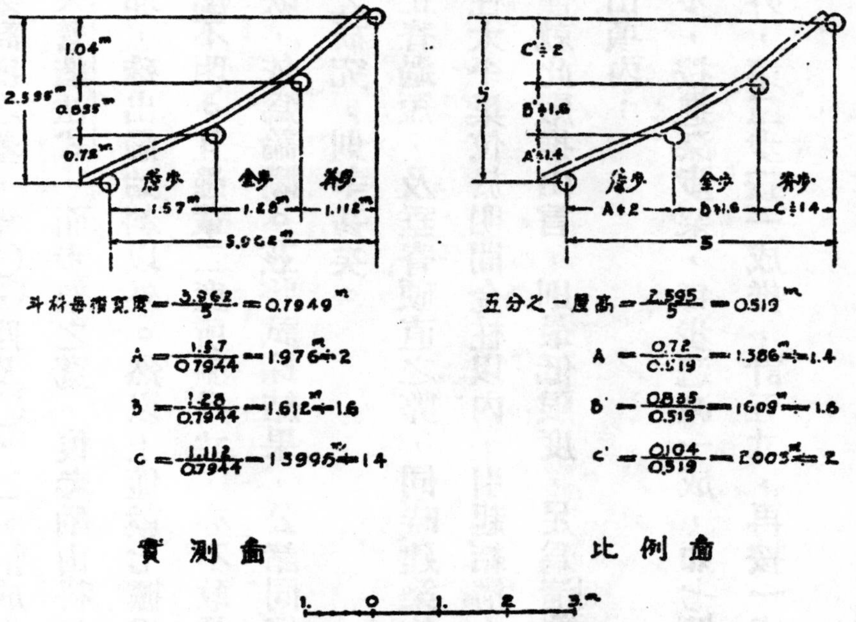

萬佛閣屋架計算圖表

第五十一圖

上項所示數字，（第五十一圖）雖用四捨五入，略去零下二位以下之數，然其比例似非出之偶然。且前述（乙）項各架高度之差，爲〇．四及〇．二，恰成遞減數，與（甲）項屋架總高，皆似脫胎於宋營造法式，而步架之寬，復參酌山科每攢寬度，豈宋清間過渡時代之方法果若是耶，殊出愚始料以外。然以上僅就七檁言，其九檁十一檁者，是否取同樣法則，尚屬不明。且愚輩二度所測尺寸，亦不敢謂爲絕對精確，無黍絫之差，故未能抱殘守缺，依爲論斷。茲將試探結果，公諸同好，以供甄采，尚望海內賢達，更爲進一步之研究，則幸甚矣。

清代四注屋頂，有推山之法，蓋免正脊過短，及垂脊硬直之弊，同時建築物進深過大而梢間次間過窄者，亦可免雷公柱太平梁位於明間金柱以內，引起結構上之不便。惟此制創自何代，尚待研求，若僅就此殿推山言，則最低限度，足爲清襲明法之證。據營造算例第一章通例廡殿推山項內；

除簷步方角不推外，自金步至脊步，按進深步架，每步遞減一成，如七檁每山三步，各五尺，除第一步方角不推外，第二步按一成推，計五寸，再按一成推、計四寸五分，淨計四尺零五分。

此殿南北金步寬一．二八公尺，脊步寬一．一二公尺，依上述法則爲之，則兩山金步之闊，首減去本身闊一成○・一二八公尺，再於餘數一・一五二公尺內，減去一成○・一一五二公尺，淨存一・○三六八公尺。其脊步於原闊一・一一二公尺內，減去金步已減之○・一二八及○・一一五二公尺，下剩○・八七八八公尺，再減去餘數一成○・○八七八八公尺，淨存○・七九○九二公尺，以此二者與下列實測尺寸對照之，最大之差爲三公分，換言之，算例與實物之差違，皆在營造尺一寸以內，依大木結構習慣言，一寸之差，乃最普遍之事，毫不足怪，故清代推山比例，完全遵守前明遺法，可云確鑿不移者矣。（第四十圖，第五十二圖，）

兩山金步寬一・○六○公尺　依營造算例應寬一・○三六八公尺

兩山脊步寬○・七六一公尺　依營造算例應寬○・七九一公尺

（三）磚墻

下層南面左右次梢各間之坎墻，下無檻墊石，自地面起高○・九六三公尺，厚○・四五公尺，其高度約爲墻面至額枋底五分之二強，較工程做法三分之一比例稍高。上置石榻板，厚○・○八五公尺，再上裝菱花窗槅。（第五十三圖）東西山墻及後部之墻，包砌簷柱間，墻之內側，與柱之內面平，墻底厚○・七六五公尺，其在簷柱外側者，厚○・三九五公尺，視柱徑一倍稍大，略類工程做法一倍之比例。墻高三・五四公尺，收分約為高之百分之一。下部羣肩高〇・九公尺，為墻高四分之一弱。四隅有石製角柱，僅後側二柱略近方形，前側者為長方體，高與羣肩等。墻上身之肩高〇・三三公尺，自此斜上與額枋底部外側啣接。墻外側除羣肩用水磨磚外，墻之上身皆塗紅垩。內部扶梯附近無塗圬，殆剝落後未經修理者。

上層萬佛閣之墻，載於承重大柁之上，墻厚〇・五三六公尺，高二・八九公尺，羣肩高〇・九一公尺，墻肩高〇・一七二公尺。門窗發券之外緣鐫刻卷草，皆自青磚彫製，餘與下層同。（第三十四圖）

（四）琉璃瓦件

琉璃瓦脊及各附件皆黑色，其大小尺寸微有出入，未能一一相等，恐現存之瓦，有正統初建及萬曆修理數種，混用於一處，非同時所製，其下簷各瓦料尺寸如次；

勾頭	寬〇・二四五公尺	長〇・三四五公尺	
筒瓦	寬〇・二三五公尺	長〇・三三五公尺	中距〇・二五公尺
滴水	寬〇・二二五公尺	長〇・三二五公尺	
板瓦	寬〇・二一五公尺	長〇・二七五公尺	

前表中除板瓦略短外，其餘各件略近清官窰之五樣瓦，（見本刊第二卷第三期琉璃瓦料做法）而正脊垂脊

第五十二圖　自天花仰望太平梁

第五十三圖　如來殿側面

五具。

之暈色條上無黃道，亦與五樣瓦符合，可知明清二代琉璃瓦制度變遷甚少。惟脊獸之口頗高，幾達全高之半，故其上部獸尾卷起處，不及清代比例之高聳，就美觀言，似有稍低之嫌。（第五十四圖）其花紋亦略有出入。上下各脊之端，置仙人走獸共五具。

附階合角吻脊，一如近代情狀，掛落板作黃灰色，亦琉璃製。大小相間，計南北二面各二十組，東西各十二組。（第五十四圖）

（五）裝修

門窗　下層南面明間有長槅四，左右次間檻窗各四，梢間各二。上層門窗三處，各二扇，雖門窗上部皆發券式，而門槅窗槅俱作長方體，自外視之，發券下無門窗之框。（第三十四圖）此寺門窗之菱花槅心，分斸四斸六兩種，（第五十五圖）與營造法式簇四簇六毬紋髣髴相類，係以堅韌木條挫斸花紋，不失小木作之正軌，近世偷工減料，每以木板挖雕，致槅心易於撟裂，不足為訓。同時花格之櫺子甚狹，空眼較大，故其外觀玲瓏秀麗，方諸清宮槅扇之粗笨，似有一日之長。但如來殿長槅下部之群板花紋，略嫌繁縟，轉失大方。（第二十四圖）槅之上下二部，俱無絛環板，殆槅身為簷柱高度所限，無餘地為此，非明代尚無此法也。上層中央門槅之羣板無花紋，其門框裝門環處，墊以狹長銅板，雖構圖不庸，而近日每將此板略去，卽此一端，可見工料不苟，今非昔比。

下層明間抱柱	寬〇・二五公尺	厚〇・一六七公尺
下層明間上檻	高〇・二四六公尺	厚〇・一六七公尺
下層明間下檻	高〇・一四五公尺	厚〇・一六七公尺
下層次間抱柱	寬〇・一四五公尺	厚〇・一六七公尺
下層梢間抱柱	寬〇・〇九公尺	厚〇・一六七公尺
下層次間梢間上檻	高〇・二三五公尺	厚〇・一六七公尺
下層次間梢間風檻	高〇・一五公尺	厚〇・一六七公尺
下層明間長	高二・七二公尺	寬一・二五公尺
下層次間窗槅	高一・七五五公尺	寬〇・八九五公尺
下層梢間窗槅	高一・七五五公尺	寬〇・五九二公尺
上層中央門槅	高二・五六七公尺	寬一・一〇二公尺
上層兩側窗槅	高一・七一二公尺	寬〇・七六公尺

扶梯　梯二具，置於殿東北西北二隅，其踏板寬〇・二三公尺，高〇・二四五公尺，約爲〇・九四與一之比。其中且有高〇・二八二公尺者，故坡度頗峻，不便昇降

第五十四圖　獸吻

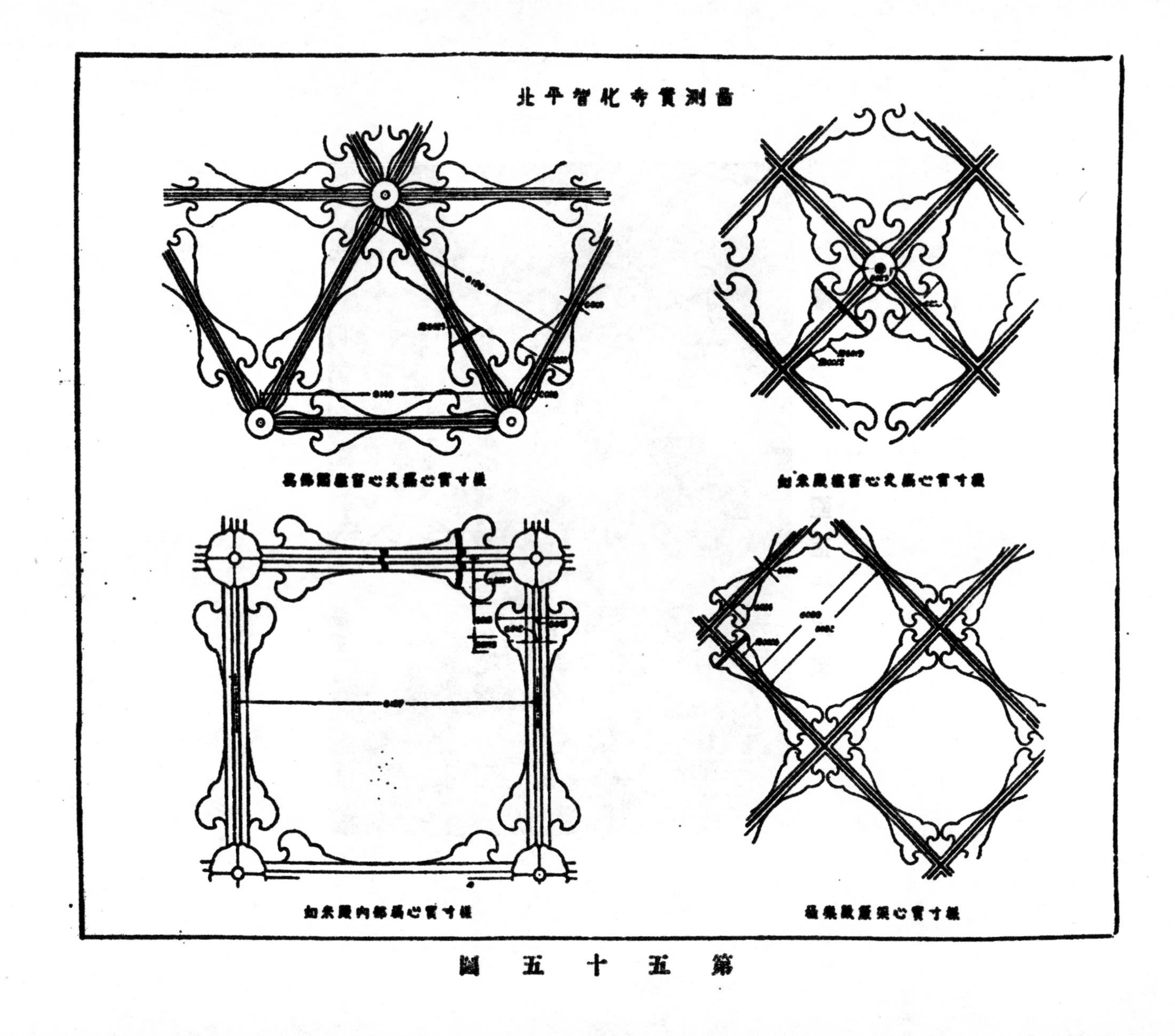

第五十五圖

第五十七圖　萬佛閣中央門八藻井仰視

。欄干之尋杖蜀柱瘦項及瘦項上之菱葉，與營造法式勾欄制度相似，細部雕作，亦不傖俗，頗不多覯。其結構尺寸，詳第五十六圖，說明從略。

•天花　殿上下二層天花，僅中央三間作平頂，四周者皆順屋頂坡度呈斜列之狀，頗疑明中葉尚如南北朝石窟天頂，保存周斜中平之習，未失井之原義。樓下明次三間天花承於天花枋之上，每支條之項，皆有帽兒梁一根，（第三十七圖）其彩畫則如第二十八圖所示。樓上天花承於七架梁與老簷枋下，另無天花梁之設。中央藻井係門八式（第五十七圖）外爲方形，其四角以枝條區劃成八角形，再置方格二重，互相套合成內八角，每格之邊緣，飾以卷雲蓮瓣栱科，空檔內置八寶，又自內八角之內側，

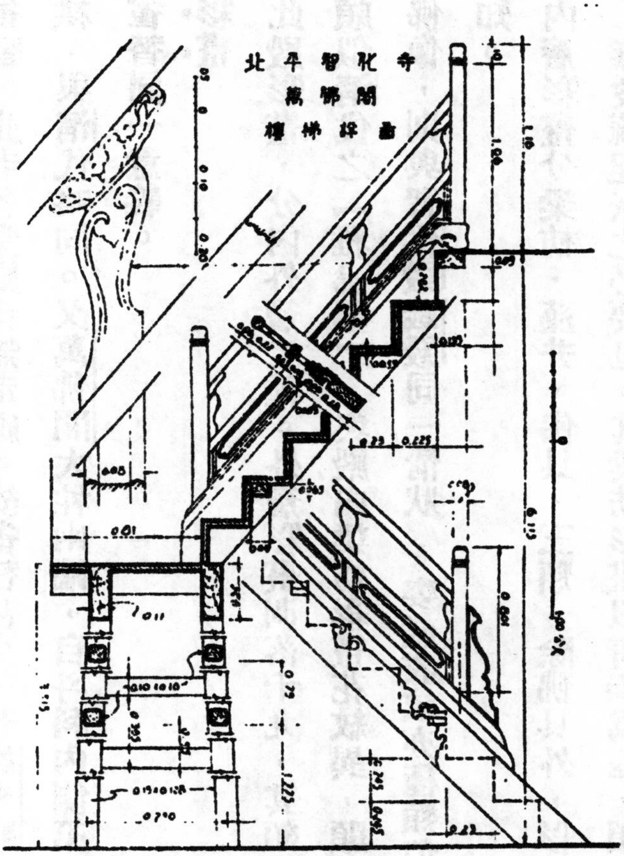

北平智化寺萬佛閣樓梯詳圖

第五十六圖

有板斜上，中央作圓形，皆刻龍雲蟠繞，製作𤢖皇，極類大內諸殿寶座上之藻井，其卷雲雕刻，秉雄健流麗之美，確係明代舊物，惜現已拆去，僅能憑影片知其概略耳。

雀替　此寺各堂殿皆無走廊。故雀替甚少，若如來殿內則僅明間有之，其下附以小栱，與清代略同。又萬佛閣大梁兩端，自斗科內側第一跳出菱角木承托梁端，亦與雀替同一意義。

（六）彩畫

此殿彩畫，分內外簷二種。外簷彩畫凋落十九，其額枋及挑簷桁偶有存留者，花樣頗似清代之「雅烏墨」，與殿內梁枋彩畫花紋異，顯經後代修理。但其墊栱板描繪佛像，則與智化殿藏殿同一情狀，姿態衣紋亦極類似，或尚存舊時輪廓，殊未可知。

內簷彩畫分梁枋・藻井・佛具・三類，除佛具外，彩畫之底甚薄。蓋各材鉋削平整，無披蔴捉灰之必要也。其梁枋彩畫以靑綠爲地，頗雅素，凡靑色之次，卽爲綠色，二者反覆間雜，一如宋清常則，其間點綴朱金，鮮艷醒目，而此二色又能集中一二處，所占面積甚小，如梁端合子於澄綠色中，飾以朱瓣金心，非以金色作機械式普遍之描畫，且無一處利用白色爲界線，乃其優美之主因。至若構圖特別之點

(甲)錦心之長約爲梁枋總長四分之一，(第五十八圖) 似較近代三分之一者合法。(乙)其花旋一整兩半，已見於營造法式，此必上承宋法，下啟清代大小點金雅烏墨諸制。(丙)梁底之旋，因梁身頗窄，作狹長形，(第五十九圖) 極似營造法式之疊暈如意頭。(丁)旋中有金色鳥狀之裝飾，不易多見。(戊)錦心之兩尖端，不用直線，尚存古代淅藻波紋之習。以上諸項，愚初疑萬曆修理後必非原狀，不敢據爲論證，嗣知萬佛閣大柁之底，其中央一部原有佛龕遮蔽，(第三十一圖) 數年前拆毀明間門八藻井時，諸龕連帶卸下，今柁底之中央燦然若新，非如兩側露出部分之被塵烟燻汚，(第五十九圖) 然二者花紋毫無差別，故知此殿，彩畫猶存舊狀。又萬佛閣左右窗券之背面三角形處，(Spandrel) 亦描有彩畫，雖其花紋似經重繪，不類明代之物，以視近世發券後部無彩畫者，亦足珍異。

天花之支條皆綠色，井中彩畫則以朱色爲地，雜飾青綠番草，中央書七字眞言與西城護國寺同。「第二十七八圖」 近代彩畫唯大內多以朱色爲底，或於青綠二色中雜以彩雲，但配色複雜，且使用地點過多，與此相較，殊有雅俗之別。至於天花彩畫之施工，凡天花板之接縫，正背二面皆粘薄絹一層，防其破裂，足見當時用意詳密不苟，而彩色顏料皆石青石綠等物，雖星霜屢易，未盡改褪，遠非近日舶來品所可侔擬，以今規昔，有頗難爲繼之感焉。殿下層之經櫥及脇持佛座，咸施彩色，燦爛奪目，但配色富於刺激性，除青綠二者外，濫用金白朱三色之處甚多，頗嫌傖俗逼人，以與柁梁藻井對較，疑經後代修理，尤以脇持之座最爲顯著易辨。

（七）佛具雕飾

此寺佛像雕塑較劣，其全體形範及面貌衣飾，既無南北朝之莊嚴古樸，亦無隋唐雄渾，趙宋流麗，其與吾人印象，祗笨拙二字，若殿下之脇持衣紋，雖力求工細，仍瑕瑜不足互掩，乃其最適當之例。（第六十圖）但小佛間有佳者，殆因製作較易故耳。至若殿內佛具間有佳作，可與前述彩畫並稱，如萬佛閣中央佛壇之下部雕刻，（第六十一圖）（第三十圖）繁簡適得其宜，尤以蓮瓣最爲秀麗，惜上層卷草諸雕刻稠密過甚，有失調和，但卷草本身之構圖，叢密而無纖弱之病，乃其特點，所足論者，雄健有餘而雅秀不足相附，且間有蕪雜之弊，故不能追模盛唐風緻。（第六十二圖）餘如經櫥（第六十三四五圖）磬架（第六十六圖）胥以比例雄厚描線遒勁見長，豈洪武父子掃滌膻氈，光復華夏，習尚所被，雖一物一器之微，猶存餘烈耶。第六十七圖所示，則爲萬佛閣西次間之佛壇罩板及壇前佛案，亦不失手法簡潔之例。殿上下匾

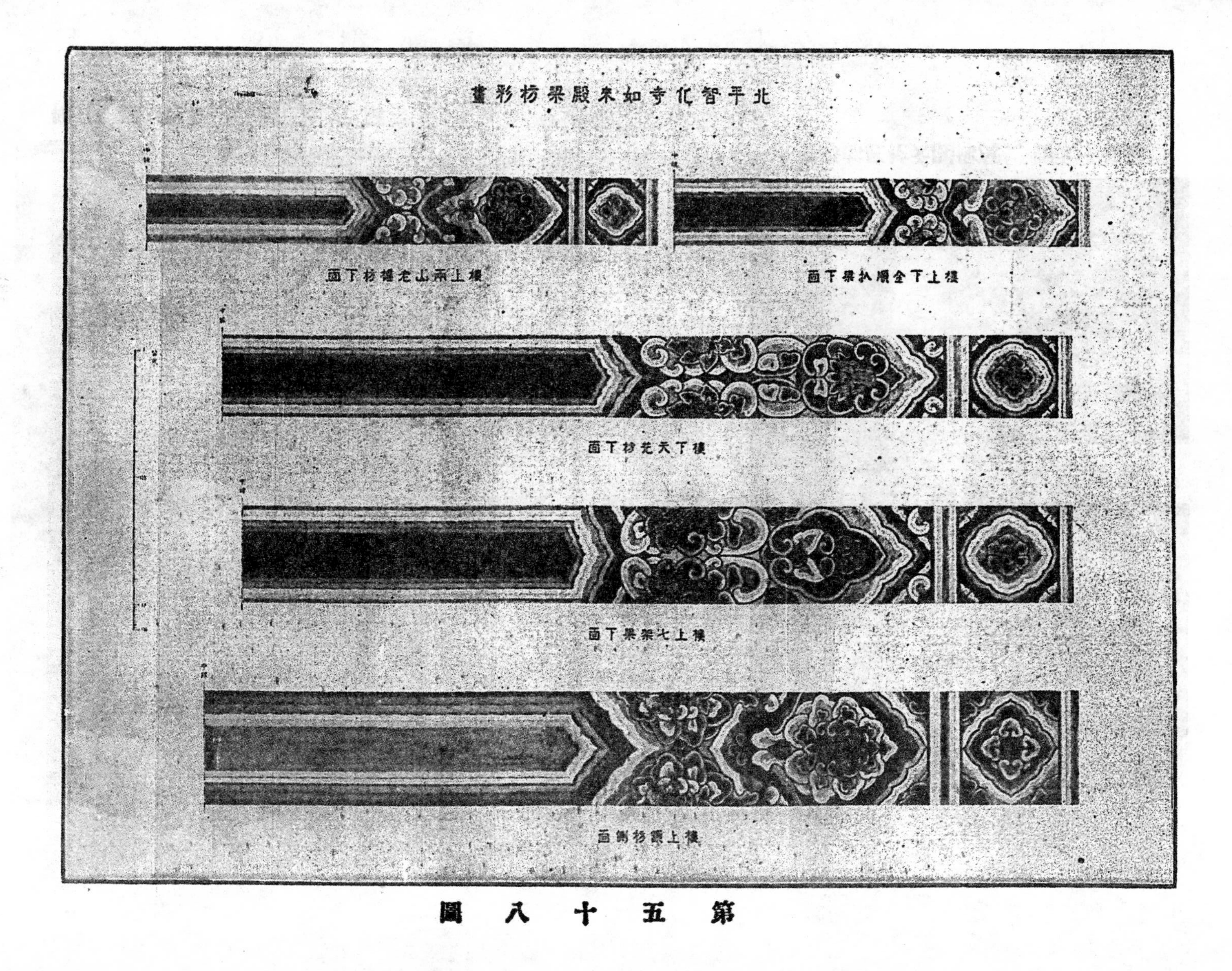
北平智化寺如來殿梁枋彩畫
樓上兩山老檐枋下面
樓上下金順扒梁下面
樓下天花枋下面
樓上七架梁下面
樓上額枋側面

第五十八圖

第五十九圖　萬佛閣大柁底部彩畫

第六十圖　如來殿佛像

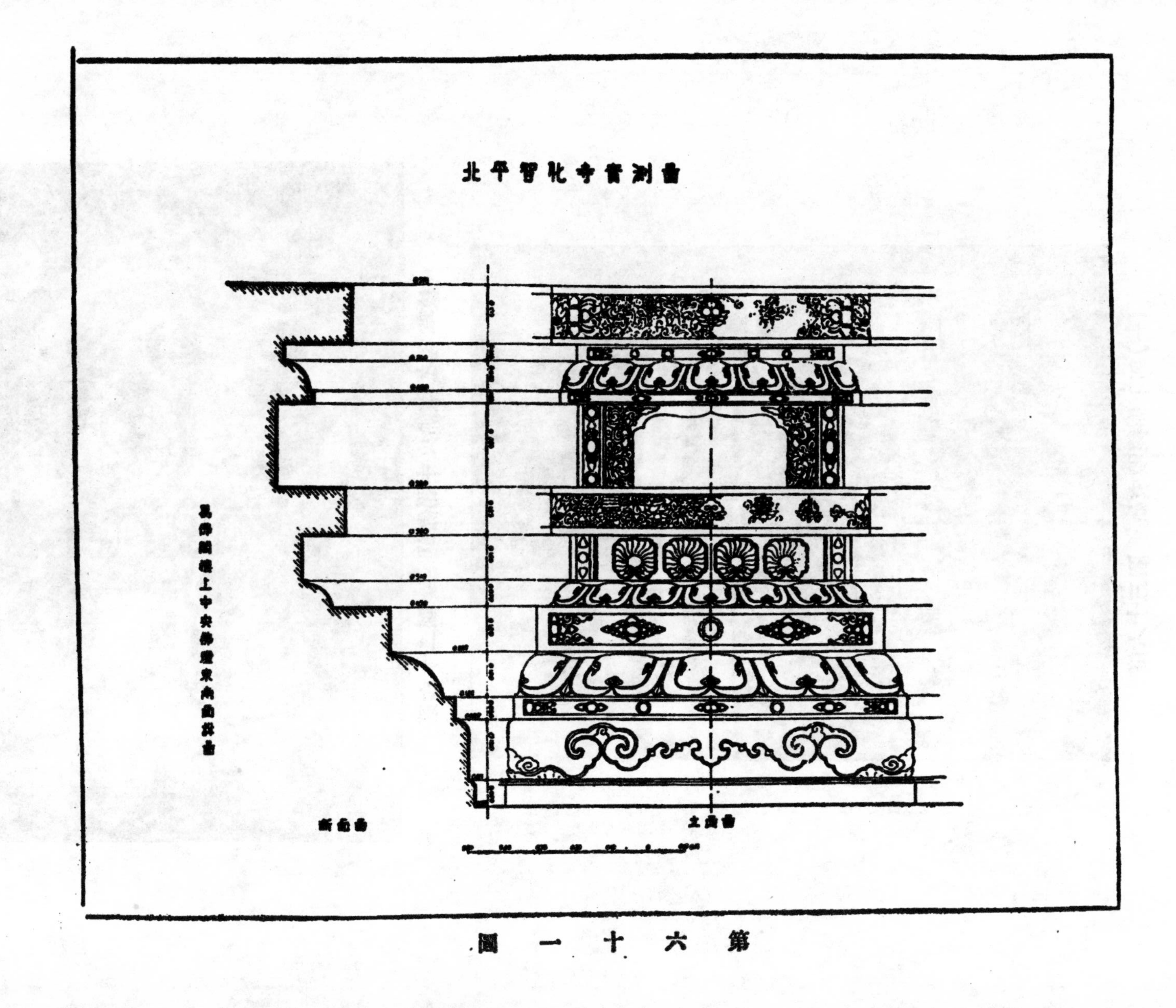

第六十一圖

第六十二圖　萬佛閣中央佛壇之卷草紋

第六十三圖　如來殿經橱下部(一)

第六十四圖　如來殿經櫥下部(二)

第六十五圖　如來殿經櫥上部

第六十六圖 如來殿磬架

第六十七圖 萬佛閣佛桌

額（第六十八圖）與營造法式華帶牌一致，外框作四十五度斜角，匾心之長闊比例，則視字數而定，故上下二匾之匾心雖稍有增省，而邊框之闊仍同。

五　結論

如來殿之結構裝飾，如上所述，僅涉大要，掛一漏萬，在所難免，而所論又不無支離瑣碎，尤爲愚所深致歉憾。惟以時代性爲標準，前列各項，似又可分爲四類；

（甲）與工程做法及其他清式類似者，　柱頂石　平身科，昂嘴曲線，挑尖梁之方頭，柱頭科角科之寬度成遞增式，掛落斗科，步架以斗科攢數爲標準，推山算法，簷椽比例及其中距，翼角翹飛椽之數，山墻之厚，琉璃

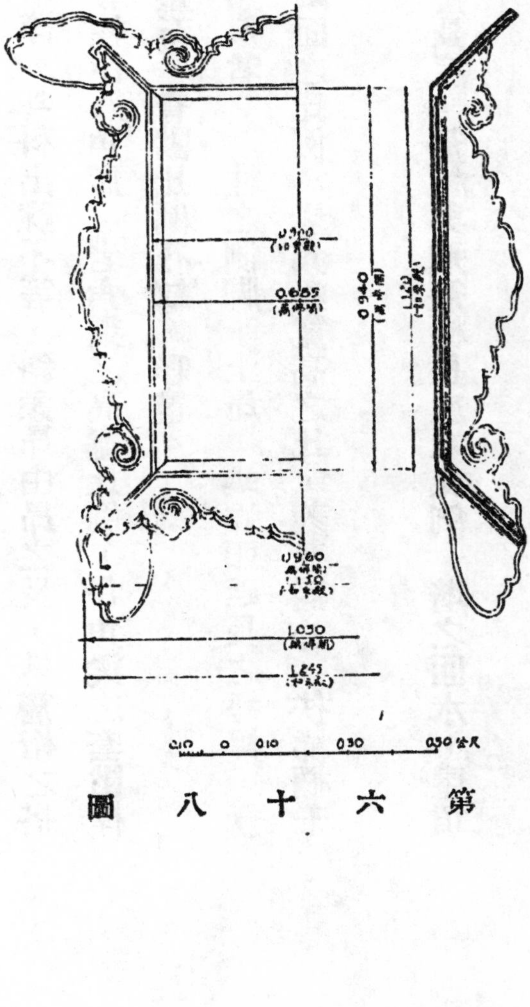

萬佛閣扁額詳圖

第六十八圖

瓦脊，天花藻井，雀替。

（乙）與工程做法及其他清式異者　　堦條石，分心石，簷柱之高及其收分，簷柱金柱之直徑，梁枋高寬之比例，平板枋之寬，覇王拳，樓板結構，一端彎曲之順扒梁，斗科中距，座斗進深，十八斗暗榫，斗科出跳不等，斜頭昂由昂之長，挑簷桁之搭交出頭，三出式十八斗，瓜柱脊柱作八角形，老角梁之高寬比例，仔角梁之套獸榫，槅扇縧環板，坎墻之高及檻墊石，脊獸比例花紋，彩畫。

（丙）與營造法式及其他古代式樣類似者　　柱之側脚，上昂，螞蚱頭延長之枰桿，鴛鴦交手栱，屋頂之高，梁枋切斷面之比例，老角梁寬高之比，菱花槅心，扶梯欄干，斜天花，彩畫。

（丁）出處不明者　　斗科出跳出簷長度，簷椽與飛簷椽長度之比例，堦之回水，屋頂舉架。

由是而言，如來殿之外形雖大體與清代一致，其細部手法，儘多特異之點，就中與清式異者，每不乏與宋式類似，則明代北平建築，雖受金元異族文化影響，仍未盡忘舊時規矱，故宋明之間，不能謂爲毫無因襲相承之關係，此殿亦不失爲過渡時代之例也。惟宋清數百年間建築之變遷，頭緒紛頤，關係繁複，卽此殿各項比例，異於宋清二代者，或因材料關係，臨時變更舊法，亦難逆知，決非依此一例所能解決。諺云「潦水將除，寒潭自清」，若茲所論，僅粗發「將除」之端，閱者苟以調查研究所得，補其遺亡，糾其謬誤，進而探求明清二代建築之來源經過，固爲愚所馨禱。

宋汴京御街

宋孟元老東京夢華錄謂汴京「御街自宣德樓一直南去，約闊二百餘步，兩邊皆御廊，舊許市人買賣於其間，自政和間官禁止，各安立黑漆杈子，路心又安朱漆杈子兩行，中心御道不得人馬行往，行人皆在廊下。朱杈子之外，杈子裏，有磚石甃砌御溝水二道，宣和間盡植蓮荷，近岸植桃李梨杏，雜花相間，春夏之間，望之如錦」。足窺北宋宮城前御道之情狀，同時金元明清四代之千步廊，係蹈襲汴京舊法，於此亦得證實。

馬哥孛羅（Marco polo）遊記中之臨安宮殿

馬哥孛羅遊記卷二述南宋臨安宮殿，謂『全宮分三部，中有高門一，門側有二大殿，殿頂飾以金柱，色彩輝煌，與門相對處有大殿一，宏大之概遠勝其他，柱俱鍍金，天花板上飾以華麗之裝金雕刻，壁上繪古代帝王故事……大殿之後，與大門相對處，有墻與宮內分離，門內復有一宮，規模甚大，約成球形，周圍有廊，廊飾以柱，其中又爲王與后分爲若干間，從球形之宮再進，有一廊，闊六步，其長直達湖濱，』今以宋史地理志及徐一夔宋行宮考吳自牧夢粱錄陳隨應南度行宮記與說郛所收南宋故都宮殿校之，其云高門兩側有大殿各一，即宋之麗正門，門左右列闕亭及登聞鼓院檢院，臨安行宮正門也。門內大殿即麗正殿，宋之大衙正殿，又名垂拱，文德，紫宸，祥曦，集英，明堂，端誠，崇德，講武，隨事異稱，實祗一殿。殿五間十二架，廣六丈四尺，修六尺，簷屋三間，修廣各丈五。內後門名簷知，門內屬之內廷。其進御膳所曰嘉明殿，度宗改釋巳堂，楊太后垂簾於此，曰慈明殿。重簷複屋，前射圃，竟百步，環修廊。殿後爲福寧殿，又名勤政，爲行宮正寢，俗稱木圍寢殿。按木圍當爲水圍之訛，以南宋宮殿濱接西湖，鑿池引流，縈繞殿側，較與事理爲近，馬氏所云球形之宮，疑指濱水之廊，順池沼環抱之勢，略似圓形者言。又自繹巳堂過錦臙廊百八十楹，通後苑小西湖等處，亦與遊記所稱大體略同。然則馬氏之書，雖辭藻綵飾，往往失之誇大，要非全無所本，嚮壁虛造者也。

大唐五山諸堂圖考

田邊泰著
梁思成譯

一　序言

大唐五山諸堂圖者，京都市東福寺所藏支那禪刹圖式（傳大宋諸山圖）紙本墨書一卷，石川縣大乘寺藏支那禪刹圖式（寺傳五山十刹圖）紙本墨書二卷，及出所不明，某氏所藏大唐五山諸堂圖是也。前二者皆於明治四十四年四月指定爲國寶，而此三者皆爲完全相同之物。大乘寺本有上下二卷，東福寺本亦然，而缺其下卷。某氏所藏與大乘寺本同，上下二卷齊備，內容亦同。如此完全相同之物，而有三種存在，固易想像其由同一原本摹得者，例如某氏所藏本，其誤寫之處至爲明顯。然余尙未獲詳細比較研究之機會，故未能定大乘寺本與東福寺本二者之孰爲原本，至爲遺憾。

同物而有三本，一曰『大宋諸山圖』（東福寺本），一曰『五山十刹圖』（大乘寺本）

，一曰「大唐五山諸堂圖」（某氏所藏本），寺傳之名稱雖異，而其內容乃圖寫中國五山之寺規與禮樂等物。此五山者，可視爲宋代禪刹之代表，故余暫用「大唐五山諸堂圖」之名稱。本文祇殫明其本質，而三者之比較研究，則將俟諸異日。

大唐五山諸堂圖之由來頗爲不明，蓋余尚未得閱此類故籍，證其出處故也。然據大乘寺所傳，寺第一祖徹通義介嘗渡宋，歷訪當時之五山，圖寫其所聞見。至於東福寺及某氏所藏本，其由來亦不明。然三者之出自同一原本，固可推定也。

大乘寺寺傳所述之徹通義介傳，余將於次節述之。然本朝高僧傳之沙門義介傳中，有「正元元年遂入諸夏，登徑山天童諸刹，謁一時名衲，見聞圖寫叢林禮樂而歸永平，」之紀載。此外扶桑禪林僧寶傳，延寶傳燈錄，日本洞上聯燈錄中，亦記有遊歷徑山天童諸寺，拜謁名衲，研究叢林禮樂圖寫見聞而歸之事。且義介於其晚年又住持賀州大乘寺，圓寂於是，塔亦設於寺內。故余亦將依據寺傳，暫以徹通義介爲此大唐五山諸堂圖之作者。

余于大唐五山諸堂圖本身之研究，不得供給多數貴重資料，甚爲遺憾。然余研究着眼處，勿寧謂爲考察圖之內容，即其描寫之建築物是也。是以此圖之研究，實可謂爲現在幾將廢置之宋代禪林研究亦可。且余對此圖之傳統，視爲發展日本鎌倉時代禪宗建築之主因，亦不得不加以叙述也。

二 沙門義介傳

大唐五山諸堂圖之製作，鄙見以爲與賀州大乘寺第一祖沙門義介有關，已如序言所述矣。然更進一步，爲明瞭此絵卷製作之理由及年代計，凡關于沙門義介之傳記，亦不得不述焉。

詳述沙門義介者爲扶桑禪林僧寶傳（註一），本朝高僧傳（註二），延寶傳燈錄（註三），日本洞上聯燈錄（註四），永平寺三祖行業記（註五）。諸書所記義介傳，內容幾完全一致。其中扶桑禪林僧寶傳刊刻年代最古，本朝高僧傳次之，高僧傳以僧寶傳爲參考之處已歷歷可稽，故諸書出自同一藍本，自可想見。今錄諸書中記述最詳之本朝高僧傳卷二十一義介傳原文於此，以見一般。

註一　扶桑禪林僧寶傳共十卷，僧高泉撰，輯錄日本禪僧一百十七人之傳而成。卷首有延寶三年乙卯（一六七五）之記錄，高泉字性激，寬文元年辛丑由宋渡日，入黃檗山爲第五世繼席，本書以外著作甚多。

註二　本朝高僧傳係日本高僧傳中最完備者，濃州盛德沙門師蠻撰，乃本朝各宗僧一千六百六十二人之傳記，元祿十五年壬子三月（一七〇二）著，較扶桑禪林僧寶傳後二十七年。師蠻乃禪宗僧，號卍元，本書以外尚有其他著作。

註三　延寶傳燈錄四十一卷，與本朝高僧傳同爲僧師蠻所撰，乃纂輯日本禪宗之名僧碩德，稿成於延寶六年戊午（一六七八），其後二十八年，於寶永三年丙戌（一七〇六）刊行。

註四　日本洞上聯燈錄十二卷，僧秀恕纂，乃輯錄本朝曹洞宗之名僧七百四十三人之傳也，有享保十二年丁未（一七二七）之自序，寬保二年壬戌（一七四二）梓行。著者秀恕乃武州万年之嗣祖，字嶺南。

註五　永平寺三祖行業記之有義介傳，見於日本佛教全書中本朝高僧傳注中，惟余尙未見此書。

賀州大乘寺沙門義介傳（錄原文）

釋義介，字徹通，越前足羽縣人，鎮守府將軍藤利仁之裔也。年方舞勺，師本州波著寺懷鑑禪德下髮。鑑承印記於覺晏，稟大戒於道元，攀高越國。十四登叡山戒壇進具，習聽台教，歸侍鑑公。探賾深賾，兼修淨業。仁治二年，參道元於洛之興聖。一日，聞元示衆有省，由是住錫服侍左右，寅夕參訊。寬元初元，如越前，寓止吉峰古精舍，結制安居。介掌典座，不分寒暑，自擔飯粮，供一僧衆。明年秋，元開新永平寺，百務蝟集，介管寮四載，終無難色。又充監寺，晝則管辦衆事，夜則坐禪達旦。元見其行操曰，「眞道人也！」建長辛亥春，鑑公遺病，以佛照下印書並菩薩大戒儀軌付介曰，「吾觀汝學解堪受洞上宗，宜隨元和尙細密參尋。」苦口警告，介反袂而退。癸丑秋，元依病上洛，召介曰，「聞受鑑公之付囑，善委悉否？」介以實告之。元嘆曰，「鑑公明眼衲僧；有知人之見，汝他後當爲我門之巨魁。吾去京師，須守制撫衆。」及奘公補席，命介首衆。一日問奘，「師兄，先師尋常垂示諸法實相外，別有密意否？」奘曰，「實無密意；豈不聞，先師曰，「吾平生垂示，爲人之外，更無覆藏底法。」」介又曰，「某甲近日會得先師身心脫落話。」奘曰，「儞作麼生會？」介曰「將謂赤鬚胡，更有胡鬚赤。』奘領之乃告之曰，『先師在日語予，義介於法拔萃，他日必能弘通吾法。今又於先師悟處親會其意。先師大寂定中必爲儞作證，吾今以洞上之宗付儞，善自護持。』復曰，『佛法中得人爲難，若不得人，不免所滅佛種之罪；縱使得人不堪其器，亦不免斯罪。此是佛祖所欽，吾今得儞，免斯罪耳。』又屬以遵先師訓建立宗旨矣。介乃遊歷洛之建仁，東福，相壽福，建長，具見寺規。正元元年，遂入諸夏，登徑山，天童諸刹，謁一時名衲。見聞圖寫叢林禮樂而歸永平。丕募化緣，竭力經營，凡禪刹所有始備焉。文永四年夏開堂，懷香酬孤雲之恩，鐘鼓鏗鏘，龍象蹴踏，時稱『永平中興。』住持六載，造養母堂，退位養母二十餘歲，不赴外請。奘公臨滅，付先永平所傳法衣，勿令斷絕。賀州大乘寺澄海阿闍梨慕其道，與衆參禪服膺，革密院爲禪刹，與檀越藤家尙請介爲第一世。國中緇白，星聚雲奔，鬱爲叢林。一日示疾，囑諸沙彌童行，悉令剃髮受戒。尋集門人，示出世始末畢說偈曰，『七顚八倒，九十一年；蘆花覆雪，午夜月圓。』少頃坐蛻，時延慶二年九月十四日也。時齡如偈，法臘七十有八。塔於寺乾隅，院曰定光焉。

贊曰：介公初事元師，辨衆務劇繁。後嗣奘兄，任新寺興建。巡訪宋印之名刹，觀制取準。於是晨鐘夕鼓，朝唄演說，大方禮樂，一且完備，夫永平清規雖瑩山校定之，其基只是介公之功也，遂爲第三祖。年及耄餘，唱新豐曲，而歸正位，實百世之模範也。

據此可略知沙門義介之經歷及爲人矣。此外諸書之記事亦殆與此髣髴相同，故爲避繁從省計，惟參照諸書作年表如次。

〔後表中事蹟欄之末記有（僧贊）（高僧）（聯燈）等乃前記各書之略號也〕

沙門義介傳年表

天皇	日本年號（西曆紀元）	年齡	事蹟
順德	承久元年（1219）（宋寧宗嘉定十二年）	1	二月二日沙門義介生（聯燈）。越前足羽縣人，鎮守府將軍藤利仁之裔也（高僧）（僧寶）（聯燈）。
後堀河	寬喜三年（1231）	13	以本州懷鑑禪德爲師落髮（高僧）。執童子之役（僧寶）。
仝	貞永元年（1232）	14	登叡山之戒壇習聽台敎（高僧）。
四條	仁治二年（1241）	23	改衣參道元和尙（僧寶）（高僧）。
後嵯峨	寬元元年（1243）	25	從道元赴越前吉峯之古精舍司典坐（高僧）（僧寶）。
仝	寬元二年（1244）	26	開道元永平禪寺，爲監寺（高僧）（僧寶）。
後深草	寶治二年（1248）	30	至此年居於永平寺（高僧）。
仝	建長三年（1251）	33	鑑公罹病。授印書及菩薩之大戒儀軌，囑隨元和尙參尋云（高僧）。
仝	建長五年（1253）	35	道元於洛得病，召介云。汝後當爲我們之巨魁，吾去京師，須守制撫衆，乃避歷洛之建仁，東福，相之壽福，建長等禪刹，具見寺規（高僧）。
仝	正元元年（1259）（宋理宗開慶元年）	41	渡宋登徑山，天童等諸禪刹，留四年（聯燈）。謁此間名衲，見聞圖寫叢林禮樂（高僧）。
龜山	弘長二年（1262）（宋理宗景定三年）	44	自宋歸國（聯燈），居永平寺，募化緣，竭力經營寺規（高僧）。
仝	文永四年（1267）	49	爲永平寺第三世，在位六年（高僧）（僧寶）。
仝	文永九年（1272）	54	至此年住持永平寺。建養母堂退位。稱永平中興之祖（高僧）。
伏見	正應二年（1289）	71	興賀州大乘寺禪刹，介被請爲第一祖（高僧），（僧寶）。
花園	延慶二年（1309）	91	此年九月十四日於賀州大乘寺示寂，時年九十一，法臘七十有八（高僧）（僧寶）。

上表所示甚不完全，然概觀之，亦可知沙門義介之概略。

師生於順德天皇之承久元年（宋寧宗嘉定十二年）寬喜三年十三歲，初從懷鑑禪師落髮（註六）。十四登叡山之戒壇修台教。仁治二年二十三歲，改衣參道元禪師，於是決定彼將來爲禪僧。後遊歷京師之建仁寺，東福寺，相模之壽福寺，建長寺等，研究禪林寺規。正元元年（宋理宗開慶元年）四十一歲始渡宋土，遊歷『五山』中之徑山寺，天童寺，就叢林禮樂，親自圖寫見聞而歸，即前述大唐五山諸堂圖是也。歸國後居永平寺，專募化緣，竭力經營寺規，文永四年就任爲永平寺住職，至文永九年凡住持六載。文永九年退位，此後二十餘年間，養母盡孝。正應三年師七十一歲，加賀大乘寺澄海阿闍梨，聞道望而請益服膺，革眞言院爲禪寺，請介爲大乘寺第一祖。其後二十年間繼續爲大乘寺住持，至延慶二年九月十四日以九十一歲之高齡示寂。

註六　各書皆有『年方舞勺云云』之句，漢書禮樂志有「十三舞勺。」故余以爲指義介十三歲之時，即寬喜三年也。

據此略傳得推知於師者甚多，而關於本論必要之點，則尚待另考。仁治二年，初參道元之後，於寬元二年，就永平寺監寺。而當時依道元所新創之永平寺，規模極微，未備禪刹之制，固不難想像而知。師於建長五年參尋在京師之道元，遊洛之建仁，東福，見。

與相之壽福，建長等寺，見學其寺規，其有志於當時正規禪刹制度之研究，可以想

正元元年，四十一歲，渡宋歷訪徑山，天童及其他諸刹。其志願原在謁當時名衲以求道，固不待言。顧於禪寺之寺規，夙具研究興趣，故七堂伽藍與禮樂之制，當然爲其所最注目。留宋四年，至弘長二年（宋理宗景定三年）歸國。其間所詳細研究之寺規，或依筆錄，或依圖寫，記其見聞，而成大唐五山諸堂圖焉。自來高僧渡海求道，天平而後，跡未嘗絕，顧專注力於研究寺規而成正果者，沙門義介可謂空前絕後矣。是以此繪卷之製作年代，乃在彼渡宋住留之間，卽自正元元年至弘長二年之間，不言自明。歸國後居永平寺，則專注力於完成寺規，亦可推想而得也。

三　大唐五山諸堂圖之形式及內容

如前所述大唐五山諸堂圖，乃見學禪刹之建築與禮式，而記其重要諸點之見聞。其與日本鎌倉時代極隆盛之一般小說式之繪卷物與風俗繪之類自異其趣，已不待言。然驟視之，則頗似普通德川時代建築傳書之形式。

此圖之作，蓋對于當時不完全之日本禪宗建築及其儀式，以供參考。其記錄以實用

爲本位，非出自畫家之手，故繪圖之筆致，較劣於當時其他繪卷。然其中建築平面，斷面，細部等圖之描法，不能視爲昧于建築學識者之觀察記錄，甯可謂爲當時相當工匠之手筆也。

又此繪卷，一見而知其既非接連順序之記錄，亦非依照歷訪伽藍之順序而配列者。例如天童寺徑山寺雖同在上卷中，而前後綜錯，未依順序，且有一圖見于下卷之中。蓋後人依某種標準，將當時斷片描于一定之紙內者，適宜配列爲二卷之繪卷耳。

以上所記，祇關於大唐五山諸堂圖形式之觀察，若更就其所描寫之內容觀之，則所描之對象爲『五山十刹』及其他諸寺。『五山』之建築見於圖內者有徑山寺，阿育王寺，天童寺，靈隱寺四處，獨淨慈寺則毫無記錄。而『十刹』之建築則有建康府之蔣山太平興國寺等。其他記錄有天台萬年山，明州碧山寺，鎮江府金山寺，安吉州何山寺等。

義介渡宋時，南宋都臨安（註七）。其上陸地點則爲當時多數日本渡宋僧侶上陸之寧波。彼歷訪今浙江北部江蘇南部，卽錢塘江與揚子江下流流域一帶散在之各伽藍。

其記錄繪卷之內容，按類分別，可分爲當時禪刹建築，禪刹儀式，及雜錄三種。其中關於建築者最爲詳盡，約佔全卷之大半。更就建築物之圖寫細別之，則有伽藍平面計劃，建築各部詳樣，建築構造法，乃至禪刹特有之佛具等等。此類圖錄，至爲精密，一見卽可得實物實形者也。

註七　金兵南下，南宋高宗於一一二七卽位，一一三八，南宋都臨安，一二七六南宋滅亡。

四　大唐五山諸堂圖中之建築圖探討

中國「五山」之制，創于南宋。而「五寺」之稱，則叛自天竺。卽印度「祇園精舍」，「竹林精舍」，「大林精舍」，「誓多林精舍」，「那蘭陀寺」五寺是也。更有次于五山而與「五山」並列者，有十刹之制，卽俗稱「五山十刹」是已。其名稱如次：

五山

(一)　徑山興聖萬壽寺　杭州臨安府 譯者注今名徑山興聖萬壽禪寺在浙江臨安縣治北三十里大雲鄉

(二)　阿育王山鄮峰廣利寺　明州慶元府 今名育王禪寺在今浙江鄞縣舊寧波府治東五十里阿育王山下

(三)　太白山天童景德寺　明州慶元府 今名勅賜天童弘法禪寺在今浙江鄞縣舊寧波府治東六十里太白山之東

(四)　北山景德靈隱寺　杭州臨安府 今名雲林禪寺在浙江杭縣北高峰下

(五)　南山淨慈報恩光孝寺　杭州臨安府武林縣 今名淨慈禪寺在浙江杭縣南屏山

十刹

(一)　中天竺山天寧萬壽永祚寺　杭州臨安府 今名中天竺法淨寺在浙江杭縣稽留峰北

（二）道場護聖萬壽寺　湖州烏程縣今名同在浙江吳興縣舊湖州府城南道場山

（三）蔣山太平興國寺　建康上元府今名靈谷寺在江蘇江寧縣東北鐘山左獨龍岡離朝陽門十里

（四）萬壽山報恩光孝寺　蘇州平江府今名萬壽禪寺在江蘇吳縣城東北

（五）雪竇山資聖寺　明州慶元府今名雪竇禪寺在浙江奉化縣縣西五十里

（六）江心山龍翔寺　溫州永嘉縣今名江心寺在浙江永嘉縣永濟門外江中

（七）雪峰山崇聖寺　福州侯官縣今名雪峰崇聖寺在福建閩侯縣

（八）雲黃山寶林寺　婺州金華縣今名寶林禪寺在浙江義烏縣縣南二十五里雲黃山下

（九）虎丘山雲巖寺　蘇州平江府今名雲巖禪寺在江蘇吳縣虎邱

（十）天台山國清教忠寺　台州天台縣今名國清寺在浙江天台縣縣北一十里

以上皆禪宗之臨濟派也。夫宋代佛寺建築，以當時極隆盛之禪宗建築爲中心，故此「五山十剎」亦可視爲當時之中心建築矣。然其遺構，現竟無一殘存者，故此類建築之眞像，除平面計畫外，其建築式樣，殆不得而知。然大唐五山諸堂圖中所描繪者乃當時「五山」之詳細圖錄，謂爲研究當時佛寺建築資料可也。其圖之形式及內容，已于前節述之，茲更就其中重要建築圖，分項述之于左。

【平面計劃】伽藍全部平面圖，上卷中有天童山，靈隱山，萬年山等。此外復有單座建築之平面圖數種，今就此種此等平面圖觀之，則其大抵方針，先於正面前方設池，次置門，佛殿，法堂，方丈于一直綫上；其左右則皷樓鐘樓，僧堂，東司，宜明(浴室)，及其他各建築，左右均齊配列，與日本鎌倉時代以後所建禪刹，卽禪宗七堂伽藍之配置同其規例，蓋其分布法則出自此式故也。例如建長寺，圓覺寺，東福寺，妙心寺，大德寺等，其爲依據此式配置者，固極明顯。

更觀此平面圖所表現者，其所描進深皆甚淺，蓋中國有中庭鋪磚之風，故一般建築物與建築物之間，相距殊近，而此圖又爲當時之觀測繪圖，繪者缺乏比例觀念，亦有以致之。此種圖在當時日本伽藍圖中亦往往可見，不足怪也。

第一第二圖乃天童寺及靈隱寺之平面，伊東博士調查所作之觀測圖也。以此與前記之第四第五圖大唐五山諸堂圖比較，則可認其規模大概相同。據伊東博士所談，此「五山」諸建築之現存者，乃明末清初間物，在平面配置上，其中心建築之配列，至少可認爲按照當時「五山」遺跡建造者也。尤有趣者，五山圖天童寺池前描有七塔，七塔至今並列如故，而五山圖靈隱寺門外右側描有梅樹，今此處亦尙有梅樹，可以想見此圖所寫當時之情況，非虛構也。

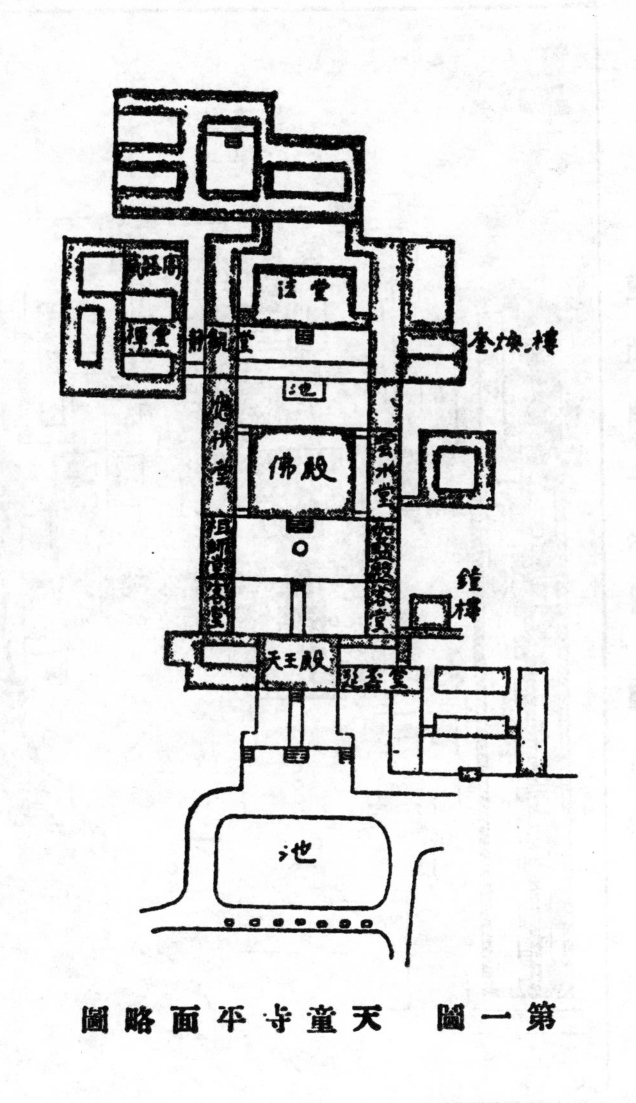

第一圖　天童寺平面略圖

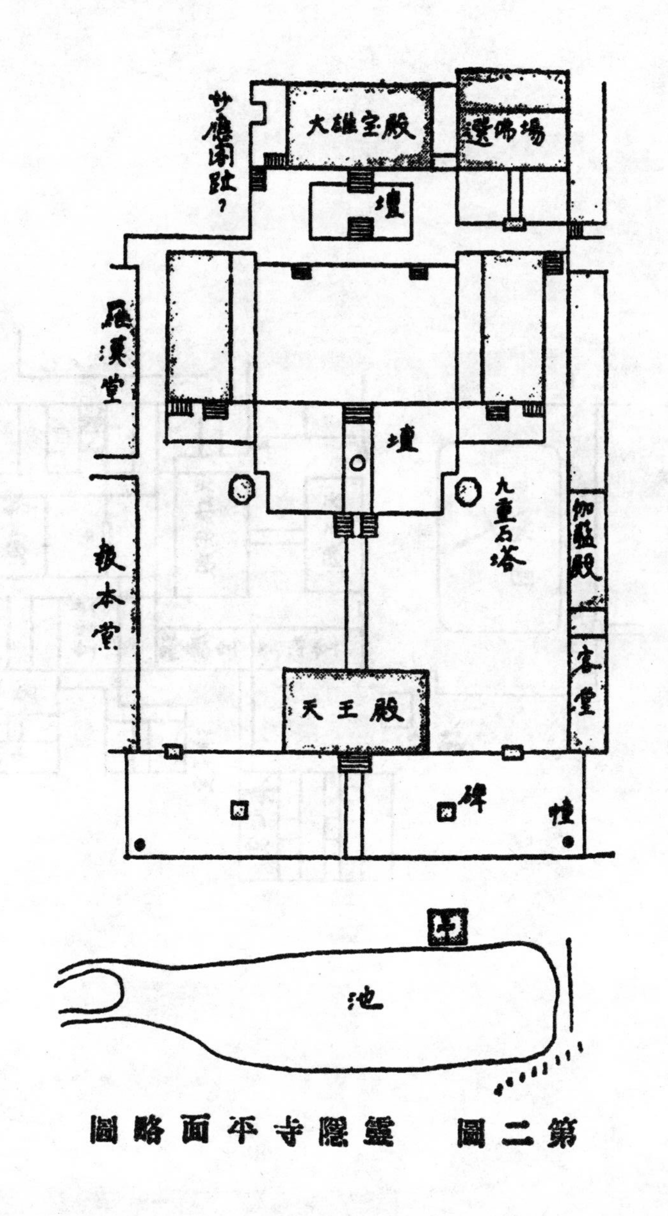

第二圖　靈隱寺平面略圖

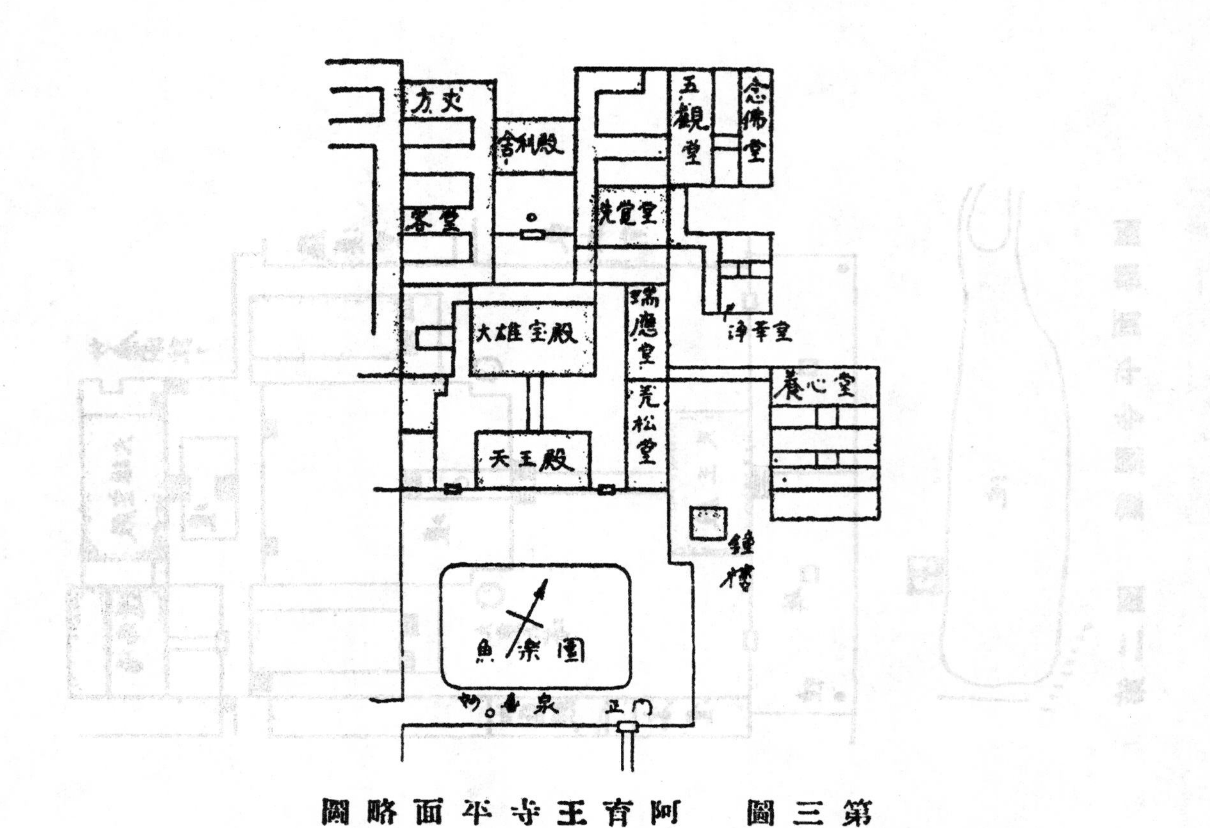

第三圖　阿育王寺平面略圖

第四圖　天童寺平面圖

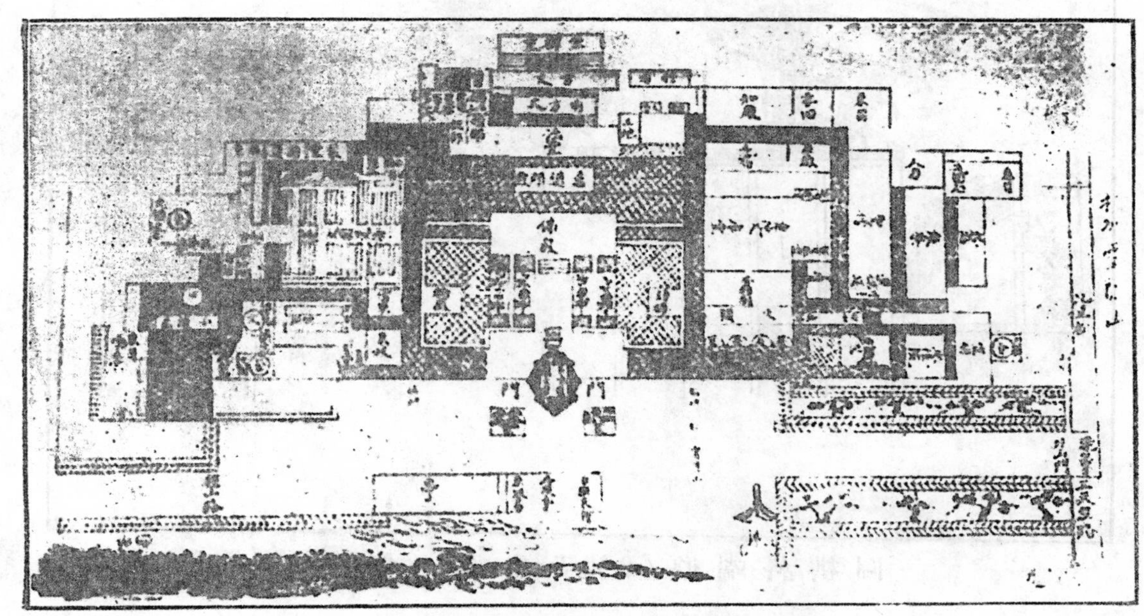

第五圖　靈隱寺平面圖

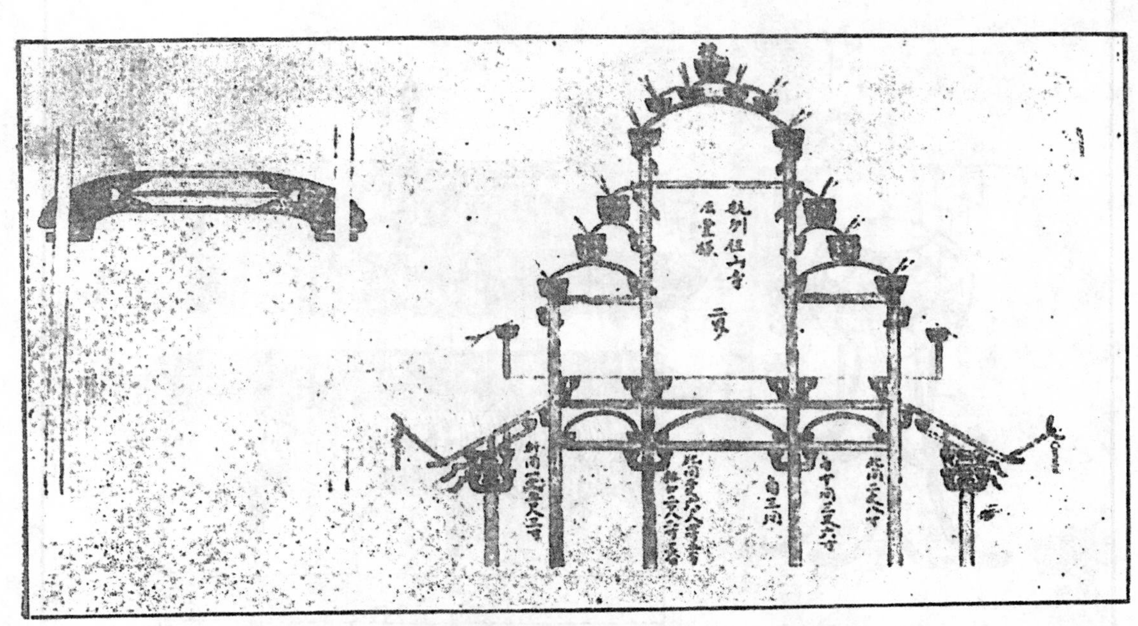

第六圖　徑山寺法堂斷面及月梁圖

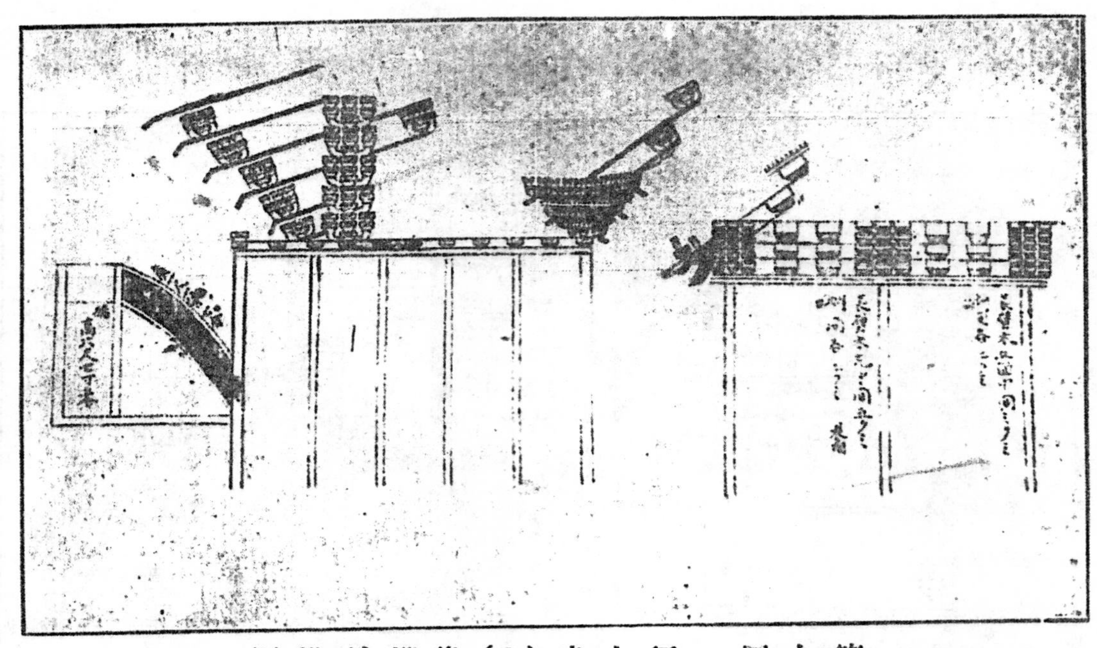

第七圖 徑山寺(?)檐端料栱圖

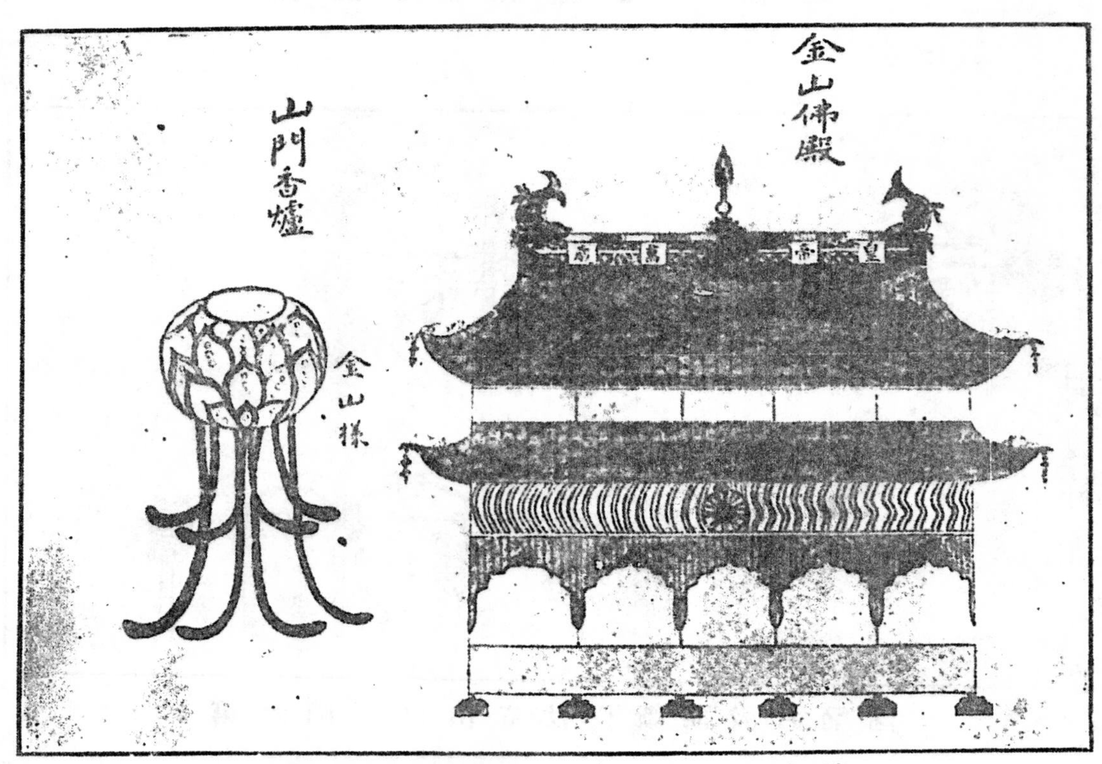

第八圖 金山寺佛殿及香爐圖

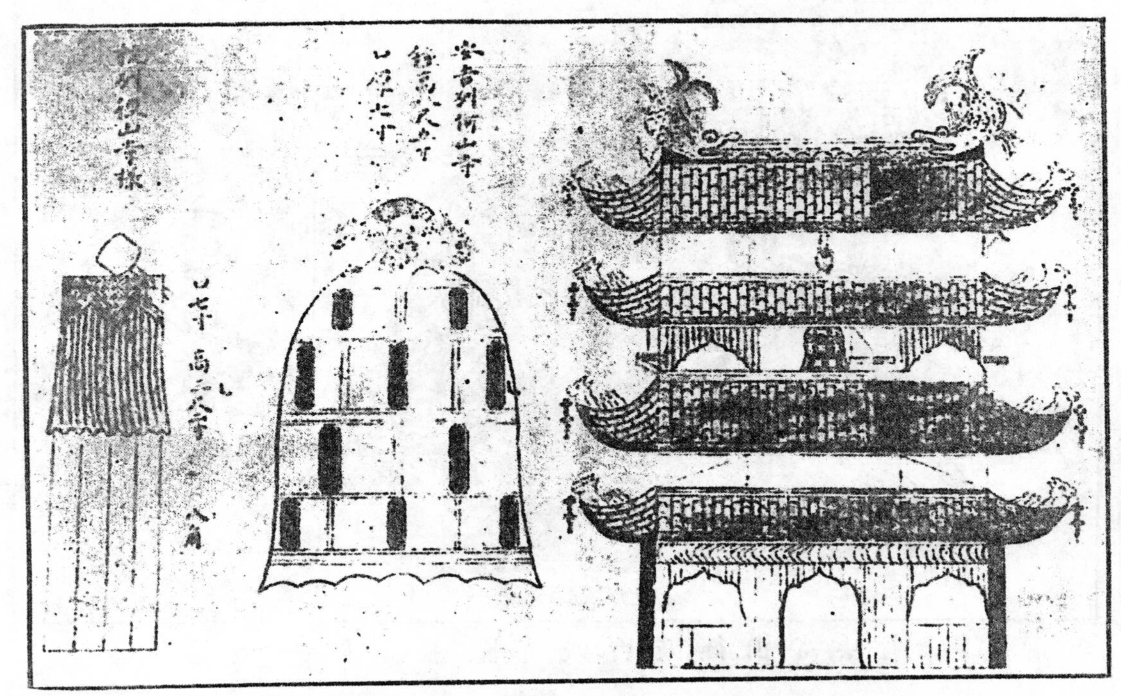

第九圖　何山寺鐘樓圖

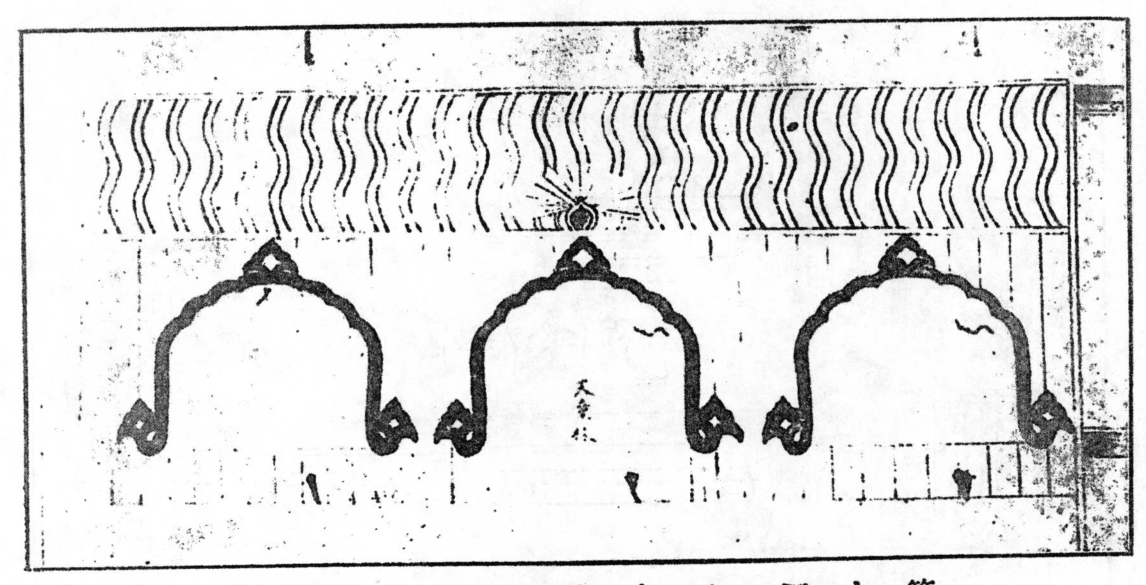

第十圖　天童寺正面詳細圖

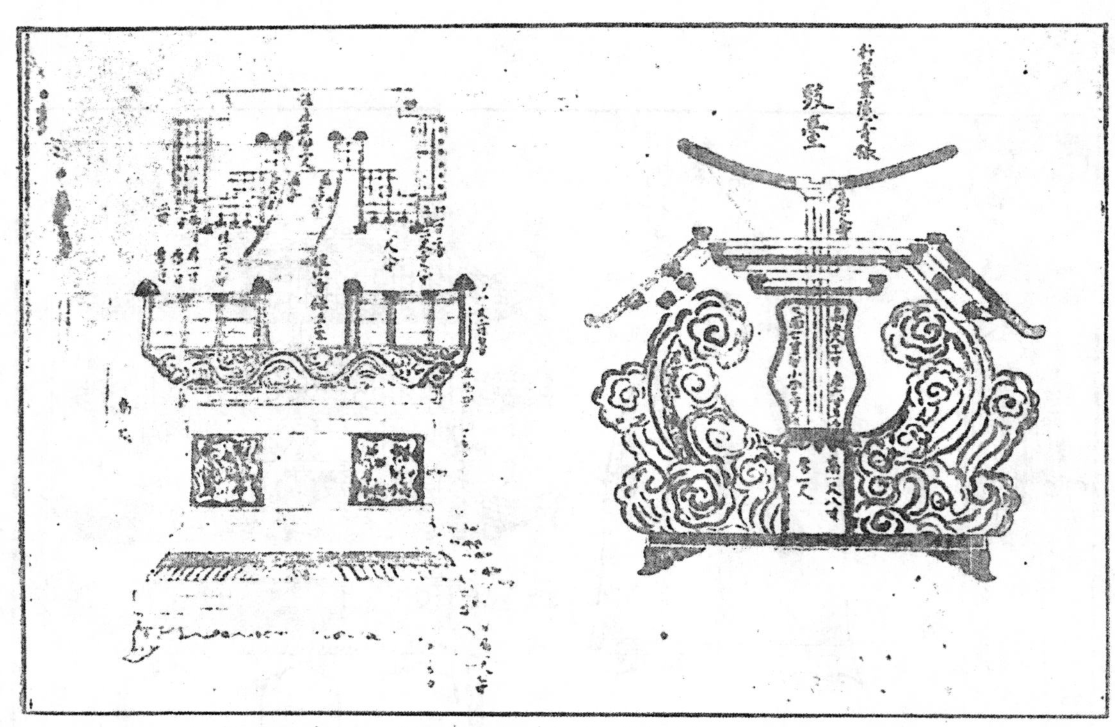

第十一圖　靈隱寺戒台及徑山寺法座

第十二圖　徑山寺須彌壇圖

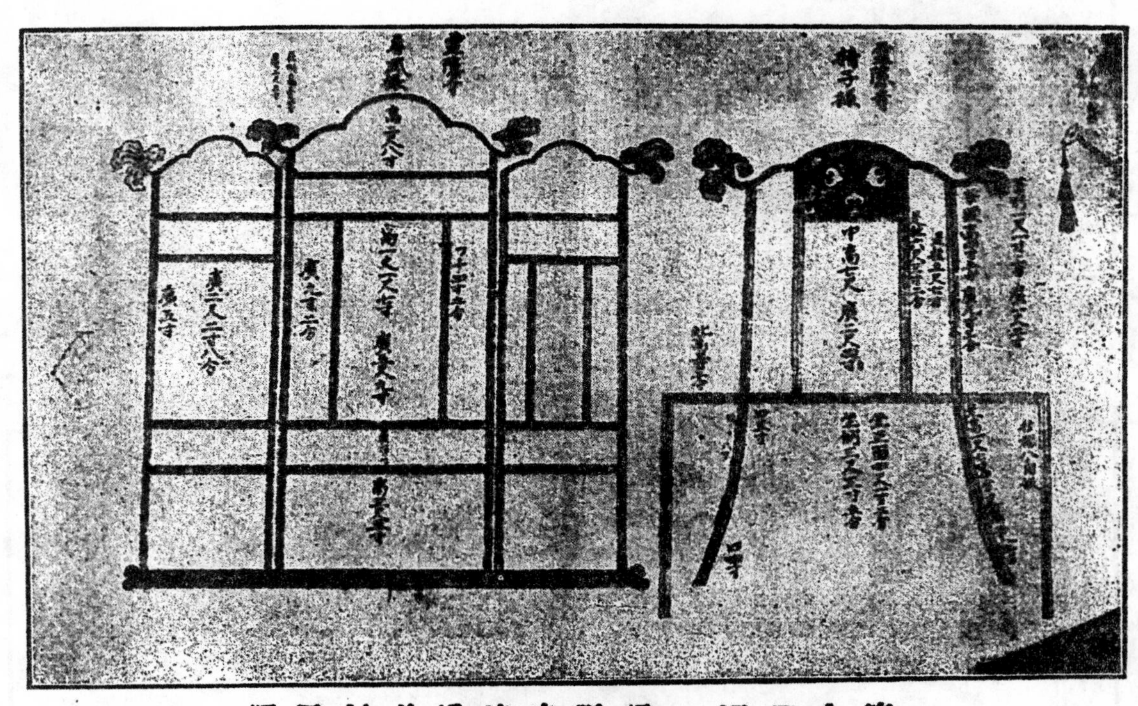

第十三圖 靈隱寺椅子及屏風圖

【構造及意匠】大唐五山諸堂圖中，描寫「五山」建築之構造圖案亦頗多，今不能全部詳説，僅就其中二三重要者述之于左。

先於構造有興味者，爲上卷之杭州徑山寺法堂圖樣（第六圖）。此圖乃徑山寺法堂之斷面圖，五間重層之堂宇也。據此完全得知枓栱，月梁，下昂，以至柱上部卷殺等之大概，第七圖雖未標明寺名，而緊接徑山寺法堂圖樣之後，或即徑山寺之建築亦未可知。此圖乃某氏所藏，而與東福寺本比較，有明顯誤寫之處，然亦可藉此了解枓栱下昂等檐端之制焉（東福寺所描者更爲明瞭）。

第十一圖爲靈隱寺鼓台（此係佛具），其上層使用插栱（譯者注，插栱乃重疊之栱，後端插於柱內，非減於座斗之上，如奈良東大寺中門之例），如建築式樣，亦大可注意。蓋日本天竺樣之重疊式插栱，與唐式建築顯然區別，今與宋五山得見之，亦殊有興趣也。

在圖案方面，足以窺見建築全部之外觀者，有金山寺佛殿（第八圖）之正面圖。一見知其發揮中國式之特徵，而與日本禪宗建築之外觀異趣。溯中國朝鮮建築影響日本者，其初多取模倣態度，然其後日本建築界技術上已有相當之創作力，凡外觀彩色諸點，已能依國民好尚而定。是以構造與細部及佛具之類，雖模倣宋之五山，然於外觀諸點，則必加以日本既定之風尚，融會其精神，而構成日本特有之禪宗建築。

在細部圖案，枓栱而外，如欄干，窗，壁等，亦發揮特質。例如欄干用日本禪刹特有之湧立形（即波形見于日本圓覺寺舍利殿及其他各處），窗用單純而力强之肩硬火燈窗（第十圖），壁用竪板鋪者（譯者註，即竪日板）。，皆宋原形而傳于日本者也。

【關於佛具類】此繪卷所錄之佛具，如法座（須彌壇），曲彔，屏風等物，亦將其原形傳於日本（參照第十一圖第十二圖及第十三圖）。

據以上略記觀之，可知大唐五山諸堂圖所描之建築圖，非純屬憑空臆造，乃當時寫生而成之貴重資料也。覘此繪卷年代稍古，且足爲當時建築資料之李明仲營造法式（註八）中所繪之圖與此相較，則其構造圖案以至建築之細部手法，皆大抵相同。故此圖者，實中國禪刹之研究記錄，而足以考証當時建築之絕好材料也。

註八　營造法式三十四卷，宋李明仲奉勅編修。關于此書擬另稿論述之。

五　大唐五山諸堂圖與日本禪刹之源流

鎌倉時代傳入日本之禪宗，蔚爲鎌倉京師之五山十刹，及其他各地經營之伽藍，極其隆盛。然此新宗派之教義，皆傳自求道入宋之僧侶及自彼地渡來之高僧，一變從來教義者也。故當禪刹新建之時，其規式一切，皆倣宋土，已為定說，毫無疑義。相傳當時為預備營造伽藍，曾派遣匠工于彼地（註九），至於傳來果由如何之方法，或自何時始正確傳于日本，則問題甚多，不易解決。然當輸入宋土禪刹規式之際，重要資料如大唐五山諸堂圖二卷者，今尚殘存，對於以上疑問——日本禪宗建築之源流——為有力之資料，不可謂非甚有興趣者也。

禪宗之傳于日本，已遠在奈良時代，而開傳播之基礎者則為榮西，彼曾再渡入宋，于建文二年以後歸國。其先發展似極徐緩，蓋其初榮西于正治二年四月依政子之請，創壽福寺於相州龜谷，更于建仁二年，創建仁寺于京師，而朝廷於寺內設眞言止觀二院，兼授台密禪三宗，頗為支配當時一切教權之延曆寺所非難。

註九　圓覺寺寺傳載，弘安二年北條時宗，為創立圓覺寺，遣派木匠於宋。

情況如此，故榮西時代採用宋土之禪宗建築手法至如何程度，不得不成為疑問矣。更觀嘉禎二年藤原道家所創之東福寺，亦稱諸教兼學，則可推定當時此類禪刹，非必嚴守倣自宋土之規式也。

禪宗與諸教對立而得堂堂地步者，則自寬元四年丙午，東渡宋僧道隆于建長五年完成建長寺以後也。建長寺有『始作大伽藍擬中國之天下徑山』之稱，其為倣杭州臨安府徑山寺而作，甚爲明顯。故榮西以後約五十年，倣宋制之禪刹規式始漸具備，前述之壽福寺建仁寺等亦成于此時，創建後復經增修數次，始稍備禪刹規制，諸書記載固甚詳明矣。

然建長五年爲道元完寂之年，亦沙門義介遊歷京師之建仁東福，相模之壽福建長諸寺，考察寺規之年也。而永平寺建于寬元二年（建長五年前十年），其禪刹之設備未臻完善，義介時居此寺，定抱研究禪刹規律之願，其興趣亦必深濃，故于正元元年（建長五年後六年）渡宋，圖寫所見五山叢林禮樂之制而歸。其後（義介入宋後二十年）弘安二年，時宗爲預備建立圓覺寺，亦派匠工于宋土，使之見學徑山。故當時對于移植宋土禪刹制度於日本，其熱心顯然可想像也。

如是所傳之禪宗建築，卽唐式建築之式樣，隨禪宗之發達，大爲發展，建武以後，遂成日本「五山十刹」之制，而劃日本建築史上一時期焉。

故大唐五山諸堂圖在日本建築史上之地位，乃鎌倉時代傳入日本，逐漸隆盛之禪宗建築創始時代之貴重參考資料。雖不能斷言唐式建築之傳于日本僅藉此圖與義介而已，然日本禪宗創造時代之遺構，極爲缺乏，故亦得認爲唐式建築式樣傳來最初之遺物也。至其年代明確，對於考察唐式建築之源流，尤爲不可忽略看過之資料也。

六　結論

以上五項乃余關於大唐五山諸堂圖之見解，然如義介傳有過于離題之傾向，亦未可知，此實因本問題對象之大唐五山諸堂圖之作者，僅依大乘寺寺傳定爲義介，而無較此更確之佐證，故據寺傳而記述余之調查焉。至於其他方面之考察，其問題較亘于廣汎，遺誤在所不免，惟略記余對此圖之觀察，並依此所得略如左列諸點，以代結論。

一　大唐五山諸堂圖之異本有三種，皆由同一原本描寫而成，雖間有誤寫之處，其內容大體相符。

二　圖之製作爲賀州大乘寺第一祖徹通義介所關與者也。

三　原本製作年代自正元元年至弘長二年前後約四年間。

四　圖之內容包含中國五山及其他平面，建築圖案，構造，佛具及禮儀規制等，故爲研究現在幾將湮滅之南宋禪宗建築之絕好資料。

五　日本鎌倉時代所始創之禪宗伽藍內特有之唐式建築，其爲南宋之傳統，已成定說，而由此圖之存在，更足確証此說非謬。

六　日本唐式建築創始之年代，與此圖之製作年代約略相同，當在榮西禪師歸國後約六十餘年。

附記

一　本論文所使用之插圖，自第四圖至第十三圖，乃自某氏藏本大唐五山諸堂圖所轉模者。

二　本論文執筆之際，屢得恩師伊東忠太博士之示教，謹表謝意。

譯者按我國宋代建築遺物，現尚幸存者甚罕，其已經發現者，嵩山少林寺初祖菴正殿及甪直保聖寺等數處而已。保聖寺復不幸於年前被毀；國內各地，窮鄉僻壤間，固不敢必其無遺物之存尙，然在未經發現以前，吾儕對於宋代建築之實例，固祗此耳。實物而外，李氏營造法式厥唯研究宋代建築最完整最重要之記錄，此外則無可資。日本早稻田大學建築助教授田邊泰先生近著大唐五山諸堂圖攷一文，述義介禪師「旅行圖記」之源委，爲南宋江南禪刹之實寫。平面配置，結構方法，外部形狀，佛具壇座，莫不詳盡。營造法式乃一部理論的，原則的著述，而大唐五山諸堂圖乃一部實物的描寫；兩者較鑑，互相釋解發明處頗多。而文中所引皷台之插栱，與最近清華大學戊克教授調查福建宋代遺跡，頗多一致，則日本東大寺中門之插栱，傳自我國，又獲一有力之證明。同時又知李氏營造法式雖風行一時，而無横栱之枓科如挿栱者，南宋仍極流行，實我國建築史中之重要資料也。民國二十一年九月，譯者志。

古代建築照明(Illumination)之例

北平彰義門外天寗寺塔，據日下舊聞考引徐善冷然志，塔址爲方臺，臺上有八觚壇，塔建其上。塔址路如佛座，上有扶闌，闌四周架鐵燈三層，凡三百六十盞，每月八日注油然之。當塔下衆燈齊燃，寶刹十三層如坐火盤中，與近世 Illumination 略同，足徵古人締構卓具巧思。惟塔創自隋開皇間，屢經修葺，鐵燈之制未審出自誰氏，冷然志殆就明代情狀言，今塔自乾隆重修後，易爲磚製蓮瓣三層非復舊狀矣。

北宋元夜觀燈，視爲盛舉，其山棚綵山諸稱略見宋史禮志。據周城宋東京考引夢華錄，宋汴京景明坊豐樂樓五樓相向，各有飛橋欄檻，明暗相通，元夜每一瓦隴中，置蓮燈一盞，又爲屋瓦上設燈之例。

繡垣

楚天廬叢錄引蕉館紀談，云明沈萬三宅，「築垣周迴七百二十步，垣上起三層，外層高六尺，中層高三尺，內層再高三尺，闊並六尺，垣上植四時艷冶之花，望之如錦，號曰繡垣。垣十步一亭，以美石香木爲之。垣外以竹爲屏障。垣內起看牆，高出裏垣之上，以粉塗之，繪珍禽奇獸之狀，雜隱於花間」。按沈氏爲明初吳中巨富，服用居處，窮極奢靡，每與當時美術工藝有關。繡垣之制，乃應用築園盆景諸法於垣壁之上，化呆板爲玲瓏，可云別開生面，近世擂子法，雖簡陋不足方其萬一，殆亦其同性質之物也。

哲匠錄目錄續

第一 營造

明

單安仁　陸賢　陸祥　柏叢桂　李新　高鐸　嚴震直

袁義　陳珪　吳中　陳瑄　宋禮　楊青　阮安

蒯祥　朱信　楊嚴平　葉宗人　蔡信　汪洪　柴世需

朱成子鑑，孫有正。　萬恭　趙全　雷禮　徐杲　郭文英

許從龍　周承源　張滄　王治隆　張梧　毛鳳彩　鵬榮

寧廷鸞　鵬愷　翟昇　葛鏡　胡瓚　馮巧　朱由校

朱家民　倪元璐　趙得秀

哲匠錄 續

紫江朱啟鈐桂辛輯本
新會梁啟雄述任校補

第一 營造

明

單安仁

單安仁，字德夫；明濠（今安徽鳳陽縣）人。精敏多智計；洪武元年官工部尚書，領將作事；諸所營造，大小中程。

明史卷一百三十八本傳　單安仁字德夫濠人少爲府吏元末江淮兵亂安仁集義兵保鄉里聞太祖定集慶乃曰此誠是己率衆歸附太祖悅即命將其軍守鎭江嚴飭軍伍敵不敢犯移守常州其子叛降張士誠太祖知安仁忠謹弗疑也久之遷浙江副使悍帥橫斂民名曰寨糧安仁寘於法進按察使徵爲中書左司郎中佐李善長裁斷調瑞州守禦千戶入爲將作卿洪武元年擢工部尚書仍領將作事安仁精敏多智計諸所營造大小中程甚稱帝意

陸賢　陸祥

陸賢，明無錫人。其先在元時爲可兀闌（「可兀闌」者，譯言將作大匠也。）董匠作。洪武初朝廷鼎建宮殿，賢與弟祥應召入都。賢授營繕所丞。祥授鄭府工副，食營繕郎俸，歷事五朝，至帶銜太僕少卿，累加工部侍郎。

野獲編卷十九工部　宣德初有石匠陸祥者直隸（明直隸即今江蘇省）無錫人以鄭王之國選工副以出後陞營繕所丞擢工部主事以至工部左侍郎祥有母老病至命光祿寺日給酒饌且賜鈔爲養尤爲異數

康熙無錫縣志人物志方技　陸之先在元時世爲可兀闌之屬可兀闌者猶言將作大匠也有陸憲官諸路工匠都總管贈中奉大夫武備院使陸莊仕終保定路諸匠提舉洪武初朝廷鼎建宮殿有陸賢陸祥兄弟應詔入都賢授營繕所丞祥授鄭府工副食營繕郎俸歷事五朝至帶銜太僕少卿累加工部侍郎賜予累鉅萬末賜飛魚服犀帶官其子姪四人祥年九十餘卒賜祭歸葬錫山

柏叢桂

柏叢桂，明寶應（今江蘇寶應縣）人。洪武初建言請築塘岸，起槐樓達界首四十里，以備水患。九年，詔發淮揚丁夫五萬六千，俾叢桂董其役，期月工成，鄉人呼爲「柏家堰」。

康熙寶應縣志人物志　柏叢桂洪武時人建言請築塘岸起槐樓達界首四十里以備水患有司疑不行叢桂更相度地形畫圖上疏陳利害甚悉詔發淮揚丁夫五萬六千俾叢桂董其役期月工成鄉人呼爲柏家堰　又山川志　明洪武九年詔修高郵寶應湖隄六十餘里以捍風濤役以老人柏叢桂奏發淮陽丁夫五萬六千人

李新

李新，明濠州（今安徽鳳陽縣）人。從太祖渡江，數立功，累遷中軍府都督僉事。新有心計，嘗營孝陵及改建帝王廟於雞鳴山。又督開胭脂河於溧水，西達大江，東通兩浙，以利漕運，民甚便之。

明史卷一百三十二本傳　李新濠州人從渡江數立功戰龍灣授管軍副千戶取江陵進龍驤衛正千戶克平江還神武衛指揮僉事調守茶陵衛屢遷至中軍都督府僉事十五年以營孝陵封崇山侯歲祿千五百石二十二年改命建帝王廟於雞鳴山新有心計將作官吏親成畫而已二十六年督有司開胭脂河於溧水西達大江東通兩浙以濟漕運河成民甚便之二十八年以事誅

高鐸

高鐸，字鳴道；明絳州（今河北絳縣）人。洪武進士，歷官刑部侍郎，僉都御史。嘗築金陵留都城，開三山街。

乾隆直隸絳州志人物下　高鐸字鳴道從李彥英遊與陳行義共朝夕學益進洪武甲子鄉試第一甲戌進士累官刑部侍郎僉都御史築留都城開三山街奏還金城驛爲侯馬驛卒贈尚書祀鄉賢

嚴震直

嚴震直，字子敏；明烏程縣（在浙江，民國廢，幷入吳興縣。）人。洪武二十六年官工部尚書。時朝廷事營建，集天下工匠於京師，凡二十餘萬戶，震直請戶役一人書其姓名所業於官，有役則按籍更番召之，役者稱便。尋奉命修廣西興安縣（今名同）靈渠，審度地勢，導湘灕二江；浚渠五千餘丈。築渼潭及龍母祠土隄百五十餘丈。又增高中江石隄，建陡閘三十有六，鑿去灘石之礙舟者；漕運悉通。歸奏帝，稱善。

明史卷一百五十一本傳　嚴震直字子敏烏程人洪武時以富民擇糧長歲部糧萬石至京師無後期帝才之二十三年特授通政司參議再遷爲工部侍郎二十六年六月進尚書時朝廷事營建集天下工匠於京師凡二十餘萬戶震直請戶役一人書其姓名所業於官有役則按籍更番召之役者稱便鄉民訴其弟姪不法帝付震直訊具獄上帝以爲不欺赦其弟姪已坐事降御史數審冤獄二十八年討龍州使震直偕尚書任亨泰諭安南還條奏利病稱旨尋命修廣西興安縣靈渠審度地勢導湘灕二江浚渠五千餘丈築渼潭及龍母祠土隄百五十餘丈又增高中江石隄建陡閘三十有六鑿去灘石之礙舟者漕運悉通歸奏帝稱善三十年二月疏言廣東舊運鹽八十五萬餘引於廣西召商中買今終年所運纔十之一請分三十萬八千餘引貯廣東別募商入粟廣西之糧衛所支鹽廣東鹽之江西南安贛州吉安臨江四府便帝從之廣鹽行於江西自此始其年四月擢右都御史尋復爲工部尚書建文中嘗督餉山東已而致仕成祖即位召見命以故官巡視山西至澤州病卒

袁義

袁義，明廬江（今安徽廬江縣）人；初爲帳前親軍，數從征伐，積功爲楚雄衛（今雲南境作）指揮使。在鎮二十年，墾田築堰，治城郭橋梁，規畫甚備，軍民德之。

明史卷一百三十四甯正傳　袁義廬江人本張姓德勝族弟也初爲雙刀趙總管守安慶敗趙同僉丁普郎於沙子港左君弼招之弗從德勝戰死始來附爲帳前親軍元帥賜姓名數從征伐積功爲興武衛指揮僉事以功遷楚雄衛指揮使嘗入朝帝厚加慰勞以其老命醫爲染鬚髮俾還任以威遠人且特賜銀印寵異之歷二十年墾田築堰治城郭橋梁規畫甚

33201

備軍民德之建文元年敵還爲右軍都督府僉事進同知卒官

陳珪

陳珪，明泰州（今江蘇泰縣）人。洪武初從徐達平中原，積功至都督僉事，封泰寧侯。永樂四年，董建北京（今北平）宮殿；經畫有條理，甚見獎重。卒諡忠襄。

明史卷一百四十六本傳　陳珪泰州人洪武初從大將軍徐達平中原授龍虎衛百戶改燕山中護衛從成祖出塞爲前鋒進副千戶已從起兵積功至指揮同知還佐世子居守累遷都督僉事封泰寧侯祿千二百石佐世子居守如故永樂四年重建北京宮殿經畫有條理甚見獎重五年帝北征偕駙馬都尉袁容輔趙王留守北京十五年命鑄繕工印給珪並設官屬兼掌行在後府十七年四月卒年八十五贈靖國公諡忠襄

吳中

吳中，字思正；明武城（今山東武城縣）人。勤敏多計算，規畫井然。洪武永樂間，先後在工部二十餘年，官至工部尚書。北京（北平）宮殿，及長獻景三陵；皆中所營造。

明史卷一百五十一本傳　吳中字思正武城人洪武末爲營州後屯衛經歷成祖取大寧迎降以轉餉捍禦功累遷至右都御史永樂五年改工部尚書中勤敏多計算先後在工部二十餘年北京宮殿長獻景三陵皆中所營造職務填委規畫井然然不恤工匠又湛於聲色時論鄙之

陳瑄

陳瑄，字彥純；明合肥（今安徽合肥縣）人。善治河，精騎射，從征南番諸蠻，累立戰功，擢都督僉事；永樂元年，封平江伯，充總兵官，總督海運。九年，嘗以四十萬卒築治捍潮隄，自海門（今江蘇海門縣）至鹽城（今江蘇鹽城縣）長萬八千餘丈。十年奏請於青浦（今江蘇青浦縣）築土山，方百丈，高三十餘丈，立堠表識，以爲海舟停泊之所；既成，賜名寶山（今江蘇寶山縣，即以此山得名。）。十三年，瑄用故老言，自淮安（今江蘇淮安縣）城西管家湖鑿渠二十里爲淸江浦，導湖水入淮，築四閘以時宣洩；又緣湖十里築隄引舟，由是漕舟直達於河。省費不貲。其後復濬徐州（今屬在江蘇境）至濟寧（今山東濟寧縣）河，又以呂梁洪（呂梁，本城名，在江蘇銅山縣東南六十里，其下爲呂梁洪。）險惡于西，別鑿一渠，置二閘，蓄水通漕。又築沛縣（今江蘇沛縣）刁陽湖、濟寧南旺湖長隄。開泰州（在今江蘇境）白塔河通大江。又築高郵湖隄，於隄內鑿渠四十里，避汎濤之險。又自淮至臨淸（今山東臨淸縣）相水勢置閘四十有七。凡所規畫，精密宏遠。身理漕河者三十年，舉無遺策。宣德八年卒。

明史卷一百五十三本傳　陳瑄字彥純合肥人少從大將軍幕以射雁見稱屢從征南番又征越嶲討建昌叛番月魯帖木兒踰梁山平天星寨破寧番諸蠻復征鹽井進攻卜木瓦寨賊熾甚瑄將中軍賊圍之數重瑄下馬射傷足裹創戰自巳至酉全師還又從征賈哈剌以奇兵涉打中河得間道作浮梁渡軍既渡撤梁示士卒不返連戰破賊又會雲南兵征百夷有功遷四川行都司都指揮同知建文末遷右軍都督僉事燕兵逼命總舟師防江上燕兵至浦口瑄以舟師迎降成祖遂渡江既即位封平江伯食祿一千石賜誥券世襲指揮使永樂元年命瑄充總兵官總督海運輸粟四十九萬餘石餉北京及遼東遂建百萬倉於直沽城天津衛先是漕舟行海上島人畏漕卒多閉匿瑄招令互市平其直人交便之運舟還會倭寇沙門島瑄追擊至金州白山島焚其舟殆盡九年命與豐城侯李彬統浙閩兵捕海寇海溢隄圮自海門至鹽城凡百卅

里。命瑄以四十萬卒築治之。爲捍潮隄萬八千餘丈。明年。瑄言嘉定瀕海地。江流衝會。海舟停泊於此。無高山大陵可依。請於青浦築土山。方百丈。高三十餘丈。立堠表識。既成。賜名寶山。帝親爲文記之。宋禮既治會通河成。朝廷議罷海運。仍以瑄董漕運。議造淺船二千餘艘。初運二百萬石。寖至五百萬石。國用以饒。時江南漕舟抵淮安。率陸運過壩。踰淮達清河。勞費甚鉅。十三年。瑄用故老言。自淮安城西管家湖。鑿渠二十里。爲清江浦。導湖水入淮。築四閘以時宣洩。又緣湖十里築隄引舟。由是漕舟直達於河。省費不貲。其後復濬徐州至濟寧河。又以呂梁洪險惡。於西別鑿一渠。置二閘。蓄水通漕。又築沛縣刁陽湖。濟寧南旺湖長隄。開泰州白塔河。通大江。又築高郵湖隄。於隄內鑿渠四十里。避風濤之險。又自淮至臨清。相水勢置閘四十有七。作常盈倉四十區於淮上。及徐州臨清通州皆置倉。便轉輸。慮漕舟膠淺。自淮至通州。置舍伍百六十八。舍置卒。導舟避淺。復緣河隄鑿井樹木。以便行人。凡所規畫。精密宏遠。身理漕河者三十年。舉無遺策。

康熙寶應縣志山川志　永樂七年。平江伯陳瑄築高郵寶應口口白馬諸湖長隄。以度牽道。

宋禮

宋禮，字大本；明河南永寧（民國三年改爲洛寧縣）人。永樂二年累官工部尚書，九年，命開會通河，秉董濬祥符（今河南祥符縣）魚王口至中灤（鎮名，在河南封丘縣西南五十里，當大河北岸。）下復舊黃河道事。北京（北平）營建，禮承命取材川蜀，伐山通道，得大木十數株，皆尋丈，自是屢入蜀。十七年，造番船。自蜀召還，卒于官。

明史卷一百五十三本傳　宋禮字大本河南永寧人洪武中以國子生擢山西按察司僉事左遷戶部主事建文初薦授陝西按察僉事復坐事左遷刑部員外郎成祖即位命署禮部事以敏練擢禮部侍郎永樂二年拜工部尚書……七年丁母憂詔留視事九年命開會通河會通河者元至元中自東平安民山鑿河至臨清引汶絕濟屬之衛河爲轉漕道名曰

會通然岸狹水淺不任重載……洪武二十四年河決原武絕安山湖會通遂淤永樂初建北京河海兼運海運險遠多失亡而河運則由江淮達陽武發山西河南丁夫陸輓百七十里入衛河歷八遞運所民苦其勞至是濟寧州同知潘叔正上言舊會通河四百五十餘里淤者乃三之一濬之便於是命禮及刑部侍郎金純都督周長往治之禮以會通之源必資汶水乃用汶上老人白英策築堽城及戴村壩橫亘五里遏汶流使無南入洸而北歸海匯諸泉之水盡出汶上至南旺中分之爲二道南流接徐沛者十之四北流達臨清者十之六南旺地勢高決其水南北皆注所謂水脊也因相地置閘以時蓄洩自分水北至臨清地降九十尺置閘十有七而達於衛南至沽頭地降百十有六尺置閘二十有一而達於淮凡發山東及徐州應天鎮江民三十萬蠲租一百一十萬石有奇二十旬而工成又奏濬沙河入馬常泊以益汶是年帝復用工部侍郎張信言使興安伯徐亨工部侍郎蔣廷瓚會金純濬祥符魚王口至中灤下復舊黃河道以殺水勢使河不病漕命禮兼董之八月還京師論功第一受上賞明年衛河水患命禮往經畫禮請自魏家灣開支河二泄水入土河復自德州西北開支河一泄水入舊黃河使至海豐大沽河入海……已而平江伯陳瑄治江淮間諸河功亦相埒由是河運大便利漕粟益多十三年遂罷海運初帝將營北京命禮取材川蜀禮伐山通道奏言得大木數株皆尋丈一夕自出谷中抵江上聲如雷不偃一草朝廷以爲瑞及河工成復以採木入蜀十六年命治獄江西明年造番舟自蜀召還以老疾免朝參有奏事令侍郎代二十年七月卒於官禮性剛馭下嚴急故易集事以是亦不爲人所親卒之日家無餘財洪熙改元禮部尚書呂震請予葬祭如制弘治中主事王寵始請立祠詔祀之南旺湖上以金純周長配隆慶六年贈禮太子太保

楊青

楊青，明金山衛（今江蘇松江縣南）人。永樂初，以圬者執技京師，會內府新牆壁堊成，有蝸牛遺迹若異采，成祖顧而問其故，青以實對，成祖嘉之。後營建宮闕，使爲都知。靑善心計，凡制度崇廣，材用大小，悉稱旨；事竣，遷工部左侍郎。

康熙松江府志藝術傳　楊青金山衛人幼名阿孫永樂初以圬者執技京師會內府新殿壁成有蝸牛遺迹若異采成祖顧視而問之阿孫以實對成祖嘉之問其名曰阿孫成祖曰幼所名未改乎方今楊柳青青可名青矣授冠帶營繕所官一日便殿成上以金銀豆顆賞撒地四流令自取衆爭拾青獨後上愈益重之後營建宮闕使爲都知青善心計凡制度崇廣材用大小悉稱旨事竣遷工部左侍郎其富貴人方之前代劉元子世其業官至部郎青後以老疾乞休卒賜祭葬

阮安

阮安，一名阿留；明交趾（今安南國東京西）人。永樂間太監，爲人清苦介潔，善謀畫，有巧思，尤長於營造之事。奉命營建北京（北平）城池．九門．兩宮．三殿．五府．六部．諸司公宇；及治塞楊村驛（在河北武清縣東南五十里，衙徵驛）。諸河道，皆大著勞績。工曹諸屬，一受成說而已。景泰中，治張秋河（在山東東阿縣西南），道卒，囊無十金。嘗刻營建紀成詩一卷，一時名人顯宦皆和答。後將傳布，間以王振一言而止。

水東日記卷十一　太監阮安一名阿留交趾人爲人清苦介潔善謀畫尤長於工作之事其修營北京城池九門兩宮三殿五府六部諸司公宇及治塞楊村驛諸河皆大著勞績工曹諸屬一受成說而已晚歲張秋河決久不治復承命行道卒平生賜予悉出私帑上之官不遺一毫槖中官中之甚不易得者嘗刻營建紀成詩一時名人顯宦無不有作將傳布間以王振一言而止振於他役皆有碑獨靳此者要不可以不矜一善歸之則亦娟嫉之云耳

明紀事本末補編卷五宦官賢奸　永樂間太監阮安一名阿留交趾人爲人清苦介質更悴斂善畫尤長於工作之事其

修營北京城池九門兩宮三殿五府六部諸官寺廨舍及開塞楊村驛河道甚著勞績戍衡水中諸屬受成而已晚歲張秋河決久不治復被命行道卒平生所受賜予悉上之少府綿纊不自私嘗劉營建紀成詩一卷一時名流顯官皆和答後將傳布間以王振一言而止

明史卷三百四宦官列傳金英傳　阮安有巧思奉成祖命營北京城池宮殿及百司府廨目量意營悉中規制工部奉行而已正統時重建三殿治楊村河並有功治張秋河道卒囊無十金

蒯祥

蒯祥，明吳縣（今江蘇吳縣）人。本香山（在江蘇吳縣西南七十里）木工。初授職營繕，仕至工部左侍郎，能主大營繕。永樂十五年建北京（北平）宮殿；正統中重作三殿，及文武諸司；天順末所作之裕陵；皆其營度。凡殿閣樓榭，以至廻廊曲宇，隨手圖之，無不中上意者。能以兩手握筆畫雙龍，合之如一。每修繕，持尺準度，若不經意；既造成，不失釐毫。憲宗時，年八十餘猶執技供奉，上每以「蒯魯班」呼之。既卒，子孫世其業。

野獲編卷十九工部工匠卿貳　正統間有木匠蒯祥者直隸吳縣人起營繕所丞歷工部左侍郎食正二品俸年八十四卒于位賜祭葬有加

歷代通鑑輯覽卷一百四　明景皇帝景泰七年丙子秋七月以工匠蒯祥陸祥爲工部侍郎蒯祥以木工陸祥以石工俱累擢太僕寺少卿至侍郎仍督工匠時稱爲匠官

康熙吳縣志人物志藝術　明蒯祥吳縣香山木工也能主大營繕永樂十五年建北京宮殿正統中重作三殿及文武諸

司天順末作裕陵時其營度能以兩手攝筆畫雙龍合之如一每宮中有所修繕中使導以入禁略用尺準度若不經意既造成以置原所不差毫釐指使群工有違其教者輒不稱旨初授職營繕所丞累官至工部左侍郎食從一品俸至憲宗時年八十餘仍執技供奉上每以蒯魯班呼之

光緒蘇州府志雜記三引皇明紀略　京師有蒯侍郞御術爲吳香山人斵工也永樂間召建大內凡殿閣樓榭以至廻廊曲宇隨手圖之無不中上意者位至工部侍郎子孫猶世其業弘治間有仕爲太僕少卿者今江南木工巧工皆出於香山近七陵九廟等功成工匠爲卿者多矣而工曹亦被濫恩時謂工官轉遷何異斜封濫勅

朱信

朱信，明華亭（今江蘇松江縣）人。精算術；永樂中，累官至戶部郎中。時甃某處城，使信計之，當用磚若干；既而有餘；詰之，謝曰：「此失灰縫耳！」如其言度之，不失尺寸。

康熙松江府志藝術傳　朱信華亭人精算術永樂中累官至戶部郎中時甃某處城使信計之當用甎若干既而有餘詰之謝曰此失料灰縫耳如其言度之不失尺寸

楊嚴平

楊嚴平，明江西萬載（今萬載縣）匠人。永樂間，宜春縣（今江西宜春縣）慈化寺被火災；寺僧募化重建之，賃嚴平屬圖稿，不成。明日，忽遇一人授以書，乃寺圖稿也。後依書建高七丈九尺之寺，內爲堂屋三進，外觀止一棟脊，其法柱頭加太枋板，板上又安柱頭，如是者三，故高至此。明末忽一柱傾壞，仍請楊姓入修治，亦照其書改造。楊氏子孫，世傳其書，至清同治間猶存云。

同治宜春縣志雜類軼事　永樂間慈化寺被火災後寺僧首錫募化重建貲萬峩匠楊巖不屑圖稿不成明日忽遇一人授以書乃寺圖稿也後依書豎造高七丈九尺內爲堂屋三進外觀止一棟脊其法柱頭加太枋板板上又安柱頭如是者三故能高至如是後明末忽一柱傾壞仍請楊姓人修治亦照其書改造至今楊姓子孫尚留其書在

葉宗人

葉宗人，字宗行；明松江華亭（今江蘇松江縣）人。永樂中，東吳大水，松江以黃浦壅塞被害尤甚，宗人上書請濬故道濬范家濱引浦水以歸於海。上嘉其言，命從夏原吉治水，功成，患息。以功擢知錢塘縣。時朝廷有營建事，宗人率工匠赴北京（北平），道病卒。

光緒華亭縣志人物志備考　明葉宗行名宗人以字行宋太學生李後讀書尚氣節永樂中東吳大水松江以黃浦壅塞被害尤甚上書請濬故道濬范家濱引浦水以歸於海上善其言命從夏尚書原吉治水功成患息原吉薦其才擢知錢塘縣民困於徭賦宗行爲定役法役以均一日廳事前有蛇蜿蜒宗行曰豈有冤乎吾爲汝驗之蛇返入餅肆中鑪下發之得死尸乃肆主人利其財殺之坎瘞此遂伏誅縣多虎暴宗行爲文祭之虎遂斂迹仁宗在東宮聞其治行戒所司不得挫辱按察使周新尤重之嘗潛至其舍視廚中惟笠澤銀魚乾一裹新歎息攜少許去明日召以食曰此君家物也時呼爲錢塘一葉清會朝廷有營建事宗行率工匠赴北京道病卒

蔡信

蔡信，明武進（今江蘇武進縣）人；有巧思，少習工藝。授營繕所正，升工部主事。永樂間營建北京（北平）。凡天下絕藝皆徵至京，悉遵信繩墨，信累官至工部侍郎。

光緒武進陽湖縣志人物志藝術　蔡信有巧思少習工藝授營繕所正升工部主事永樂間營建北京凡天下絕藝皆徵至京悉遵信繩墨信累官至工部侍郎

汪洪

汪洪，字克容；明蒲圻（今湖北蒲圻縣）人。憲宗時官至山東參議；以譖左遷知四川綿州（今改綿陽縣），時州歲大旱，暴骸遍野；洪乃設湯粥陳於四門，賴以全活者甚衆。既乃躬視土宜，疏濬水源，創修石磐七堰，溉田數千頃，自是旱潦攸濟，民庇其利；爲立生祠。、

乾隆蒲圻縣志人物志忠烈傳　明汪洪字克容厥考勝爲營繕所丞英宗試其能特授順天府經歷錫之敕命成化元年洪舉京闈第一人明年登羅倫榜進士授戶部主事歷員外郎郎中直北朔兵至羽檄旁午洪中官汪直威寧伯王鉞統師出征調動主客軍馬不下數十萬時邊鄙歲飢糗餉數匱乃敕汪洪同都御何喬新督理轉輸直倚勢開釁而鉞亦喜功洪處之裕如斟酌損益區畫攸當本兵上其績憲宗嘉之曰爾洪持廉秉公夙夜匪懈勞勩迭著朕用爾褒錫賚有差乃陟爲山東參議時冢宰尹旻縱子貪賄洪力拒之旻乃譖之汪直遂左遷知蜀綿州州歲大旱暴骸遍野洪捐己俸設爲湯粥陳之四門又多方勸賑賴以全活者甚衆既乃躬親土宜疏濬水源創修石磐七堰溉田數千頃自是旱潦攸濟民庇其利爲立生祠先都御史張瓚開闢壩底諸堡以通茂州洪至往理戎務歸至石泉土官突出洪倚斬控弦與之交射爲流矢所中墜偪橋之懸巖而死

柴世儒

柴世壽，字元功；明陽穀（今山東陽穀縣）人。中鄉試亞元，有文名，尤長詞賦，善眞・草・隸・篆。選任中書，纂修國史（此指明代史）；書成，遷工部司務，督修內苑工程，綜理詳密。

康熙陽穀縣志人物志　明柴世壽字元功忠之子也中鄉試亞元有文名尤長詞賦善眞草隸篆初授中書纂修國史書成遷工部司務督修內苑綜理詳密爲時所重陞本部員外郎

朱成，子鑑，孫方正。

朱成，明四川彭山（今名同）縣人。邑北五里許有龍門河，河水深且急。先時常以木爲杠以濟行人，惟杠小易腐，人多病之。宣德間朱成乃架巨木爲梁，橫鋪以版；至正德間傾圮。成子鑑復甃以石，豎以木，六架，五洞，高二丈有奇，橫九丈十二步，上建瓦房七間，護以闌楯，設以坐凳，規模宏整。嘉靖十五年，鑑子方正又加修葺，重致一新。十九年方正復奉令督工重加修葺，邑人亦忻然樂助，於是鑿磐山之石，市楩楠之木，仍架以梁，增設重板，造屋九間，設凳十條於其上，榜豎二坊，橋東建觀音堂，以爲行人休息之所。橋舊名「龍門」，重修後改曰「忠孝」，

嘉慶四川通志輿地志津梁　眉州彭山縣忠孝橋在縣北旁有漢張綱晉李密祠因名附「王用才重修忠孝橋記」彭山衝要邑也邑北五里許有龍門河其脈上接蒲江大邑邛州三河之水合注而至新津通濟堰東北而入大江江有繫龍潭故名其旁流爲龍門其源遠其流不竭其路爲四通五達之區先時常以木爲杠杠小而易腐水泛而易深居者病於頻修行者病於徙涉宣德丙戌（？）邑人朱成架巨木爲梁橫鋪以版越二十餘祀至正德己卯（？）復傾圮成之子鑑乃甃

以石登以木六架五洞高二丈有奇橫九丈十二武上覆瓦房七間護以闌楯設以坐凳規模宏整丙申鑑之子方正又加修葺廢者易之舊者更之重致一新年久橋復將壞己亥冬州守許公經是橋而告於令曰橋之將圮責將誰歸邑令馬君馴曰是橋之廢興實有司之責也況勸以太守之命乎於是捐己俸謂方正曰若前人既成其始可不成其終乎遂令方正督工勸慕義者助之邑人忻然樂助於是鑿磐山之石市楩楠之木仍架以梁增設重板造屋以間計者九設凳以條計者十傍豎二坊視前堅整不啻倍蓰矣橋東建觀音堂以為行人休息之所經始於庚子夏成於冬十一月役民而民忘其勞募民而民不以為費亦可見其悅以使民也橋舊名龍門今易以忠孝

萬恭

萬恭，字肅卿；明嘉靖間江西南昌人。官至山西巡撫。強毅敏達，善治水。嘗與朱衡總理河道，築長堤，濬高寶（高郵，寶應二湖，均在江蘇江北。）諸湖，河患以戢。

明史卷二百廿三本傳　萬恭字肅卿南昌人嘉靖廿三年進士授南京文選主事歷考功郎中兼僉都御史巡撫山西會河決邳州運道大阻已遣尚書朱衡經理復命恭以故官總理河道恭與衡築長堤北自磨臍溝迄邳州直河南自離林迄宿遷小河口各延三百七十里費帑金三萬六十日而成高寶諸河夏秋汛濫歲議增堤而水益漲恭緣堤建平水閘二十餘以時洩蓄專令濬湖不復增堤河遂無患恭強毅敏達一時稱才臣治水三年言者劾其不職竟罷歸家居垂二十年卒

趙全

趙全，明嘉靖間人。為俺答築城構宮殿墾水田於豐州城（今綏遠歸綏縣內歸化城），又造「板升」（華言屋也）；中國百工技藝，無所不有。

明沈思孝晉錄三受降城　邱富趙全等導俺答爲板升以受中國之降人據之板升衆可十餘萬中國百工技藝無所不有趙全已爲俺答造宮殿乃入住之日忽梁拆俺答疑終身不敢入宮室仍畜守水草住牧全雖服上刑他日邊塞之禍終潰於此蓋南有香山北有板升此寇之所必資也

明史卷三百二十七韃靼列傳　嘉靖三十年叛人蕭芹呂明鎭者故罪亡入敵挾白蓮邪教與其黨趙全邱富周原喬源諸人導俺答爲患三十三年富等在敵招集亡命居豐州築城自衞構宮殿墾水田號曰板升板升華言屋也四十四年趙全在敵中益用事尊俺答爲帝治宮殿期日上棟忽大風棟墜傷數人俺答懼不敢復居

雷禮　徐杲

雷禮，明豐城（今江西豐城縣）人。官至工部尚書；以勤敏爲世宗所重，嘗督修北京（北平）奉天・華蓋・謹身・三殿。盧溝河（在河北宛平縣）修橋，禮暨徐杲等相度規畫其事。

徐杲，本明世宗時匠役。巧思絕人；每有營建，輒獨自拮据經營，操斤指示。而其相度時，第四顧籌算，俄頃即出而斲材，長短大小，不爽錙銖。三殿規制，自宣德間再建後，諸將作皆莫省其舊，獨杲能以意料量比；落成，竟不失尺寸。以營造躐官工部尚書。

野獲編卷二列朝類工匠見知　世宗末年土木繁興冬卿尤難稱職一切優游養高及遲鈍不趨事者最所切齒誅譴不踰時刻最後趙文華爲分宜義子歐陽必進爲分宜妻弟特以貪戾與闒茸相繼見逐權臣亦不能庇而雷豐城禮以勤敏獨爲上所眷倚即帝堯則哲之明何以過之終上之世雷長冬曹無事不倚辦即永壽宮再建皆總其成而木匠徐杲以一人拮据經營操斤指示聞其相度時第四顧籌算俄頃即出而斲材長短大小不爽錙銖上暫居玉熙幷不聞有斧鑿聲不

三月而新宮告成上大喜以故尙書之峻加僉吾之世蔭上猶以爲慊也杲亦謙退不敢以士大夫自居然其才自加人數等以視文華必進直樸樕下材耳。按奉天等三殿幷奉天門災在嘉靖三十六年四月時上迫欲先成門工以便朝謁而文華不能焆傷屢疏遲延上大怒口能其官而用必進甫匝歲門成必進得一品則督工侍郎雷禮有勞而躬自操作則徐杲一人力也又三年而殿工無完期必進以司空爲苦海營改左都而上怒矣甫一月分宜又觸上改必進吏部而罷怒遂不可解先革孤卿并兼官未幾并尙書奪之其去工部半歲耳明年而三殿告成矣然先一年永壽宮已災旋奏工完不特禮得一品杲得正卿而華亭亦因以進少師乃子尙賢丞璠躐拜太常少卿識者不無代爲恐焉時分宜子以世蕃官工部侍郎反不得監工求與璠同事而上峻却不許退而父子相泣不兩月禍起矣比三殿落成時徐杲已稱尙書上欲以太子太保寵之而徐華亭力沮謂無故事得中止僅支正一品俸雷亦僅以宮保轉宮傅其他在事諸臣陞賞亦止不行僅拜銀幣之賜以較永壽宮加恩百不及一矣時上愛念杲不已倘再有營建杲必峻加即華亭亦不能尼也

世廟識餘錄　三殿規制自宣德間再建後諸將作皆莫省其舊而匠官徐杲能以意料量比落成竟不失尺寸

明史卷三百五李芳傳　世宗時匠役徐杲以營造躐官工部尙書修盧溝橋所侵盜萬計

明袁煒勅修盧溝河隄記　盧溝河者源深流衍襟帶都城之西橋亘周行四方輻輳並至而會頃年沙洲突起下流壅閼水失其故道潰隄而決衝殫爲河觸山阜漂田廬走西南百餘里行者病涉耕者釋耒居者無寧宇事聞皇上惻然之……爰遣工部尙書雷禮暨掌禮部尙書徐杲等相度規畫上其事宜皇上發帑銀三萬五千兩有餘而勅太監張崇侍郎呂先洵指揮同知張鐸御史雷稽古董其役仍令禮月一往視經始於嘉靖壬戌秋九月報成於癸亥夏四月凡爲隄延袤一千二百丈高一丈有奇廣倍之崇基密楗纍石重甃鱗鱗比吐翼如舵如較昔所修築堅固什百倍矣

郭文英

郭文英，明韓城（今陝西韓城縣）人；世宗時戶匠。以巧力聞。官至工部侍郎。

乾隆韓城縣志人物志方技　明郭文英韓人也少爲人牧羊以戶匠乏人至京抵役朝夕肄規矩黽黽繩繩久之以巧力聞爲作頭自是見知世廟每一工竣則序勞晉秩累階至工部右侍郎賜三品服色足爲鄉邑光寵矣而韓人之尙嗟山川之氣不毓爲皐夔而爲工垂流亞云

許從龍　周承源　張滄　王治隆　張梧

許從龍，明崑山（今江蘇崑山縣）人。嘉靖中由進士知江西分宜（今名同）縣。邑有清源古渡，路當要衝，舊有浮橋以資涉濟，然水稍泛溢，波濤激射，橋輒沖圮；厥後屢修屢斷，民頻病涉。於是剏建石橋之議遂起。從龍出力經畫其事而定其制。典史周承源、耆民張滄、王治隆、張梧專董其役。經始于嘉靖三十五年秋，訖工于三十七年夏。橋凡十一洞，長百二十丈有奇，廣二丈四尺，翼以兩欄；堅厚壯麗，行者如履坦途。嚴嵩以「萬年」名之，並爲記勒于橋北。

明嚴嵩萬年橋記（見鈐山堂集卷二十三）　分宜邑治前瞰秀江源發於萍鄉至此渟滀而邑之西東限以兩山東以亘峽每春夏之間水暴溢洶湧往來者以涉爲病迤東數十步有清源古渡路當要衝有司濟以二艇間歛富民斥官帑比舟如板聯爲浮橋以通濟之然水稍泛激橋復斷病涉猶故而一造費數百金越三四年輒壞居民行旅盼江漲而迴轍久追則從舟橫奔而渡頻罹覆溺頃歲子侍郎世蕃以事歸嘗兩捐金造舟與橋民頗稱惠然邑父老謂必造石橋庶可永久而費則鉅萬合詞詣蕃以告復致書京師以告於予曰公爲宰執當爲斯邑建千古長計予私自念屢歲荷蒙皇上賜金雖

嘗捐造宜春二橋而此舉猶不可已父老言良是迺興石橋之役始度地相址議者爭論東西弗決有指今處者曰盍在斯迺橫水畚土探其底則下有巨石橫亙其平如砥遂加石立墩稍移之東西則深溪浮沙淤無涯矣信異哉若天設地創焉先是予來往吳中閱橋而美於是徵匠買石于吳州運山伐木載以巨艦涉江入湖至于樟鎮灘水淺涸易數百小舟乃獲抵于宜而石猶不敷將往吳復買之一日鄉氓來告邑西楊江之岨有石焉採諸往穴數處果獲石堅大豐盈用遂以足旣謀合材集制定工興釃水爲道凡十一空其長一千二百尺有奇廣二十四尺翼以兩欄如其長之數計用白金爲兩萬餘縣令許侯從龍出力經畫侯吳人也故計處甚習以被召去通府曾君大用來署邑嗣理之諒以他務去典史周承源耆民張瑜王治隆張梧專董其役郡守張公任節推蘇君景和時程督勸勞有加巡撫中丞前可泉蔡公繼領陽馬公巡按侍御五台徐公行部至皆親往臨視申勅羣吏罔敢弗共經始于嘉靖丙辰秋九月訖工于戊午夏六月行者嘻嘻獲履坦途易危以安罔不稱便……名斯橋曰萬年橋以無忘聖天子之恩以仰祝萬壽與天地相爲無窮焉此吾之志也遂勒石以記

毛鳳彩

毛鳳彩，明隆慶間人。四川南充今名同縣西三里有西溪，溪上舊有石建之橋。故俗均以「石橋」呼之。嘉靖初頹塌；郡人議修復之。萬歷六年，乃耑委西充簿毛鳳彩董其事。毛有幹局稱，經始之日，四顧周環，目揣心營，審視土宜而暗規其制；曰：『溪流長而深闊，橋非高廣無以壓水衝；卽高廣，非壯厥基，且速之圮；兩岸壖壖善崩，非厚布其堤以扞湍瀨射齧而橋不可規固。』於是鳩工首築堤；堤東西衝七丈有奇，甃石爲之，樹櫸柳以護石，而後疏瀹溪底；植巨椿密楗其下，叢臥石碇，絫互螯結爲墩離立水中者八，從墩累石，犬牙函錯，魚鱗雜襲，攢扶而上，鎔鐵液注其中。旁設鈎環爲洞以行舟者七，而後橋成。橋高三丈，中稍窿起而兩段翼之以欄楯，表之以石坊。其長二十七丈，廣二丈。其址移舊橋上流二十丈許。視昔規模閎傑，巍壯有加。更名「廣恩橋」。

陳以勤西溪新修廣恩橋記（見嘉慶南充縣志藝文志）　順慶治左大江而右西溪溪發源西充崇禮山逶迤百折而來並城西面距大江不能里許若拱若翼若爲之綰束瀠渟濡而乃南下稍迴遠滙於江當綰束處舊有石橋跨溪載郡乘曰西橋相傳宋嘉定間建至嘉靖初始頹塌云其址接北郭圜外爲走省府孔道輶軒端節之士相望賸饋擔負者踵相接也夏秋霖潦滂溢溪流扼於江無所洩蕩滌成巨浸傳使坐稽王程征夫弛肩而嘆馮絕衛涉者往往委魚腹霜降水涸揭跣逗淖中龜瘃不可忍官或爲之架木設杠杓歲歲庀飾疲費矣於是郡人爭言復舊橋便以用詘作勞未暇也隆慶庚午余謝政府歸里目擊阽苦狀喟曰橋之弗圖害哉……會大參靜齋梁公分守吾郡娓娓詢民所便苦余首舉爲言且請以上一歲夫廩之賜稍捐田穀百石佐工費什一梁公曰嘻美意哉顧道路津梁責在長吏其孰若飭廚傳急也而令鄉之先生長者職其畫乎遂偕分巡僉憲王公議符合亟聞之大中丞雲澤王公侍御允吾成公咸相與嘉獎厥成下之府若縣商計經費而耑委西充薄毛鳳彩者董其事毛有局幹稱經始之日四顧周環覘土藏制曰溪流長而深闊非高廣無以壓水衝即高廣非壯厥基且速之圮兩岸墂塽善崩非厚布之堤以扞湍瀉射齧而橋不可規固夫昔有之堅樹在始矣於是揆日鳩徒首築堤堤東西衝七丈有奇甃石爲之樹榉柳以護石而後釃流剷波疏瀹溪底植巨椿密攔其下叢臥碇石纍互蟠結爲墩離立水中者八從墩累石犬牙函錯魚鱗雜襲攢扶而上鎔鐵液注其中旁設鈎環爲竇以行水者七而後成橋橋高三丈中稍窿起而兩楯平翼之欄楯表之石坊其修際高九倍廣減其高三之一其址移舊橋上流二十丈許……其始事以萬歷六年六月十三日其訖工以八年四月十四日蓋橋成而際昔規撫閎傑巍壯有加燗若星梁之架漢蜿若

玉虹之臥波雖復狂瀾砰湃淼浸歎軋恬然付諸履舄之下而不知於休績哉是役也余實首其議諸大夫謨謀僉同而梁公慫恿尤力若乃目揣心營無靡材無窳工以垂永利不勩毛滯有焉當役始作多齰舌謂成功難猝睹比畚梮具飭民乃大龢

鵬榮　寧廷鸞　鵬愷　翟昇

鵬榮，明萬歷間人。萬歷二十一年·四川華陽今名同縣東門外捄造洪濟橋·迴瀾塔，榮董其役。榮勤於其職事，茇舍蒔食，日夕與畚鍤者同甘苦；不數月而塔成。惟橋工視塔浩大，榮雖益加奮勵，程督如故，橋亦次第將就，乃竟以積勞身先死！未覩厥成。於是寧廷鸞·鵬愷·翟昇三人繼董其緒業。廷鸞營綜率作，勞勩什倍於初；而鵬愷克承兄志，與昇拮据之力尤殫；橋遂以成。橋有九洞，縱四十丈，橫四丈。迴瀾塔在橋之南岸，形勝壯觀。洪濟橋俗亦呼「新橋」。

明李長春新修橋塔碑（見嘉慶四川通志藝文志）　皇帝在宥之二十一載蜀左轄余公一龍偕藩臬諸大夫曁帥上記郗御史幕府御史臺言成都據七蜀之會厝欄盤嶂掩映郛郭眞屹然天府之一勝哉獨東西兩江合流之所奔放衝突稍乏迴還之勝形家者病之且川之西南以輪蹄擔負來者必取途於此而夏潦秋霖往往望洋而阻行旅有嚬呻焉非捄造橋塔罔與固風氣資涉濟也今縉紳耆老既言之博士弟子復言之請令成都旁近州邑各輸金穀礪鍛爲佐募匠庸作擇有幹局者董之不致耗公帑擾閭左以滋弊都御史御史咸可其議俾剋期以行余公復相率啟蜀王而請曰惟王世以忠孝賢良著聞茲舉關國鴻鉅必仰邸第之貲藉侍從之良方克底績王乃首助千金委承奉司鵬榮出綜厥事兩臺監司

以下各捐俸有差、以萬曆癸巳年菊月經始鵬桀祗役而往茇舍蔬食日夕與吞錘者同甘苦不數月而墖成蜿蝶前蹲峥嶸後竦珠碧炫熿鈴鐸砰訇危乎高哉何羨永寧同泰彌九仞而踰十級耶顧橋工浩大經費漸拓而有司靡所措手諸爲咻搖震撼之語者復乘間而起顧王意弗爲動令鵬桀程督如故而橋乃次第就乃鵬桀竟以蠱瘁終矣王復委承奉事廷鸞門副司鵬愷及首事翟昇者繼之廷鸞營綜率作勞勩什倍於初而鵬愷克承兄志與昇拮据之力尤殫遂以是歲丁酉十月橋成爲洞者九從四十丈衡四十尺遠而望之虹舒電拖霞結雲搆若跨碧落而太空爲闕俯而瞰之飆涌濤舂鯨飛鯢走若鼇澒澥而拒浸爲溜彼成都七橋象應七星如往牒所詡談者視此不當左次耶

葛鏡

葛鏡，明嘉靖天啓間貴州省平越衛（今名平越縣）指揮。樂善好義，郡城東五里，兩山陡峻，中亘麻哈江，江深不可測，昔人鑿石疏道，懸緪以渡；然每遭覆溺，行旅苦之。萬曆間，鏡捐資建橋跨江上，縛長虹，架蹲鴟（橋柱下橫木入水中者），程工浩大。惟江水湍急，旋建旋圮。天啓六年，鏡乃悉罄家蓄，復收餘燼，鳩聚羣材，齋戒百日，率子刑牲釃酒於江上，作誓詞以明志，曰：「橋之不成，有如此水！」一旦奮力就工，晝夜無間，如是垂三十年而橋成。總督張鶴鳴鐫碑題「葛鏡橋」三字，並爲詩文以紀其功。

田雯黔書上葛鏡橋　平越東五里兩山側塞岸高澗深下通麻哈江水黝如膠有風不波人佃居於石壁間接手猱飲霧罪山昏寐見星日少禽多鬼怪昔人鑿石疏道縣緪以渡九驛所絕漢之張騫甘英皆不至也今有橋蓋里人葛鏡縛長虹架蹲鴟而思卒業焉既建旋圮再建復傾於是齋戒百日告黎峨之神徙黿鼉之窟率妻子刑牲釃酒於江上作誓詞以明

志曰橋之不成有如此水其胥悲其背張如包胥之入秦庭慶卿之離易水也衣履穿決形容枯槁般倕為之感動流涕如是者垂三十年而橋成而葛鏡以名異哉鏡也當治橋之難也臨竊呰呰者衆矣而矢死靡移蕩其家室之所藏一國非之不顧雖事無足道然亦可謂豪傑之士其生平志意豈不偉哉嗚呼濟民利涉國僑無聞反不若草野一善之行傳世而久遠是又葛鏡之羞矣

陳鼎黔遊記　葛鏡橋跨麻哈江而造兩山壁立千仭相束一江水黑如膠有風不波霧罩山昏鮮見天日昔皆懸絙以渡沈溺者衆明嘉靖間里人葛鏡建橋以濟旋圮再建復傾乃齋戒沐浴率妻子刑牲以誓曰橋之不成有如此江遂破產經營即成至今賴之

檀萃黔囊（小方壺齋輿地叢鈔第七帙本）　平越之東五里許兩山側塞岸高淵深下通麻哈江昔人鑿石通道懸絙以渡稱絕阻焉里人葛鏡乃發鴻願伐石為之程工浩大旋建旋圮垂三十年而產幾罄矣而其氣不衰復收餘燼鳩聚材於是齋百日率妻子刑牲江上而誓曰昔愚公移山其家雜然相許信所志之必成也卒格神明大功以就況累數仞之石乎橋之不成有如此水情詞慷慨般倕感涕奮力就工晝夜無間水殺其勢不敢暴漲而橋以成因字之葛鏡雲名至今昔有僧募平等閣久而不成至以身殉彼何益於人事猶愁留人耳況此之利涉其及衆生無涯乎人但無志耳有志者事竟成即葛鏡可以激矣

乾隆貴州通志孝義　葛鏡平越衛指揮樂善好義郡城東五里兩山陡峻中亘麻哈江江深不可測行人過渡每遭覆溺萬歷間鏡捐千金建橋後為水所圮天啟六年鏡復傾家產重建者再亘若長虹堅緻牢實至今行人利賴名曰葛鏡橋

又關梁志　平越府葛公橋在城東五里跨麻哈江明萬曆間郡人葛鏡建屢為水決三建乃成糜金巨萬悉罄家貲總督張鶴鳴礱碑題葛鏡橋三字記以詩文

清愛必達黔南識略卷七平越直隸州　麻哈江一曰兩岔江又曰算水逕麻哈州至城東五里許兩山側案岸高澗深水勢如膠寡見蟻景明萬歷間里人葛鏡建橋於其上屢爲水圮三建乃成總督張鶴鳴題曰葛鏡橋

胡瓚

胡瓚，字伯玉；明桐城今安徽桐城縣人。萬歷二十三年進士，授都水主事，分司南旺司，兼督泉閘。贊河漕總督劉東星濬賈魯河故道；益治汶泗間泉數百；窮源竟委。箸泉河史上之。其治泉之法：一夫濬一泉，各有分地；冬則養其餘力，不征於官。二十七年督修琉璃河橋在今河北良鄉縣西南四十里。，成，省費七萬有奇。以功累遷江西左參政。

野獲篇卷十九工部　盧溝之重建則皖人胡伯玉瓚領之

明史卷二百二十三本傳　胡瓚字伯玉桐城人萬歷二十三年進士授都水主事分司南旺司兼督泉閘駐濟寧泗水所注瓚修金口壩遏之造舟汶上爲橋於寧陽民不病涉河決黃堌瓚憂之會劉東星來總河漕瓚與往復論難謂黃堌不杜勢且易寅而濟漕南北七百里以涓涓之泉安能運萬千有奇之艘使及期飛渡贊東星浚賈魯河故道益治汶泗間泉數百尋源竟委箸泉河史上之瓚治泉一夫濬一泉各有分地省其勤惰而賞罰之冬則發其餘力不征於官以疏瀹運道有功增秩一等二十七年督修琉璃河橋三年橋成省費七萬有奇累官江西左參政予告歸久之卒

馮巧

馮巧，明萬歷崇禎間京師工師；董造宮殿。巧老，有徒梁九者，盡傳其奧巧，大顯其技於清康熙間。

清王士禎梁九傳　明之季京師有工師馮巧者董造宮殿自萬曆至崇禎末老矣九往執役門下數載終不得其傳而服事左右不懈益恭一日九獨侍巧顧曰子可教矣於是盡傳其奧巧死九遂隸冬官代執營造之事

朱由校

朱由校，—即明熹宗—性至巧，多藝能，尤喜營造。嘗自操斧斤鋸鑿，手製小樓閣，雕鏤精絕，卽巧工亦莫能及。又於庭院中蓋小宮殿，高三四尺許，玲瓏纖巧；其甎瓦則勅琉璃廠所另製者。又喜油漆，凡手使器具，皆御用監內官監特製。常與親暱近臣朝夕營造，膳飯可忘，寒暑罔覺，絕無厭倦色。每有製作，成則喜，喜不久卽棄。且不愛成器，不惜天物，恣意暴殄改毀，以供研究。當其斤斲刀削，解服槃礴，非素暱近者，不得窺視。又好作水戲法，用大木桶大銅缸等物，鑿孔製機；乃注之以水，啟閉灌輸，或湧瀉如噴珠，或澌流如瀑布，或使伏機於下，借水力冲擁圓木毬如核桃大者於湧泉之上，盤旋宛轉，忽高忽下，久而不墮。

酌中志卷十四客魏始末紀略　先帝好馳馬好看武戲又極好作水戲用大木桶大銅缸之類鑿孔創機啟閉灌輸或湧瀉如噴珠或澌流如瀑布或使伏機於下借水力冲擁圓木毬如核桃大者於水湧之大小盤旋宛轉隨高隨下久而不墮視爲戲笑皆出人意表逆賢客氏喝采贊美之天縱聰明非人力也聖性又好蓋房凡自操斧鋸鑿削即巧工不能及也又好油漆匠凡手使器具皆御用監內官監辦用先帝與親暱近臣如涂文輔葛九思杜永明王秉恭胡明佐齊良臣李本忠張應詔高永壽等朝夕營造成而喜喜不久而棄棄而又成不厭倦也且不愛成器不惜天物任暴殄改毀惟快聖意片時

之適當其斤斲刀削解服盤礴非素暱近者不得窺視……先帝每營造得意即膳飲可忘寒暑罔覺

噴閣雜志下另製磚瓦　熹宗性至巧多藝能尤喜起造營於庭院中蓋小宮殿玲瓏高三四尺許其磚瓦則勅琉璃廠所另製也。

池北偶談卷二談故明熹宗　有老宮監言明熹宗在宮中好手製小樓閣斧斤不去手雕鏤精絕魏忠賢每伺帝制作酣時輒以諸部院章奏進帝輒曬之曰汝好生看勿欺我故閹權日重而帝卒不之悟

明史卷二十二熹宗本紀　熹宗達天闡道敦孝篤友章文襄武靖穆莊勤悊皇帝諱由校光宗長子也

朱家民

朱家民，字覺民；明雲南曲靖府（民二改縣）人。天啓三年，任貴陽守；在黔力闢榛莽以通滇道；創建連雲等十一城。黔滇之間有盤江，流水湍激迅悍，舟渡多漂覆，家民欲建橋於江上，不能累石爲柱，乃冶鐵爲絙，大如人臂者，凡三十有六，紐於鐵柱而繫諸兩岸巨石間，用木絞使直，長數十丈；鋪木板其上，翼以欄楯，凌空飛渡。然絙長力弱，人行其上，足左右下，絙輒因之而升降，身亦爲之撼搖，眩掉不克自持；乘車馬者至此必下；且不容二人接武而行，必待前者陟岸，後者始登，若強而相躡，震動愈甚。以橋跨盤江上，故名「盤江橋」；俗稱「鐵鎖橋」，亦稱「鐵索橋」。

田雯黔書上鐵鎖橋　唐明皇作橋於蒲坂夏陽津鑄鐵牛八植柱纜二十四連鎖十二山架八牧人入於中流分立亭亭如虹蜺之狀稱奇絕焉然此乃安瀾通津作之者易不若盤江鐵鎖橋之難且奇也盤江之源出自金沙入烏撒繞曲靖西

道畢節七星關而注於安南入滇所必經也兩山夾峙一水中絕斷岸千尺湍激迅悍類天設以界滇黔不知莊蹻當日何以飛渡也往以舟濟多覆溺明天啓間監司朱家民擬建橋而不可以石乃彷瀾滄之制冶鐵爲絙三十有六長數百丈貫兩崖之石而懸之覆以板類於蜀之棧而道始通其功偉矣然絙長則力弱人行其上足左右下絙輒因之升降身亦爲之撼搖眩掉不自持車馬必下前者陟岸後者始登若相躡則愈震其險也不可名狀邇乃濟之以木擇材之巨者數百排比之臥於兩絙水次鎮以巨石柱以强幹層累而加參差以出錨其本使固及兩木之末不屬者僅三十尺有四則又選圍可丈之木交其上而後行者可方軌聯鑣貫魚逐隊而不驚也猶且施以欄楯幬之以版屋塗之以丹雘梵宇琳宮鱗次於崖之左右輝煌掩映如小李將軍圖畫遂爲西黔勝槪焉以視十二之連鎖直絳索耳況於沅江之陋耶

陳鼎黔遊記　鐵索橋跨盤江而造江源出自烏撒苗境深山中冬日水涸始見其泉凡七十七處俱匯於一谿遶曲靖道畢節而注安南縣合粵西烏梔江而下海入滇所必由也兩峰夾峙一水中絕斷岸千尺飛流如駛蓋天設以界黔滇者也往往舟濟多覆溺患明天啓間監司朱家民始冶鐵爲絙者三十七長數十丈貫兩崖巨石間覆以木板相類棧道然絙長力弱人行其上升降不已身隨搖撼不克自持車騎必下前者陟岸後者始登若接武而行益增其險曩毀於逆今則兩崖甃以巨石柱以强材經以鐵絙緯以平板上覆木屋工程牢固人可駢肩馬可聯轡卯魚貫列伍而行亦不驚矣上坡不過里許然陡峻難行不亞上關嶺也

檀萃黔囊（小方壺齋輿地叢鈔第七帙本）　盤江出曲靖而實源於金沙入烏撒繞曲靖西道畢節七星關而注於安南入滇所必經也天啟間監司朱家民擬建橋而不可以石乃冶鐵爲絙三十有六長數百丈貫兩崖之石而懸之覆以板類於蜀之棧而道始通然絙長力弱行者眩撼乃臥巨木於兩崖之水次鎮以巨石柱以强幹層累而加參差以出錨其本使固及兩末之不屬者僅三丈餘則交圍丈之木其上而後聯鑣方軌魚貫不驚也施欄楯幬板屋塗丹雘梵宇琳宮鱗次

崖左右輝煌掩映如小李將軍圖畫

乾隆貴州通志秩官志名宦總部　明布政使朱家民字覺民曲靖人天啟三年任貴陽守時黔圍初解閭里蕭條家民極力撫循漸有起色尋擢安普監軍副使目擊鎖關榛莽以通滇道創建連雲等十一城扼要守險使賊不敢窺又盤江湍悍舊以舟渡多漂溺家民欲建橋艱於架石乃倣瀾滄江制冶鐵為絙凡三十有六絙於鐵柱而綮之兩岸布板楯其上凌空飛渡往來遂成坦途夾岸遍布樓閣邐絮流丹輝煌掩映在黔十餘年勞勣最多遷至左布政使歸著有端俗約言

趙翼學滇雜記六（小方壺齋輿地叢鈔第七帙本）　鐵索橋多奔流急湍不可累石為柱則以鐵索大如臂者貫於兩岸之崖石或十餘條或二十條用木絞使直而建屋其上鋪板作地平褧以闌楯橋長者或數十丈望之如飛樓虛閣往來者不知行於空中也

倪元璐

倪元璐，字玉汝，號鴻寶；明上虞（今浙江上虞縣）人。崇禎間官戶部尚書。善行草，工畫山水竹石。晚築室於紹興府城南隅，窗檻法式，皆手自繪畫；巧匠見之束手，既成始嘆其精工。李自成陷京師，自縊死，謚文正。

明史卷二百六十五本傳　倪元璐字玉汝上虞人

靜志居詩話　倪元璐尚書晚築室於紹興府城南隅窗檻法式皆手自繪畫巧匠見之束手既成始嘆其精工時方患目疾取程君房方於魯所製墨塗壁默坐其中堂東飛閣三層扁曰衣雲凭闌則萬壑千巖皆在舄下適石齋黃公至越施以錦帷張燈四照黃公不怡謂公國步多艱吾輩不宜宴樂尚書笑曰會與公訣爾既北行遂殉寇難

趙得秀

趙得秀（此人真確之生存年代無攷，故暫置本朝之末。）

趙得秀，明肥鄉（今河北肥鄉縣）木工。多巧思，故人呼為「魯般」。南遊武夷，得異人傳修眞祕訣。歸至林慮（今河南林縣），愛其山水陡絕，遂置三清等殿于其上，遁跡頤養其中。會徵造林州南石橋，得秀應徵。成，百丈一甃而無斧鑿痕。

康熙畿輔通志人物志藝學　明趙得秀肥鄉木工多巧思人呼為魯般南遊武夷得異人傳修眞祕訣歸至林慮愛其山水陡絕練縢葛為繩橫以木橙轆轤拾級而升置三清等殿精巧如法人跡罕到遂遁跡頤養其中徵造州南石橋百丈一甃而無斧鑿痕又於西岸絕渡處懸木以通鑿石函將死語其徒曰幸葬我函中及死如言舁之甫出數步而懸石下人皆稱為魯般窰

（未完）

社長朱桂辛先生周甲壽序

瞿兌之

易曰「觀其會通」，記曰「智類通達」，曠覽古今，惟通爲難，雖云資有天授，非關人力，然亦後世學術歧趨泯棼之所致也。古者官師合一，退而爲學，進而從政，此物此志，莫或有殊。章氏實齋闡論斯旨至爲精允；實齋之言曰，「古人之學不遺事物，蓋亦治教未分，官師合一，而後爲之較易，司徒敷五教典樂教冑子以及三代之學校，皆見於制度，彼時從事於學者，入而申其占畢，出而即見政教典章之行事，是以學皆信而有徵，而非空言相授受也」。余惟古設六藝之教，方其勝衣就傅，所學固皆日用之常經，百爲之通軌，學成焉而後擇一術以致其精，終身行之而不懈，故其通也有聞一知十之能，其專也復有極深研幾之致，虞廷之治，登庸俊乂，后稷樹藝五穀，而共工董治百工，非唯官師合一，而且官工合一也。孟子始有勞心者治人，勞力者治於人之說，戰國之際，處士橫議，空言獵名，扇爲風氣，不獨政與教分，官與師分。抑且學與事分，其端始見於此乎。汨於漢武，以儒家專論學之席，而九流見軒輊之殊，治學之途愈隘，專者既不獲與於學術之林，而通者亦罕復可見矣。自漢以還，爲學之弊凡三。儒家流派不越三支，所謂考据詞章義理，鼎分而更勝。求其貫通三者，不囿一端，已爲難遇。至若因詞章而獲考据，由考据以見義理，茫茫千載，實若晨星。夫此三者僅爲治學之鵠的，猶且拘牽若此，何緣見其遠大，其弊一也。漢儒緣飾經術，猶頗達於治道，自爾以降，事功學術，漸判兩途，抗論雖周情孔思，涖官則簿書期會，於是經政之要，多入胥吏之掌握，而士大夫初不得而問焉，其弊二也。專門之業，必世其家，口耳相傳，往往非文字所能灊濬，一自官與工分，學與事分，而專門之工師，永不得儕士林之列，傳之於載籍者與施之於事物者，截然不相謀焉，其弊三也。坐是三弊，通才彌艱，灊瞖之見，積非勝是，由來久矣，海通以來，事變綦會，耳目發皇，瑰奇邁越之士輩出，爭有以自見，其克力埽重規迭襲之陋，上接往古久墜之緒者，余雖蒙鄙，所嘗聞謦欬掎裳袂，蓋亦不可一二數。若夫起自艱貞，獨探遐秘，能如實齋所稱古人之學不遺事物者，則蠖公朱先生爲尤難焉。公以紫陽正脉，毓秀黔南，贈公梓皋先生吾姨丈也，懷靈昀之高行，殉汨羅之遺迹，吾　姨毋傳太夫人銜恤撫孤，督教備至，然　公無意於當時帖括之學，跅弛頗異常兒，既隨　外祖青餘先生歷官中州，弱冠以後，從我　先君文愼公入蜀，縱目山川之雄奧，接席幕府之名賢，衿抱益宏，頭角漸露　先君喜　公駿邁，事無大小，必以咨焉。又　公先娶於陳，茶陵松生先生之嗣女也，軺車之返，多載奇觚，公博覽周咨，所聞彌富。慰親捧檄，爰宦蜀中，監雲陽灘工，緬離堆之舊績，慕石門之勸頌，躬督鎚鑿，不避險艱，其精練工事，發軔於此。改官吳下，入覲帝都，値戊戌維新，海內嚮順，鱗萃闕下，公始聞朝政。歸佐先君改革學校，籌設農場。庚子變作，適丁內艱，公方監稅上海，感邦家之多難，悲風樹之不寧，追念周南顧托之意，近凜滂母立身之訓，篤志奮發，不皇啓處。先君內値樞垣，朝政鼎新，公負知時務名，入都以後，凡所經畫，有若京師譯學館之籌設，有若北洋警察之剏辦，皆垂爲常典。而警政尤草剏艱棘，成效昭灼，廷議嘉之，移於輦轂。按漢家有街室之置，蒙哥制警巡之院，肅淸奸宄，納民軌物，其必自此，而廢弛千年，上下自恣，聞茲新令，往往震驚，公手定規條，身親遊徼，魏絳僇揚干之僕，董令逢帝主之威，見赤棒之尊嚴，返舊章於司隸，雖見疾勢豪，卒以去位，而事下各省，奉爲圭臬，至今蕭規曹隨，猶以北都警察爲稱首，此公通政學之效一也。公嘗東遊扶桑，求殖民之策，歸任蒙邊墾務，將移冠帶之族，化湩酪之風，興安以南，濡水以北；山林未啓，寶藏所萃，倘斯策得行，則上繩秦皇實邊之美，下減漢兵防秋之費，規畫未終，移督津浦鐵路，午貫南北，樞紐江津，自上都以迄海壖，棣通無阻，辛亥更始，遂長交通，入參國務，定幹路國營之策，以攬全局，預擬交達之綫，尤要者凡四，自江寧以達長沙曰寧湘，以溯黔楚上游，以闢豫章腹裏，自大同以達成都曰同成，以避夔巫之險，以奪荊襄之隘，出於其途者可以朝鮮白帝，莫馳紫塞，自浦口以達信陽曰浦信，以疏中蔡舒霍之宮，而輸之江滸，自蘭州以達東海曰隴海，以摎秦隴之天府，而瀋汴洛之隩區，廿載以還，惟隴海獲成東段，思公之功，已成陳迹，此又公通政學之效二也。燕京自會同定鼎以來，移累代文物之重，垂中原制作之休，至元肇業，永樂重光，兼中外之名工，定古今之通製，夫其植槐成市，絲柳被渠，通衢十二，離宮卅六，身毒寶鏡，西域蒲陶，釋曇則鑿石武州，宇文愷則疏渠龍首，葛稚川之記西京，羊衒之之疏洛邑，以視建業偏安，臨安行所，論夫體國經野之謨，創業垂統之意，夐乎遠矣。公受內務部長之任，則發故書，陳策府，諏遺老，集名工，質劉侗景物之略，審德符野獲之編，按竹垞舊聞之記，覈退谷夢餘之錄，別風餘阯，含元舊基，緱燼尚存，按行可識。以爲宣和博古之圖，多殘於龍劫，米家虹月之舫，空羨於人間，宜罄內府之珍秘，以快有識之摩挲，於是有移載熱河行宮古物，庋藏文華武英二殿之舉，又以爲雉兎不往，義乖衆樂，宮殿潛行，空傷野老，斥池陽禁籞之田，闢唐京樂游之苑，可以美風俗，厚民生，於是有開放社壇郊宮以爲公園之舉。又以爲秦皇馳道，隱以金椎，漢儀乘傳，必馳駟馬，經涂洞達，形於孟堅之賦，坊巷齊整，亦載韋述之記，攷之近事，平治道路，臺規部例，並有專條，於是有興修城郊衢路東闢墻墺之舉。又以爲高標層穹，凌雲雙闕，赬壤飛文之制，鮑照所侈談，白樓映日之景，道元所詳寫，庚子之灾，國門夷隊，無以壯觀，於是有改建正陽門樓之舉。又以爲高梁澄滌，作洗馬之池，通惠名渠，唱得寶之曲，郭守敬行水之道，金章宗建橋之區，環繞畿甸，其來已舊，於是有疏濬京畿河道之舉。是以燕京一隅，易世以後，景物逾新，中外爭慕，游屐相接，追思偉績，有餘愛焉，此又 公通政學之效三也，嗣是公嘗以國事未定，任南北議和代表，思息鬩牆之爭，而武將多負固之思，辯士逞縱橫之技，治絲益棼，卒不副願，爰有歷聘三洲之舉，銜持英蕩，躬奉盤匜，驛騎初臨，鳳麟爭識，昔者甘英奉使，空臨紅海之濱，法顯求經，不踰師子之國， 公博稽載籍，周訪名都，烏弋山離，蔚宗之所曾記，白衣大食，杜環之所親經，拂菻記時之表，馳說於唐書，罽賓王面之錢，詳疏於漢傳，阿提拉之突騎，垂西陸新建之邦，成吉思之王廷，會殊方重譯而至，玩條支之大鳥，撫大夏之胡桐，然後知穆滿羣玉之游，必非鑿空，子年拾遺之記，亦異憑虛，種族宜出一源，政教本無殊致，是以安敦之盛治，爲漢士所豔稱，震旦之宗風，亦大秦所遙慕， 公精心默識，秘籥潛闚，挈其長短之效，存其會通之迹，以視子雲之訪輶軒，止於奇字，裴公之志西域，不越傳聞，非其倫矣，歐西人士，爰有關中國學院，刊四庫全書之議，此又 公通政學之效四也，然 公之所以紹墜緒而振來學者，猶不繫乎此，蓋自冬官書亡，疇人職失，制器尚象之方，利用前民之義，爲儒家所不道，學者所弗詳，然猶賴一二哲匠，濬發巧思，張皇幽眇，技進於道，思通乎神，迄今中原文物之美富，猶爲環海士民所稱羨，昔者魯般王爾，能制作而未嘗筆之於書，張衡杜預，能著述而未嘗紀所親驗，惟有宋元祐之六年，大哲李先生明仲，茂挺異才，紹歇絕業，本其天授之魁奇，益以畢生之探討，上導源於舊籍之遺聞，下折衷於目驗之時制，巋然成一家之言，褎然立一朝之典，以有營造法式之纂，此書告成，亦越八百餘年，而後　公於塵封蠹蝕之中，表而出之，以詔當世，公之篤嗜工藝也，肇始童齡，長游四遐，周歷官政，所至尤與引繩正槷之工，握算持籌之賈相周旋，驗其庀事之能，兼致飭材之要，非徒故書雅記，羅於心胸而已，較其身世，差與李君同符，千載相思，益有遙集之雅，有開必先，非偶然也。　公嘗謂明堂茅覆，辟雍水環，經國而先象士，立家而主中霤，佩容刀而觀流泉，揆中星而作楚室，先民卜居之始，乃禮經垂制之原，是曰明禮。又謂山節藻梲，通袞繡之文，反宇重簷，本車輅之象，金莖承露，出燕齊迂怪之談，藻井垂蓮，亦楚越神巫之說，施於宮室，義有本原，是曰攷象。又謂通道褒斜，爰獲隴西之木，取材台栝，方知雁蕩之勝，是曰辨材。又謂睢渙織文，泐於鄭訓，廣漢釦器，見諸班書，梁工有蘘樣之稱，錦官見蜀江之利，近則曲陽世家，專元都琢石之技，吳門匠氏，典明代冬官之職，是曰別地。是以營造之學，通於羣藝，諸如此比，更僕難終，非唯侈技巧之末流，爭暖姝之成見而已。比歲以來，爰就故都闢營造學社，集諸同好，晨宵鑽穴，每有懸解，得其環中，自二次編校李氏法式而外，一有哲匠錄之輯，再有漆書之製，三有女紅傳之艸，四有絲繡錄之訂，五有黄氏燕儿圖計氏園冶之校，六有圓明園文献之編錄，七有明岐陽世家文物之甄輯，海內外聞風馳訊，奉贄請益，騰溢門籍，閫咽戶限，而 公應接不勌，切磋彌勤。綜 公一生，以視實齋所謂古人之學通於事物者，不其誠有合與。余奉教於公者，於茲四十年，當風雨之如晦，守蕪城之宋寥，往事追論，則感深桑海，新知互證，則契喻針磁，茲當覽揆之辰，宜上引觴之頌。凡夫仲遠之官閥，郭令之子孫，徒供鄙俗之欣，無預浮雲之抱，固宜刊落浮藻，屏去陳言。唯夫儒素風規，汗青事業，公之志行，竊所深喻，敢舉所知，撰為茲序。享黄髮之遐祉，竟千秋之偉業，公之事也，國之光也，謹以是頌。

架

營造法式卷三十一所圖十架八架六架四架諸屋側樣十數種，其架即今之步架，十架即今十一檩之屋。惟鄭註儀禮鄉射禮『序則物當棟，堂則物當楣，』謂『是制五架之屋也，正中曰棟，次曰楣，前曰庋，』以今日術語釋之，則爲四步架五檩。鄭註云五架者，以鄉射於榭，榭無房室北堂，極上之梁，承前後楣庋及中央之棟，即今俗稱之五架梁，故就梁言，鄭氏五架之稱，仍與今合。然宋書五行志『晉明帝太寧元年周延自歸王敦，既立宅宇，而所起五間六架，一時躍出墮地，餘桁猶亘柱上，』及新唐書車服志『王公之居不施重栱藻井，三品堂五間九架，門三間五架，五品堂五間五架，門三間兩架，六品七品堂三間五架，庶人四架，而門皆一間兩架，』應以宋法詮釋，蓋梁之短者，無逾於三架梁，以前述門側二架推之，凡所云架，當爲步架無疑。至於架之爲偶數者有棟及脊，奇數者如今捲棚式，脫胎於古代之軒，（見大壯室筆記）又不待言。

大壯室筆記

劉敦楨

兩漢第宅雜觀

自來治禮者每言宮室，然明堂寢廟之制，盖難言矣。按之諸經，王制畿甸與天子三門五門明堂五室九室諸制，參錯岨峿，不能互通，而漢武東巡已不辨明堂結構（史記封禪書上欲治明堂奉高旁，未曉其制度），自是以來，聚訟千載，迄無定論，後賢詮經，轉多歧說，初學每苦紛賾，窮於採擇，非無故也。惟大夫士門寢規制，（第一圖）（第二圖）諸家所說，獨少抵觸，雖北堂東西夾分位，間有出入，揆之全體，無關弘恉。此其故殆因儀禮一經，詳於士禮，而高堂生傳十七篇，出處最明（漢書藝文志及儒林傳，漢興，高堂生傳士禮十七篇，蕭奮以授孟卿，卿授后蒼，蒼校書未央宮曲臺，說禮數萬言，號后氏曲臺記，蒼弟子戴德戴聖慶普三家，並立學官，其後古文間出，亦能合若符節（漢書藝文志，禮古經者，出於魯淹中，及孔氏學十七篇，文相似，多三十九篇），故西漢立之學官，言禮祇儀禮一經，宋以來治禮者亦多以儀禮爲經，禮記爲傳，有由來矣（見皮錫瑞三禮通論）。惟禮者容也，儀禮所言進退揖讓之節，僅限於門堂房室之間，後儒繹經爲圖，其言宅第亦止於門寢二者。然此特大夫士住宅之一部耳，決難概其全體。何者，一家之中，有父子，有兄弟，父子兄弟又各有其配偶，子息繁滋，非東房西室所能容。而廚厠倉廐奴婢之室，又皆生活所需，勢所必具，決難付諸闕如。凡此數者，其配列結構之狀，無關昏喪諸禮，皆十七篇所未言也。故昔儒據禮經釋門寢，其功固不可沒，居今日而治建築歷史，則難舉門寢而忘全局。且住宅者人類居處之所託，上自政治．宗教．學術．風俗，下逮衣服．車馬．器用之微，罔不息息相關，互爲因果。自應上溯原始居住之狀，以窮其源，下及兩漢宅第，以觀其變，旁徵典章器物，以求其會，而實物之印證，尤有俟乎考古發掘之進展，未能故步自封，窺一斑而遺全豹焉。

愚嘗夷考兩漢典籍，求其公卿宅第區布之狀，知與古制略有異同。其異者或因經文簡略，古制不明，或因時代推移，轉增繁縟，其故頗難遽定。然如門堂堦箱及前後堂諸制，每與禮經所說，不期符會。蓋兩漢去周未遠，古制未泯，楚漢之際，尚有車戰（漢書陳勝傳：比至陳，兵車六七百乘，騎千餘，卒數萬人，又見同傳周文西擊秦條，及漢書文帝紀，張武爲車騎將軍，軍渭北條。）其床榻席坐之習（漢書爰盎傳，上幸上林，皇后愼夫人從，其在禁中常同席坐，又

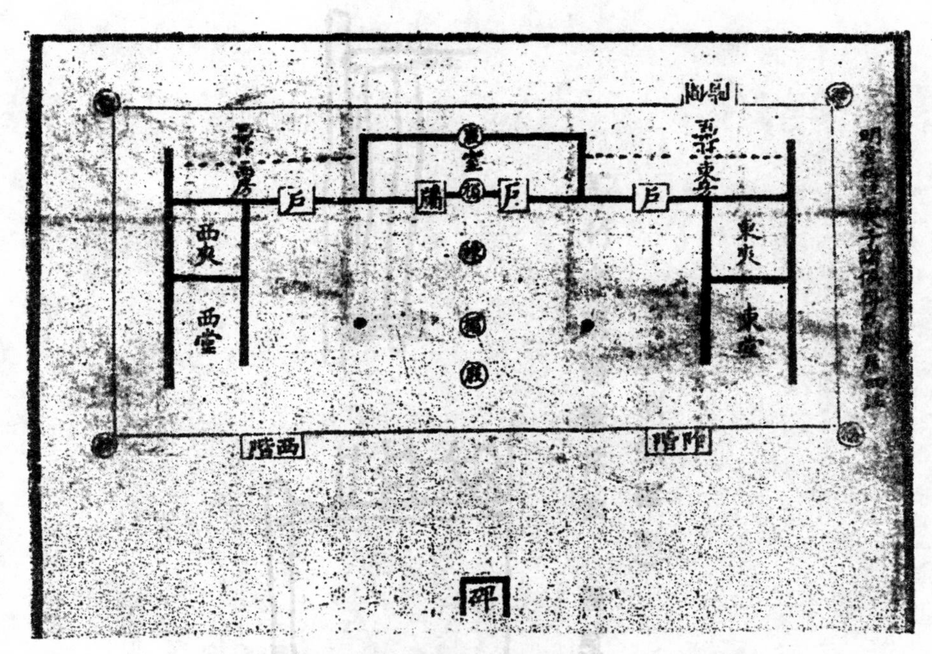

第一圖　天子諸侯左右房圖

（自張皐文儀禮圖重撮）

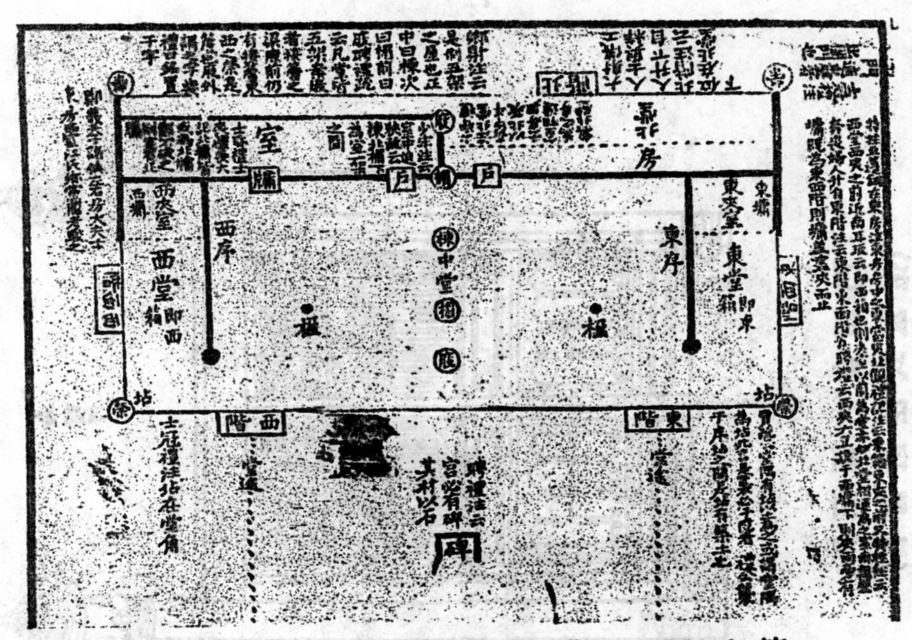

第二圖　鄭氏大夫士東房西室圖

（自張皐文儀禮圖重撮）

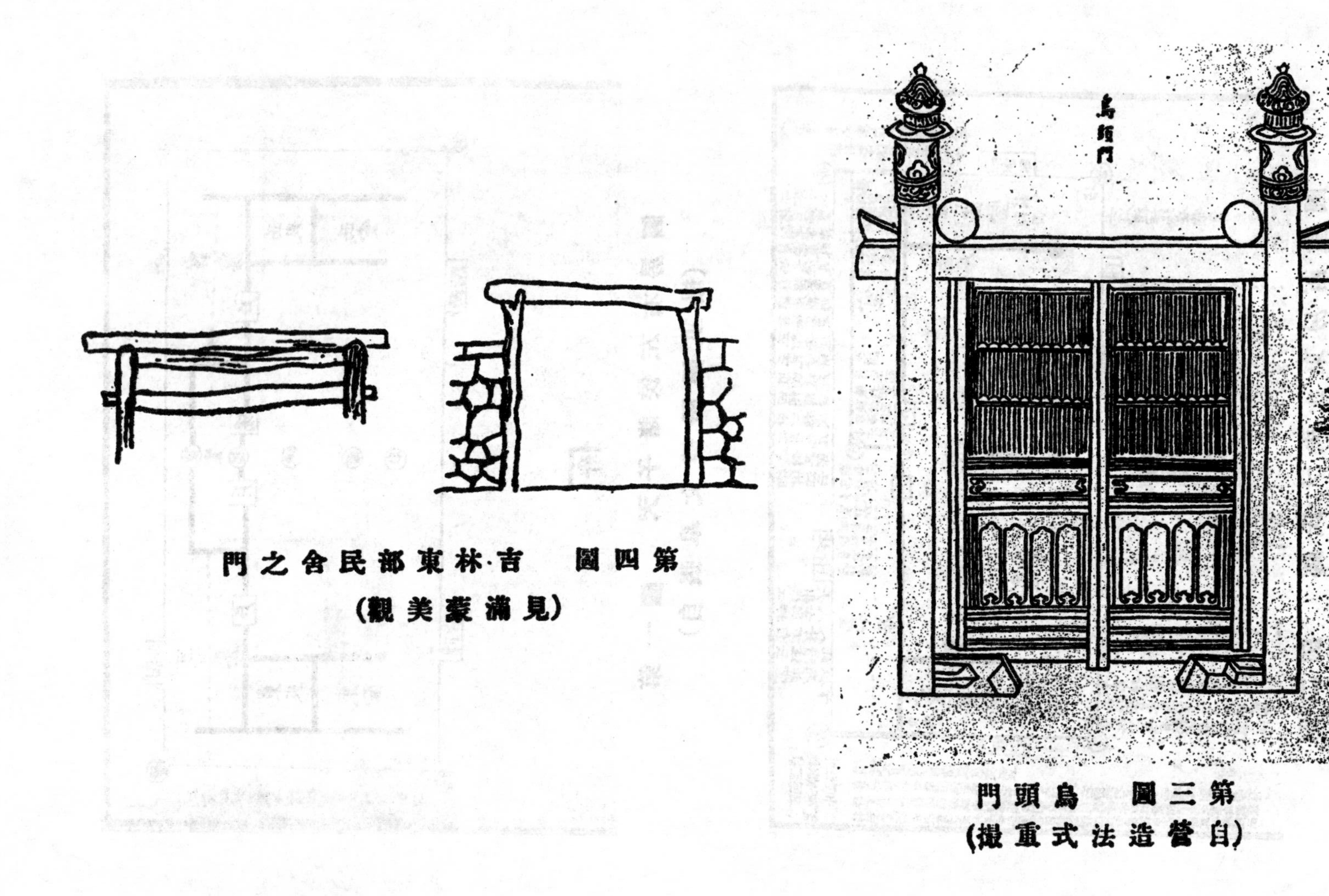

第三圖 烏頭門
(自營造法式重撮)

第四圖 吉林東部民舍之門
(見滿蒙美觀)

見同書霍光傳灌夫傳，史記田蚡傳，後漢書陰皇后紀，又後漢書田栩傳，常於竈北坐板牀上，如是積久，板乃有膝踝足指之處，足徵古人跪坐之習，與東瀛同，實見東鄉爲尊史記絳侯世家，勃不好文，每召諸生說士，東鄉坐而責之，又見同書田蚡傳，漢書蓋寬饒傳，樓護傳，後漢書鄧禹傳，桓榮傳，終漢之世，亦循舊法，故兩漢堂室，猶存周制，乃事所應有。至若西漢宮室，沿用周秦遺物，諸書所載，不一而足長樂宮，本秦興樂宮，見三輔皇圖及長安圖志引關中記，長安記二書，甘泉宮建於始皇二十七年，見史記秦始皇本紀，長楊，宜春，回中諸宮皆秦離宮，見三輔皇圖，又漢書高后紀，元年，趙王宮叢臺災，師古曰，本六國時趙王故臺也，而東漢中葉猶間有存者後漢書五行志，南宮雲臺災，雲臺之災自上起，榱題數百，同時並然，若就縣華燈，夫雲臺者，乃周家之所造也，圖書術籍，珍玩寶怪皆所藏也，又同書公孫述傳，成都郭外有秦時舊倉，述改名白帝倉，乃東漢初期之例，其於營造制作，關係甚巨，自不待言。至鄭司農注禮，取證實物，今讀注疏，往往見其蹤跡禮儀鄉射禮，序則物當棟，堂則物當楣，鄭注曰，是制五架之屋也，正中曰棟，次曰楣，前曰庪，五架之稱，據實物可知。則東漢末期建築，猶未盡變舊法，亦足推知一二也。

漢住宅之陋者，外爲衡門漢書玄成傳，使得自安於衡門之下，師古曰，衡門，橫一木於門上，貧者之居也，衡者橫木，加於兩柱枝枒之間，其制甚簡，殆爲後世閥閱烏頭門之權輿，今奉吉邊陲，猶存斯式冊府元龜，正門閥閱一丈二尺，二柱相去各一丈，柱端安瓦桶，墨染，號爲烏頭染，又宋烏頭門制度，見李氏營造法式卷六，吉省之例，見大隅爲三滿蒙美觀。（第三圖）（第四圖）其屋則鼂錯所謂一堂二內也，漢書鼂錯傳，家有一堂二內門戶之閉，置器物焉，張晏曰，二內二房也。一堂者，平民之居，東西無箱夾，故一以概之。二內者，古之東房西室，位於堂內，故以內稱。是西漢初期民舍配列之狀，謂為禮經大夫士堂室之縮圖，或非過辭。他若白屋之制，賤民所居，似較此更陋一等焉見漢書蕭望之傳。

漢列侯公卿萬戶以上，門當大道者曰第，不滿萬戶，出入里門者曰舍初學記二十四，引魏王奏事曰，出不由里門面大道者曰第，列侯食邑不滿萬戶，不得稱第，其舍在里中，皆不稱第。大第皆具前後堂　若古之前堂後寢　有正門，中門，可通車，一如古制漢書董賢傳，光警戒衣冠，出門待望，見賢車，乃卻入，賢至中門，光入閣，既下車。門有屋曰廡漢書竇嬰傳，所賜金陳廊廡下，師古曰，廊堂下周屋，廡門屋也　可留賓客後漢書梁鴻傳，遂至吳，依大家皋通伯，居廡下；即禮經夾門之塾。（第五圖）門內有庭，次為堂漢書翟宣傳，宣教授諸生滿堂，有狗從外入，齧其中庭羣鴈數十，比驚救之，皆已斷頸，狗走出門，求不知所，又後漢書仇覽傳，妻子有過，輒免冠自責，妻子庭謝，候覽冠，乃敢升堂，堂下周屋曰廊註見前，周庭而設，以接堂廡，若今庭院之狀。

堂之制特高後漢書馬融傳，常坐高堂，施絳紗帳，又同書樊宏傳，其所起廬舍，皆有重堂高閣，有東西堦賓升自西堦，如古之阼堦賓堦漢書蓋寬饒傳，平恩侯許伯入第，丞相御史將軍中二千石皆賀，寬饒不行，許伯請之，乃往，從西堦上，東鄉特坐。堦頗峻，故曰升曰降，明其異於餘屋也

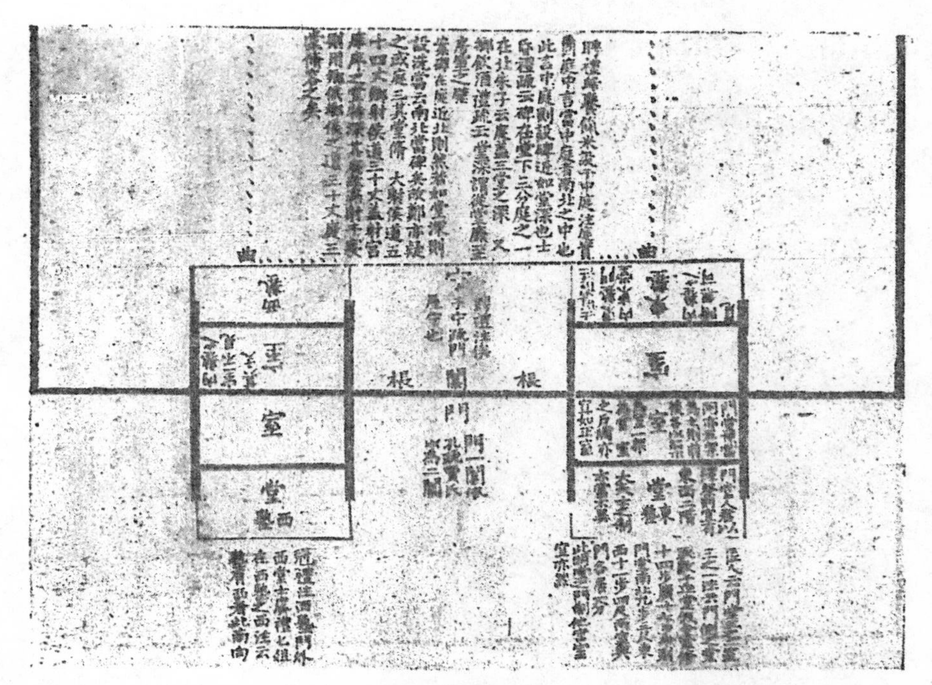

第五圖　鄉氏大夫士門塾圖

(自張皋文儀禮圖重撮)

第六圖　梁安成王蕭表之座

漢書爰盎傳，千金之子不垂堂，師古曰，垂堂謂坐堂外邊，恐墜墮也，又同書朱雲傳，攝齋登堂。堂有戶，不見於三禮漢書趙廣漢傳，廣漢將吏，到家，自立庭下，使長安丞龔奢叩堂戶曉賊曰……即開戶出，下堂叩頭。堂內或有承塵後漢書雷義傳，金主伺義不在，默授金於承塵上，後葺理屋宇，乃得金，釋名曰，承塵，施於上，以承塵土也，或無漢書蓋寬饒傳，寬饒不說，卬屋而嘆曰，卬屋，知無承塵也。其兩側有東西箱漢書楊敞傳，敞夫人遽從東箱謂敞曰，言東明有西也，又有室後漢書馬融傳，弟子以次相傳，鮮有入其室者，又同書吳祐傳，冀起而入室，祐亦逕去，室有東戶西牖，悉與禮經合漢書龔勝傳，使者欲令勝起迎，久立門外，勝稱病篤，為牀室中戶西南牖下，東首加朝服拕紳，使者入戶，西行，南面立，致詔付璽書，師古曰牖窗也，於戶之西，室之南牖下也，而門前置屏，尤有負扆遺意後漢書龐參傳，參到先候之，棠不與言，但以韭一大本，水一盂，置戶屏前，自抱其孫兒伏戶下。其側有便坐，亦曰便室，延賓之所也漢書張禹傳，宣之來也，禹見之於便坐，講論經義，日宴賜食不過一肉，卮酒相對，宣未嘗得至後堂，師古曰，便坐，謂非正寢，在於旁側可以延賓者也，又後漢書彭寵傳，寵齋獨在便室，注，便坐之室非正室也，或即東箱，抑另為一室，則無考焉。又有更衣所，延賓時設之，亦在堂內漢書楊敞傳，延年起至更衣，師古曰，古者延賓必有更衣之所，以楊敞傳推之，似設於西箱，蓋敞傳夫人自東箱語敞，而堂北房室，皆非可置更衣之所也。

前堂之後，有垣區隔內外，其門曰閤漢書董賢傳，賢至中門，光入閤，既下車，乃出拜謁，送迎甚謹。亦曰中閤後漢書呂布傳，卓又使布守中閤，而私與傳婢情通，閤從門從合，謂雙扉也。閤內為後堂，寢居燕見之所也漢書尹翁歸傳，欲屬託邑子二人，令坐後堂待見，又同書張禹傳，身居大第後堂，理絲竹筦絃，……禹將崇入後堂飲食，婦女相對優人筦絃，相對極樂，昏夜乃罷，）有堦曰內堦，又有軒（後漢書延篤傳，夕則消搖內堦，咏詩南軒，）惟堂內區布之狀不明，以意測之，當與前堂略同。第後復有門，曰後閤，若今之後門也（漢書陳遵傳，母乃令從後閤出去。）

漢宅第前後堂可考者，略如前述，其所言門堂戶牖及東西堦術諸制，皆片言隻字，散見行間，非專記建築之文，乃竟與禮經所說，強半符合，足知周漢屋制，初非差異甚巨。然二堂以外，附屬之屋，典籍絕少涉及，其約略可考者，曰精舍，曰樓，其最著者也。

漢代師法最尊，經生授徒，每於前堂爲之（見漢書翟宣傳，及後漢書馬融傳，鄭玄傳，），然宅內亦有另闢精舍者。（後漢書包咸傳，因往東海，立精舍講授，光武即位，乃歸鄉里，又見同書李充傳，劉淑傳。）考其始僅稱講堂（後漢書鮑永傳，孔子闕里，無故荊棘自除，從講堂至於里門，又洛陽太學講堂長十丈廣三丈，見後漢書光武帝紀，）精舍之名似後出，亦稱精廬（後漢書姜肱傳，精廬暫建，贏糧動有千百，注，精廬，講讀之舍，）其位置似在宅之前部，或即前堂之左右。東漢中葉以後，或構樓講學，其制漸侈（後漢書鄭玄傳，會融會集諸生，考論圖緯，聞玄善算，乃召見於樓上。）魏晉以降，佛說猖披，凡沙門所棲，亦稱精舍，非復舊義矣（晉書孝武帝紀，寧康六年正月，帝初奉佛法，立精舍於殿內，引諸沙門以居之。

古宮室崒然高舉者，曰重屋．曰復留．曰重橑．曰臺．曰榭．曰閣．曰觀．曰闕．曰閣，獨無言樓者，蓋山居之民，鑿穴而處，架木爲樓於穴外，以蔽風雨，便升降，若今雲岡諸窟之狀，非宮室所應有。故釋名謂「狹而脩曲曰樓」，云狹，云脩，云曲，明其非常屋也（後漢書馮衍傳，鑿巖石以爲室兮，託高陽以養仙，伏朱樓而四望兮，採三秀之英華，足見內洞外樓之狀。）其施諸宮闕民舍，似在方士神仙之說暢行以後，史記謂仙人好樓居，武帝遂作甘泉前殿與通天莖臺（見史記封禪書），其後復於建章宮建井幹樓（見史記封禪書），樓之見於宮苑，似始於此。而史籍所載，東漢第宅民舍，往往有樓（後漢書橋玄傳，有三人持杖刼執之，入舍登樓，就玄求貨，又見同書黃昌傳，鄭玄傳，侯覽傳，劉表傳，）漢石刻中尤不乏其例（見金石索諸書，及山東圖書館所藏石刻。）自是以後，舊制或爲之稍變，蓋自宅舍構樓，閣道之設，勢必同時俱起（漢書元后傳，鳳大治第室，高廊閣道，連屬相望，又見後漢書呂彊傳，梁冀傳，及本刊第三卷第一期法隆寺與漢六朝建築式樣之關係並補注文中，引 Onorio 博物館所藏漢石刻，左右兩闕分立，中爲樓，連以閣道，）非復曩之僅用於殿闕臺閣之間矣。他若旗亭市樓（西京賦，旗亭五重，俯察百隧，三輔黃圖，市樓皆重屋，又曰旗亭，）乃閣之縮形，雖以樓名，不能納於此類焉。

又秦置郡縣，廢井田，社會經濟組織，漸異往昔。文帝時富民之居，已以文繡被牆（漢書賈誼傳，美者黼繡，是古天子之服，今富人大賈嘉會召客者，以被牆，又曰，帝之身自衣皁綈，而富民牆屋被文繡，）其後外戚貴倖，競營宅第，若董賢梁冀及王氏諸侯，或重殿洞門，柱檻衣以綈錦（見漢書董賢傳），或起土山漸臺，模倣白虎（見漢書元后傳王商條），或赤墀青瑣，立兩市殿（見漢書元后傳王根條），或納陛朱戶（見漢書王莽傳），或飛梁石磴，陵跨水道，採土築山，十里九坂，以象二崤（見後漢書梁冀傳），此皆權臣奢僭，超逾常軌，又非前後常所能限度者也。

他若攷室之禮（漢書奉翼傳，大行考室之禮，）入第之宴（見漢書蓋寬饒傳，）俱兩漢習尚，迄今尚有存者。而陽宅禁忌風水諸說，當時亦已盛行（漢書藝文志有五行家堪輿金匱十四卷，形法家宮宅地形二十卷，又後漢書王景傳，景以爲六經所載，皆有卜筮，作事舉止，質於蓍龜，而衆書錯糅，吉凶相反，乃參紀衆家數術文書，冢宅禁忌，堪輿日向之屬，適於日用者，集爲大衍玄基云，）太史待詔，且有專司廬宅者三人（後漢書百官表太史令注，漢官儀曰，太史待詔三十七人，其六人治曆，三人龜卜，三人廬宅，）史記龜策列傳亦言卜宅，此又治斯學者不能忽視之點也。

兩漢官署

漢制以丞相佐理萬機，無所不統，天子不親政，則專決政務，故其位最尊，體制最隆，丞相謁見天子，御坐爲起，在輿爲下，有疾天子往問見漢書翟方進傳注，其府闢四門後漢書百官志司徒注，應劭曰，丞相舊位在長安時，府有四出門，隨時聽事，頗類宮闕，非官寺常制也。門有闕後漢書百官志太尉注，引蔡质漢儀曰，府開闕，王莽初起大司馬，後纂盜神器，故遂貶去其闕，按漢書百官公卿表，太尉秦官，武帝時改大司馬，金印紫綬，置官屬，祿比丞相，故知丞相府亦有闕也，故無塾見漢官舊儀，其西門則乘輿所從入漢書翟方進傳注，丞相有疾，天子從西門入。門署用梗板，方圓三尺，不堊色，不郭邑，署曰丞相府。見漢官舊儀卷上，無闌，不設鈴，不警鼓，示深大闊遠無節限後漢書百官志司徒注，引荀綽晉百官表注，然亦有門卒，非無備也漢書趙廣漢傳，廣漢使所親信長安人爲丞相府門卒。門內有駐駕廡，停車處也後漢書靈帝紀，公府駐駕廡自壞，注，公府，三公府也，又見同書五行志。有百官朝會殿，國每有大事，天子車駕親幸其殿，與丞相百官決事，應劭謂爲外朝之存者後漢書百官志司徒注，其說甚當。蓋西漢初營長安，蕭何襲秦制，僅置前殿漢書兒寬傳，未央宮獨有前殿曲臺漸臺宣室溫室承明耳，按曲臺說禮處，漸臺在蒼池中，宣室正處，溫室寢殿，承明便殿，見長安志，供元會大朝昏喪之用，而庶政委諸丞相，國有大政，天子就府決之，觀殿西有王侯以下更衣所後漢書百官志注，足爲會朝議政之證。至若丞相聽事之門，以黃塗之，曰黃閤漢舊儀曰，丞相聽事門曰黃閤，不敢洞開朱門，以別於人主，故以黃塗之，謂之黃閤。無鐘鈴，有應閤奴見漢官儀卷上。閤內治事之屋頗高嚴，亦稱殿漢書黃霸傳，男女異路，道不拾遺，及舉孝子弟弟貞婦者為一輩，皆上殿，師古曰，丞相所坐屋也。升殿脫履，漢官舊儀，謂掾見脫履，公立席後答拜，與宮殿同制。有東閤，東向開之，以延賓客漢書朱雲傳，薛宣為丞相，雲往見之，宣備賓主禮，因留雲宿，從容謂雲曰，在田野無事，且留我東閤，可以觀四方奇士。又漢書公孫宏傳，於是起客館，開東閤，以延賢人，師古曰，閤者小門，東向開之，避當廷門，而引賓客，以別於掾吏官屬，其方位，疑在殿東側，如未央前殿之制，漢書五行傳，成帝綏和二年，八月庚申，鄭通里男子王褒，衣絳衣，小冠，帶劍入北司馬門，殿東門，上前殿，師古曰，又入殿之東門也。顧亭林謂門旁設館曰閤，若今官署角門之有迎賓館見顧氏日知錄卷二十三，然丞相府客館創自公孫宏，見前漢書直名為客館，不云閤，且閤者小門，非若門之有塾可居，揆諸古人考工創物之精，命名之審，顧說恐未諦也西京雜記謂公孫宏以布衣為丞相，大開東閤，營客館，招延天下士人，其外曰欽賢之館，次曰翹材之館，又次曰接士之館，凡三館。至兩漢官寺皆有官舍寢堂，以處婚屬後漢書趙岐傳，生于御史台，字曰台卿，又後漢書光武帝紀，光武生于縣舍。其在丞相府者，簡稱府舍漢書趙廣漢傳，疑丞相夫人妒殺之府舍，又董賢傳，詔令賢妻得通引籍殿中，止賢廬，若吏妻子所居官舍又曰相舍見曹參傳，其舍至廣漢書哀帝時，御史府舍百餘區倒塌，御史府如是，丞相府可知也，有閤後漢書黨錮傳，宮起迄至閤，以手撫其背，有庭漢書趙廣漢傳，遂自將吏卒突入丞相府，召其夫人跪庭下受辭，有堂後漢書章帝紀。幸元氏，祠光武顯宗於縣舍正堂，縣舍有堂，相舍可知矣，其後有吏舍以居椽屬漢書曹參傳，相舍後垣近吏舍。

又有客館・馬廄・車庫・奴婢室等，漢書公孫宏傳，自蔡至慶，丞相府客館丘虛而已，至賀屈氂時，壞以爲馬廄車庫奴婢室矣，以東閣推之，似在府之東部，然不能定也。

漢丞相太尉御史大夫稱三公，秩皆萬石漢書百官公卿表，惟史籍僅稱兩府漢書翟方進傳，初除，謁兩府，師古曰，丞相及御史也，無言太尉府者，因漢初太尉時置時廢，成帝綏和後始有官屬故耳。御史府又謂之憲臺見漢官問答引通典卷二十四，在未央宮司馬門內陳樹鏞漢官問答，謂郡國上計吏至京師，御史大夫見上，計守丞長史於司馬門外，以御史府在司馬門內，丞史不可入也，故不鼓，無塾，門署用梓板，不起郭邑漢官儀卷上，與丞相府同，惟門內殿舍之制，悉無攷焉。

漢自武帝元狩間，改太尉爲大司馬，其後成帝改御史大夫爲大司空，哀帝改丞相爲大司徒漢書百官公卿表，光武中興，一仍司徒・司馬・司空・之稱，號三府，俱有殿，而司徒獨有百官朝會殿後漢書百官志司徒注，以司徒即丞相，遵舊制也，但明帝嘗欲爲司徒闢四門，迫於太尉司空，僅爲東西二門見前注，是東漢三府皆僅二門，與西漢稍異。門之分位，疑在百官朝會殿左右，非若後世東西轅門位於官寺之前。蓋漢制天子祀宗廟，入自北門後漢書祭祀志注，太常導皇帝入北門，入丞相府自西門漢書翟方進傳注，及後漢書百官志司徒注，若二門位於府前，則天子入西門，東行折北升殿必北面，殊無解於帝皇南向之尊也。

古者軍旅出征，依帳幕爲官署，故將軍所止曰幕府漢書張放傳，爲侍中中郎將，監平樂屯兵，置幕府，又見霍光傳，傅喜傳。若廷尉，內史，京兆尹，郡守所居，亦皆稱府見漢書兒寬傳，鼂錯傳，趙廣漢傳，嚴延年傳，及後漢書費長房傳。縣治則稱寺漢書何並傳，令騎奴還至寺門，時並爲長陵令。然漢官寺自九卿郡守，迄於縣治郵亭傳舍，外爲聽事，內置官舍，一如古前堂後寢之狀，雖體制或有繁簡，區布之法固無異也。北縣寺前夾植桓表二漢書尹賞傳，瘞寺門桓東，如淳曰，縣所治夾兩旁各一桓，後世二桓之間架木爲門曰桓門，宋避欽宗諱，改曰儀門。門外有更衣所周禮行人掌迓次於舍門外，鄭注，次，如今官府門外更衣所，疏曰，舉漢法以況之，故曰今，又有建鼓，一名植鼓，所以召集號令爲開閉之時漢書何並傳，拔刀剝其建鼓，師古曰，建鼓一名植鼓，建立也，謂植木而旁懸鼓焉，縣有此鼓者，所以召集號令爲開閉之時，官寺發詔書漢書田延年傳，使者召延年詣廷尉，聞鼓聲，自刎死，晉灼曰，使者至司農，司農發詔書，故鳴鼓也，時延年官大司農，及驛傳有軍書急變亦鳴之後漢書光武帝紀，至饒陽，入傳舍，傳吏疑其僞，乃椎鼓數十通，紿言邯鄲將軍至，官屬皆失色，又周禮夏官注，若今時上事變擊鼓，又若今驛馬軍書當急聞者，亦擊此鼓，自兩府外，皆具此制後漢書費長房傳，僞作太守服章，詣府門椎鼓者，知郡守亦有鼓，兩府無鼓詳前。門有塾，雖郵亭亦然後漢書齊武王縯傳，王莽使長安中官署及天下鄉亭，皆畫伯升像於塾，且起射之，注塾門側堂也，又東觀漢記，漢孝爲郎，每告歸，往來嘗白衣步擔過道上鄉亭，但稱書生，寄止於亭門塾。門內有庭，次爲聽事，治事之所也。漢書龔舍傳，使者至縣，請舍，欲令至廷拜授印綬，師古曰，廷謂縣之庭內。郡府之聽事，以黃塗之，曰黃堂後漢書郭丹傳，勑以丹事編署黃堂，以爲後法，注，黃堂太守之廳事，證以丞相府黃閤，知兩漢官寺之色尙黃，與後世稍異。然姬周之世，黃之爲色，日次於蒼禮記，楹，天子丹，諸侯黝堊，大夫蒼，士黈，自兩漢迄於六朝，以黃爲官署之色陳書蕭摩訶傳，舊制三公黃閤聽事置鴟尾，後主特賜摩訶開黃閤，遂啟後代帝皇專用之漸，亦色彩嬗變之一證也。聽事內或編署治蹟見後漢書郭丹傳，或圖形壁上，注其清濁進退，以昭炯戒後漢書郡國志，汝南尹注，應劭引漢官曰，郡府聽事壁諸尹畫贊，肇自建武，迄於陽嘉，注其清濁進退，不隱過，不虛譽，甚得述事之實，後人是瞻，又同書朱穆傳注，穆臨當就道，冀州從事欲爲畫像置聽事上，穆留板書曰，勿畫吾形，以爲重負，忠義之未顯，何形像之足紀也，而法制禁令，亦往往勒之鄉亭後漢書王景傳，遂銘石刻誓，令民知常禁，又訓令蠶織，爲作法制，皆著於鄉亭，足徵政教兼施，有足多者。縣寺之聽事則曰廷後漢書郎顗傳，夜縣印綬於縣廷而遁，又見漢書田儋傳，以傳舍推之，凡聽事皆有東西箱，而堂與東西箱且無區隔後漢書謝夷吾傳，行部始到南陽縣，遇孝章皇帝巡狩，幸魯陽，有詔荊州刺史入傳，錄見囚徒，誡長吏勿廢舊儀，朕將覽焉，上臨西箱南面，夷吾處東箱，分帷隔中央，夷吾所決正一縣三百餘事，事與上合，略似今五間之廳，中央三間爲堂，左右二間爲廂，其間無牆壁之設，視當時宮殿宅第稍異其制，豈其變體歟宮殿之箱，見長安城與未央宮條，詳後。其側有便坐，亞於聽事，接見賓客及椽吏治事之所也漢書文翁傳，常選學官僮子，使在便坐受事，師古曰，便坐別坐可以視事，非正廷也，時翁爲蜀郡太守。聽事之後有垣，其門曰閤後漢書耿純傳，固延請其兄弟皆入，酒閉閤，悉誅之，故知其有垣有閤。閤內爲舍，若第宅之後堂，凡京兆府漢書鄭崇傳，且當閤閤，勿有所問，郡府後漢書朱博傳，於是府丞詣閤，博乃見，縣寺後漢書巴肅傳，縣令見肅，入閤解印綬，亭漢書嚴延年傳，母大驚，便止都亭，不肯入府，延年出至都亭謁母，母閉閤不見，傳舍漢書韓延壽傳，是日移病不聽事，因入臥傳舍，閉閤思過，皆如是。故太守縣令有過，每閉閤自省，亦有藉此激發下僚者漢書何並傳，詡本以孝行爲官，謂掾吏爲師友，有過輒閉閤自責，又見同書韓延壽傳，及後漢書吳祐傳，朱博傳，閤內有庭見漢書兩龔傳，有堂見後漢書章帝紀幸元氏條，有齋舍漢書田延年傳，即閉閤自居齋舍，師古曰，齋讀若齋，有廥見後漢書蘇不韋傳。但亭傳之舍，兼息行旅，非專爲亭長傳吏設也後漢書第五倫傳，倫乃爲止亭舍，陰乘船去，又見漢書黃霸傳，鄉亭之舍，見後漢書郭躬傳。

西漢官寺之在長安者，往往雜處宮中，尚書少府衛尉及光祿黃門無論矣，御史佐丞相總領天下見漢書百官公卿表，及蕭望之傳，其府亦在宮內，而官寺不盡南向，且有東向闢門者漢書鼂錯傳，內史府居太上廟堧中，門東出，不便，皆其特異之點。若亭傳之制，兩漢最稱嚴密，用便郵遞行旅，兼爲門吏鄉官治事之所也。有都亭見史記司馬相如傳，及漢書嚴延年傳等，如後世關廂，可寓處見嚴延年傳，及日知錄。有旗亭蔡質漢舊儀，雒陽二十四街，街一亭，十二城門，門一亭，人謂之旗亭；上有樓以處椽吏見後漢書費長房傳，及三輔黃圖，風俗通。又有鄉亭見後漢書王景傳，郵亭後漢書趙孝傳，欲止郵亭，又見漢舊儀，置卒，掌開閉掃除，逐捕盜賊見漢書高祖紀注。而郵亭必高出道上，樹桓表為標識漢書尹賞傳注，如淳曰，舊亭傳於四角面百步，築土四方，上有屋，屋上有柱，出高丈餘，有大板貫柱四出，名曰桓表。旁有飲食處曰廚漢書王莽傳，不持者，廚傳勿舍，師古曰，廚道旁飲食處，傳謂驛之舍。得蓄雞豚見漢書黃霸傳。有舍，可停宿漢書黃霸傳，吏出不敢舍郵亭，又見後漢書劉寵傳，趙孝傳，第五倫傳，又有獄見漢官問答引閻百詩曰，詩宜岸宜獄，陸曰鄉亭之繫曰岸。有樓漢書匈奴傳，單于得欲刺之，尉吏知漢謀，乃下，師古曰，尉吏在亭樓上，旁欲以矛戟刺之，懼，乃自下，以謀告，又見後漢書王忳傳。其附近有民居如鎮集，故東漢封功臣為亭侯。而邊徼之亭，共烽燧後漢書光武帝紀，築亭候，修烽燧，漢書音義曰，作高土臺，設桔皋，端懸兜零，實草其中，有急燃之曰烽，燔積薪曰燧，有類城堡，故曰亭障漢書匈奴傳，見畜滿野而無人牧者，怪之，乃攻亭，又見同書息夫躬傳，及後漢書公孫瓚傳，亭障之名，見漢書匈奴西域諸傳。但吳越有以竹為亭椽者後漢書蔡邕傳注，邕告吳人曰，吾昔嘗經會稽高遷亭，見屋椽竹，東間第十六可以為笛，則又因地制宜，繁簡不拘一格矣。他若傳舍可止宿見漢書龔勝傳，酈食其傳，及後漢書任光，耿純，劉玄，鮑永，桓曄，陳寔，范滂，等傳，供飲食後漢書光武帝紀，至饒陽，傳吏方進食，有獄漢書灌夫傳，蚡乃戲騎縛夫置傳舍，召長吏曰，一如亭制。緣古者十里有廬，廬有飲食，三十里有宿，宿有路室見周禮地官遺人。漢襲秦制，十里一亭，十亭一鄉（見漢書百官公卿表），三十里一傳（後漢書輿服志，驛馬三十里一置）。雖亭主察奸而傳供驛遞，然二者皆供行旅舍息，而傳舍亦可聽訟（見後漢書謝夷吾傳），名謂雖殊，功用實一也。至兩漢官署上自丞相府下迄傳舍，遍布國內，數目繁夥，良難算計，宜其敗壞不可問矣。然漢制修治官寺鄉亭，著爲令典，不勝任者先自劾，其循名覈實，有非後人所可幾及者（後漢書百官志司徒注，引哀帝光壽二年詔，官寺鄉亭漏敗，墻垣弛壞不治，且無辨護者，不勝任，先自劾）。顧亭林謂「古人所以百廢具舉者以此」又謂「後世取州縣之財，纖毫盡歸之於上，吏民交困，遂無修舉之資」（日知錄卷十二），誠洞察微隱，慨乎言之者矣。

兩漢道路 附渴烏噴水

古代道路之制，據周禮遂人治野，有徑·畛·涂·道·路·五等，鄭注謂「徑容牛車，畛容大車，涂容乘車一軌，道容二軌，路容三軌，」皆所以通車徒於國都也（見周禮地官司徒）。其道側植木，則司險掌設五溝五涂，而樹之林，以爲阻固，蓋植林爲藩落，有變據以爲守（見周禮夏官司險），非僅以蔭行人，増美觀也。然始皇爲馳道，植以靑松，三丈而樹（漢書賈山傳，始皇極馳道於天下

（，東窮燕齊，南極吳楚，江湖之上，瀕海之觀畢至，道廣五十步，三丈而樹，厚築其外，隱以金椎，樹以青松，）已非軍事施設。西漢之初，沿秦之舊，馳道猶存。惟漢制諸使有制得行馳道中者，行旁道，無得行中央三丈（漢書鮑宣傳如淳注），不如令，設入其車馬（漢書翟方進傳江充傳），則中央三丈外，益以兩側馳車之道，其闊度或稍狹於秦馳道矣。至若漢長安洛陽大道，皆具三涂（張衡西京賦，參塗夷庭，又見三輔皇圖及御覽引陸機洛陽記），中央為御道，兩側築土牆，高四尺，唯公卿尚書章服從中道，餘左入右出，可並列車軌（見三輔皇圖及御覽引洛陽記），班氏西都賦謂，披三條之廣路是也。道側有溝（漢書劉屈氂傳，死者數萬人血流入溝，師古曰，溝，街衢之旁通水者也），有樹（三輔皇圖謂隱以金椎，周以林木），其樹則棗椅桐梓（後漢書百官志，將作大匠掌修作宗廟路寢宮室陵園土木之功，並樹桐梓之類，列於道側，注引漢官篇曰，樹栗椅桐梓，胡廣曰，四者木名．治宮室幷主之），及榆槐（御覽引洛陽記，夾道種植榆槐），楊（三輔皇圖曰，長安御溝謂之楊溝，謂植高楊於其上也），蓋列樹以表道，且為林囿。惟宮室結構必求巨木，此數者唯梓稱良材，而巨者頗難得，餘咸非棟梁之任。意者棗質堅韌，宜於雕飾及製車轂，桐椅不生蟲蠹，宜於樂器家具車輪，而榆槐楊三者長成頗速，俱北方常材，可供小式建築之用者也。

漢道路立表標名（漢書原涉傳，買地開道，立表曰南陽阡），且有灑水之制。據後漢書張讓傳，『畢嵐作翻車渴烏注，翻車，設機車以引水，渴烏，爲曲筒以氣引水上也，施於橋西，用灑南北郊路，省百姓灑道之費，』則其始郊道灑水，必由庶衆任之，可以想見。惟渴烏之義不明，或狀其形，或倣吸水之音，頗難遽定，其云爲曲筒以氣引水上升，必爲 Siphon 作用之抽水機無疑，顧史文簡略，不能詳其構造，且無圖釋，致此器失傳，殊足惜耳。按靈帝中平三年，與翻車渴烏同時製作者，尙有天祿蝦蟇，吐水平門外，見後漢書靈帝紀，及張讓傳，似卽今之噴水，其製作同出掖庭令畢嵐，卽桓靈間操持國柄之十二常侍之一，但諸器果係畢氏所發明，抑其法傳自西域諸國？尙屬不明。說者謂東漢元會陳百戲，其魚龍曼延卽水戲之一後漢書安帝紀，罷魚龍曼延百戲，注引漢官典職曰，舍利之獸，從西方來，戲於庭，入前殿，激水化成比目魚，噈水作霧化成黃龍，長八丈，出水遨遊於庭，炫耀日光，又見同書禮儀志朝會注，而諸戲多西南夷朝貢所獻，不無蛛絲馬跡可尋，攷漢武時，安息獻黎軒眩人見史記大宛列傳，安帝永寧間，撣國又貢大秦幻人後漢書安帝紀，及西南夷列傳，黎軒卽海西，亦卽大秦見後漢書西域傳，明末利馬竇等東來，言大秦卽羅馬，近法人伯希和引那先比丘經「我本生大秦國，國名阿荔散，」疑爲埃及之亞歷山大城見馮承鈞譯史地叢考，故大秦地點迄無定說，而史籍僅言吞刀吐火支解跳丸諸術，未及水戲，似尙待廣搜佐證加以論定耳。

東漢六朝間，每以蝦蟇爲雕飾，除前述平門噴水外，或以承溜水經注，漢張伯雅墓內池沼，皆蟾蜍石隍承溜，或以載墓表，如後世碑下之贔屭第六圖係梁安成王蕭秀墓表，在今南京東北三十里甘家巷，而苗族銅鼓釜上，亦鑄蝦蟇爲飾，且有大小重疊三枚者，足窺古代習尙。因平門噴水之例，故竝及之。

方

凡土作計掘土填土者曰方，方者深一尺，廣袤各一丈，依體積言，適爲百立方尺，而泥木彩畫諸作，亦以面積折方爲單位 清代自內庭工部下及全國，無不如是也。攷漢書張湯傳方中注，顏師古曰，「古謂掘地爲坑曰方，今荆楚俗，土功築作，算程課者，猶以方計之」其云古掘坑爲方，雖未舉其出處，惟師古唐人，據所引荆楚之俗，則唐時已有此稱，且築作分築基．築墻．二類；其施諸墻壁，必又有面積折方之法矣。

漢長安城及未央宮

漢長安位渭水南，與秦咸陽遙對，本秦之離宮，漢興，蕭何初繕長樂長樂宮本秦之興樂宮，見三輔皇圖，漢書高帝紀，五年九月治長樂宮，叔孫通傳，漢七年長樂宮成，）嗣營未央（漢書高帝紀，七年蕭何治未央宮，立東闕北闕……，）其城極狹（見三輔皇圖。）惠帝元年三年五年凡四度築城，五年秋始成（三輔皇圖及長安志，謂惠帝元年正月城長安，三年春發長安六百里內，男女十四萬六千人，城長安三十日罷，六月發諸侯王列侯徒隸二萬人，常役至五年正月，復發長安一百里內男女十四萬五千人，城長安三十日罷，九月復作，城成。）城高三丈五尺，雉高三版，下闊一丈五尺，上闊九尺（三輔皇圖。）周六十里，占地九百七十三頃（漢官舊儀。）外繞以池，廣三丈，深二丈，闕門十二，每面三門（三輔皇圖。）

長安有斗城之稱，以南側似南斗，而北側類北斗（見宋宋敏求長安志引周地圖記），一反匠人營國方九里之制，求之歷代京邑，僅藝祖初營汴京及洪武南京，亦作不規則之形耳，然按之事理，亦非有意爲之，蓋蕭何初營長樂未央，據崗丘之勢（三輔皇圖謂因龍首山以制未央前殿）就秦離宮增補之，其後惠帝築城，不惜委折遷就，包二宮於內（李好問謂西南二方凸出處，正當長樂未央，）好事者遂有南斗之稱，其北城濱渭，若作方城，西北隅必當渭之中流，故順河流之勢，或出折迂迴之狀，亦非盡類北斗也，（第七圖），

長安有九市．百六十里．八街．九陌（三輔皇圖。）街有亭，里有門（說文里門曰閭，漢書于定國傳，少高大門閭，令容駟道高蓋車，

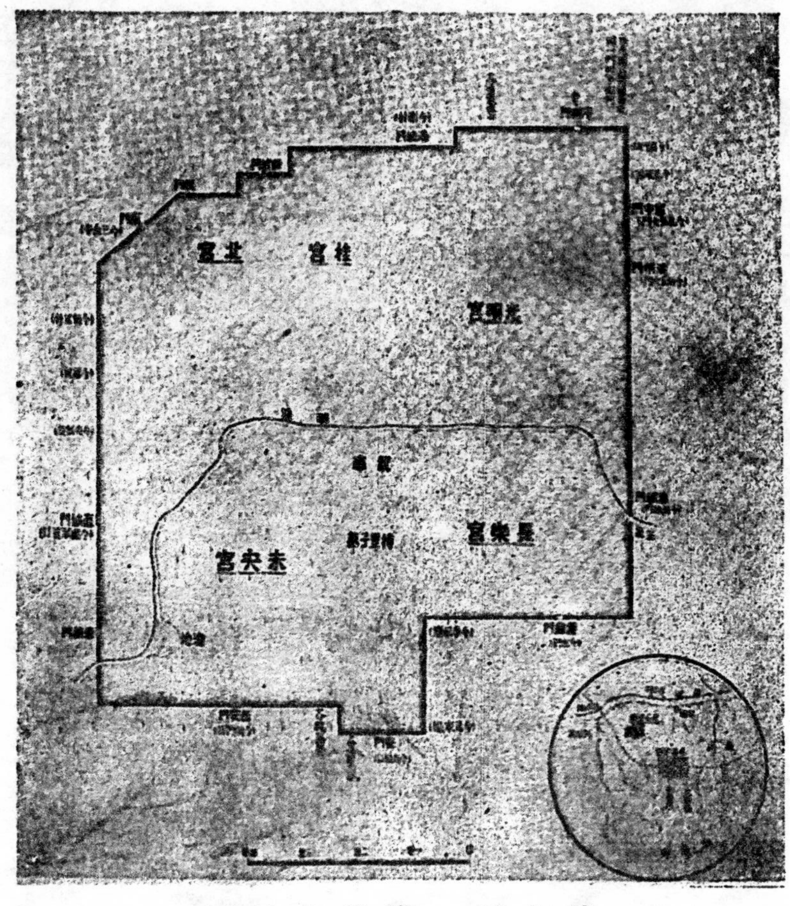

第七圖　漢長安城圖
(自歷史博物館借撮)

第八圖　朝鮮景福宮集玉齋之廊
(自朝鮮古蹟圖譜重撮)

33259

有彈室，彈檢一里之民（周禮地官里宰注），所以辨姦宄察出入也。市方二百六十步，六市在道西，三市在道東，市樓皆重屋，有旗亭令署，以察商賈貨財買賣貿易之事，三輔都尉掌之（三輔黃圖）。若古之司市掌市之治教政刑量度禁令（周禮地官司徒），張衡西京賦謂旗亭重立，俯察百隧是也。惟長安地闊人稀，平帝時僅八萬戶二十四萬餘口（漢書地理志京兆尹長安注），高惠之際，當更少於此數，故其道衢里市頗稱宏闊，而漢初公卿田宅得求窮僻處（漢書蕭何傳），不乏城市山林之趣。至若諸宮散布城中，宮闕之間，並有居民雜處，未遵禮經均衡對稱之法，亦未若後代之有皇城宮城區分內外，釐然不紊，殆漢初兵革未除，蕭何因陋就簡，營繕宮室，未及籌劃全局，惠帝城城，又爲地勢所限，成此變態耳。其後隋文帝以爲不便，於長安西南另築新城，立外城、皇城、宮城三重，外城列市坊以處商民，皇城之內，惟置臺省府寺，規制謹嚴，公私內外皆以爲便（見長安志圖），後世都邑，雖間有參差，大都遠紹禮經，折衷隋制，一以整齊劃一爲歸，故西漢之長安，不能不謂爲歷代都邑中之變體也，

西漢宮闕之在長安內者，有長樂、未央、長信、明光、桂、北、六宮，漢初高祖常徙長樂，後太后亦常居之，史籍謂東朝者是也（漢書灌夫傳，東朝韋昭辨之，如淳曰，東朝太后常居之，又見叔孫通傳）。其自惠帝紀

於平帝，皆居未央三輔黃圖，故未央爲漢之正宮。高祖七年，蕭何初立未央東闕，北闕，前殿，武庫見漢書高帝紀，及天祿，麒麟長安志引漢宮殿疏，天祿閣麒麟閣，蕭何造，以藏秘書，石渠等閣三輔黃圖謂石渠閣蕭何造，其下礱石爲渠以導水，若今御溝，因以閣名，所藏入關所得秦之圖籍，至於成帝，又於此藏秘書焉，惠帝時有凌室織室漢書惠帝紀，文帝時有曲臺．漸臺．宣室．溫室．承明漢書翼奉傳，孝文皇帝躬行節儉，外省繇役，其時未有甘泉建章及上林中諸離宮館也，未央宮又無高門武臺麒麟鳳凰白虎玉華金華之殿，獨有前殿曲臺漸臺宣室溫室承明耳，其後武帝建柏梁臺漢書武帝紀，元鼎二年春起柏梁臺，及高門武臺二殿見三輔黃圖。而金馬．白虎．長秋．青瑣．諸門，漪蘭．清涼．白虎．玉堂．金華．麒麟．長年．椒房．鳳凰．諸殿，及昭陽．增城．椒風．諸舍，雖未詳其建造年代，要爲惠帝以後，逐漸增築，非酇侯初建時所有也。至其配列之狀，典籍多未言及，其約略可知者，則東北二闕內各有司馬門漢書五行志，王莽入北司馬門，又成帝紀，未央宮東司馬門災，蓋宮垣之內，兵衞所在，司馬主武事，故以爲名。門闕之間有衡馬裏樹漢書宣帝紀，鸞鳳集長樂東闕中樹上，張晏曰，門外闕內衡馬之裏樹也，因長樂有此制，推未央亦如是也。宮中之殿皆有門，曰殿門漢書叔孫通傳，及成帝紀，以朱塗之漢舊儀，其戶有銅鍰鋪首漢書五行志中之上，亦有以青瑣爲飾長安志有青瑣門，後漢書百官志注，青瑣，戶邊青鏤也。小門曰闥，塗以黃，曰黃闥後漢書百官志注。

其前殿則爲漢之大朝，有端門，殿正門也漢書文帝入未央宮，有謁者十人持戟衛端門，師古曰，殿之正門也。殿東有宣明廣明二殿，西有昆德玉堂二殿三輔皇圖，又有白虎殿，亦在殿西，成帝曾朝單于於此漢書王根傳，疑爲外臣朝覲之所也。前殿之北，有石渠天祿二閣，皆藏秘笈長安志引三輔故事。內庭則宣室殿爲漢諸帝之正寢漢書武帝竇太主置酒宣室，東方朔曰，宣室先帝之正處也，又見賈誼傳，蘇林注，依前殿後寢之制，當在前殿之北。又有溫室清涼二殿見三輔皇圖，又見漢書霍光傳，太后還，乘輦欲歸溫室。而椒房殿皇后所居漢書外戚傳，顏注，漪蘭殿漢武故事，王夫人生武帝於此，昭陽舍漢書趙昭儀居昭陽舍，增城舍漢書班倢伃居增城舍，椒風舍漢書董賢女弟爲昭儀，名其舍爲椒風，以配椒房，掖庭漢官儀謂倢伃以下皆居掖庭，皆妃嬪所處，劉子駿謂繁華窈窕之樓宿見西京雜記，均當屬之內庭也。其柏梁臺則在北闕內道西長安志引廟記，漸臺在前殿西南蒼池中漢書鄧通傳，顏師古注，武庫在宮東南見長安志。惟曲臺·金華曲臺說禮，金華說書，見漢書儒林傳，及張禹傳·承明著述之庭，見班固西都賦，蘭臺圖籍所藏，見漢書百官表，麒麟宣帝圖畫功臣像於此，見漢書蘇武傳，金馬金馬門，宦者署名，見史記，青瑣·長年·神仙·飛羽·敬法·鳳凰·晏昵·合歡·武臺·承明·諸門殿，與御史·少府·諸官署，及凌室·織室·暴室·周廬·馬廐·等，其分位悉無可考，而漢制宮中有殿中廬漢書董賢傳，及外戚傳，許皇后條，供臣工止宿，其數亦當不少，故未央宮之範圍，極爲遼闊，可斷言焉。顧自來文人所述，每多抵觸，如西京雜記謂「宮周二十二里九十五步，臺殿四十三，門闥九十有五，」皇圖言「周二十八里，」關中記謂「周三十二里，臺三十有二，殿門八十一，掖門十四」除殿門掖門，適符西京雜記所載，餘皆差違甚巨，頗難引以爲據。惟未央諸殿多藉土山爲基，素以崔嵬見稱，雖時逾千載，臺殿樓閣化爲烟雨，淪爲壓壤，而故址猶有存者。異日發掘測量，或能追溯一二，補典籍之不備，亦非事理所絕不可能歟？

未央殿闕配列之狀，如前節所述，捃拾叢殘，難明眞相。然諸書所載略可徵信者，或遵守周秦遺法，或出當時獨創，多與建築史料有關。如宮周二十里，闢掖門十餘所御覽漢制內至禁者爲殿門，外出大道爲掖門，而蕭何僅立北闕東闕，自餘典籍亦未言西南有闕者，殊爲莫解，致西漢寢廟漢書五行志，永光四年孝宣杜陵園東闕南方災，鴻嘉三年，孝景廟北闕災，永始元年，戾后園南闕災，又高后紀五年，城長陵，爲殿垣門四出，丞相府見兩漢官署條，皆具四闕，顏師古謂未央獨異其制，且以北闕爲朝謁正門，疑與厭勝有關漢書高帝紀五年，蕭何治未央宮，師古曰，未央殿雖南嚮，而上書奏事謁見之徒，皆詣北闕，公車司馬亦在北焉，則以北闕爲正門，而又有東門東闕，至於西南兩面無門闕矣，蓋蕭何初立未央宮，以厭勝之術理宜然乎。蓋者，古代迷信之習甚深殷周筮卜盛行，史記且爲日者龜卜立傳，又高祖時，長安置官女巫有梁巫晉巫秦巫荆巫九天巫河巫南山巫數種，見漢書郊祀志上，而漢初術士每尊東北，謂東北神明之舍，西方神明之墓，其八神之祀，七曰日，八曰四時，以迎日及歲首所在，亦主東北（漢書郊祀志上），故顏氏之說，雖尚待疏證，然亦非全無所據者也。若西漢奏事，（漢書昭帝紀，張延年館北闕，自稱衛太子，）旌功（漢書武帝紀，元封元年，遣使者告單于曰，南越王頭已縣於漢北闕矣，又傅介子傳，斬樓蘭王安歸首，縣之北闕，又見西域傳，鄯善國條，）皆於北闕為之。公卿第宅，亦有東第（史記司馬相如傳，位為通侯，居列東第），北第，如管子仕者近宮之說，然以北第為最尊（漢書夏侯嬰傳，乃賜嬰北第，第一，曰近我，以尊異之，師古曰，北第者近北闕之第，嬰最第一也，又張衡西京賦，北闕甲第，當道直啟。）第門向北闕者大不敬（見漢書董賢傳。）則北闕為未央宮正門，亦事有可信者矣。按歷代離宮別館，不乏西北二向闕門，如唐之興聖、翠微等宮，其例不遑枚舉、獨大朝正殿及宮城魏闕，無不南向，漢之未央前殿，如叔孫通傳所云，亦南向之一，未乖常制，則其臣工朝謁奏事，入北闕南行，復自南折北，逌赴前殿，途徑迂迴，大背皇居莊嚴之指，實開數千年未有之端也。

漢諸宮皆有前殿，一如史記載秦阿房前殿之例，獨無禮經外朝·治朝·燕朝·之法，其事尤為怪異。愚嘗攷未央前殿僅供元會大朝及婚喪即位諸大典之川，其庶政委諸丞相，故以丞相府為外朝（見兩漢官署條，）大司馬·左右前後將軍·侍中·常侍·散騎·諸吏為內朝（漢書劉輔傳，孟康注，）亦曰中朝。蓋文帝時未央僅有前殿，曲臺·漸臺·宣室·溫室·承明數者（見漢書翼奉傳。）而曲臺者后蒼說禮之處，漸臺在蒼池中，王莽死於是。宣室溫室屬內庭，獨承明為便殿，即上官太后廢昌邑王處，在金馬門內，（見漢書霍光傳及外戚傳）然非居未央前殿之後，如古制三朝之銜接相承也。竊意楚漢之際，天下洶洶未定，蕭何營前殿，已遭高祖責難，必無餘力一一追模舊法。且高祖素惡儒生，其時僅一叔孫通依違其間，而六經未出，古制荒湮，蕭何故秦吏也，長安故秦離宮也，西京目覩阿房也，當時經營，或以秦宮為範。故未央有前殿，如阿房前殿甘泉前殿之稱，且云前殿，必有後殿，故又以宣室為正殿，（見前注）降及東漢南宮，猶有玉堂前殿玉堂後殿，（後漢書順帝紀及靈帝紀）顯然猶襲秦制也。其後隋文帝另營長安，追紹禮經，以承天門為大朝，大興・兩儀・二殿為常朝日朝，而唐營東內，建含元・宣德・紫宸・三殿，其制益備。宋藝祖營汴京，取則唐之東京，設大慶・文德・紫宸・三殿。洪武光復華夏，刻意復古，其南京之奉天・華蓋・謹身・三殿，亦即三朝遺意。永樂北遷，規模益宏，而三朝之制，沿襲未替，即清之太和・中和・保和・三殿。故愚嘗謂隋唐宋明清五代之外廷配置，同受禮經支配，截然自成一系。而隋文帝者，又為此式復興之張本人，在建築史中所處地位，頗為重要。惟西漢承周秦之後，未遵禮經三朝銜接之法，豈諸經遭秦火之厄，出自山巖屋壁，脫譌滋多，不足盡信，抑秦僻處西陲，其宮室配列與周制稍異其趣耶？此均重要問題，亟待疏論，而在史證缺乏之今日，又非可急遽解決者也。

古宮室基座之高者無如臺榭，然臺榭屬諸苑囿，其高巨逾恒者，每斥為奢放，亦不常見。如桀營夏臺，紂建鹿臺、苑臺，若堂殿之基，非盡崇偉也。禮記天子之堂九尺，諸侯七尺，大夫五尺，士三尺。惟周中世以降，彫牆之習，累土之功，日趨華靡，若趙之叢臺，連聚非一，故以叢名，見漢書高后紀顏師古注，而燕故都遺址，巍然留存者，今猶三十餘所，似周末殿基多如是，又不僅限於臺榭矣。其後始皇混一宇內，崇宮室以威四海，其阿房前殿之基，下可建五丈旗，見史記始皇本紀，而西漢宮闕，亦競尚巍峩，渺若仙居。元李好問謂「予至長安，親見漢宮故址，皆因高為基，突兀峻峙，崒然山出，如未央神明井幹之基皆然，望之使人神志不覺森竦，使當時樓觀在上，又當如何？」又云「漢臺殿城闕皆栽土山為之，是以高大數千年不圮。」由是而言，張班諸賦及稗官野乘所言，雖稍失之誇大，然漢尺視今尺略短據吳大澂秦漢權衡度量實驗考，藏漢慮傂銅尺合0.284公尺，自平地起算，含臺基於內，則所述恐非盡屬虛妄也。至酇侯營未央諸殿，因山為基宋氏長安志引三秦記，疏龍首山為殿，殿址不假版築，自屬事半功倍，顧亦循襲舊法，非出創製史記始皇本紀，表南山之嶺以為闕。其後石虎營太武殿，下置伏室衛士晉書石季龍傳，太武殿基高二丈八尺，以文石砕之，下穿伏室，置衛士五百人於其中，則平地為台，避累土之煩，巧事利川者矣。他若閣道之設，因臺而生，殆無疑義。蓋閣者擱也，險絕之地，傍山鑿巖，以木支擱為道，故棧道亦名閣道，（史記高祖紀，去輒燒絕棧道，索隱曰，棧道閣道也。）其後臺殿崔巍，架木為道以通車，其制當仿自棧道。而架下空虛，仍可通行，上下有道，又有複道之稱（史記留侯世家，上在雒陽南宮，從複道望見諸將，韋昭曰，閣道也。）故閣道之皆通者，必為木構。有柱，有梁，其上擱板如津梁，兩側有窗（後漢書何進傳，尚書盧植執戈於閣道窗下，仰數段珪，段珪等懼，乃釋太后，太后投閣得免，）亦有室，曰閣室（漢書霍光傳，具祠閣室中，如淳曰，閣室，閣道之有室者，）有屋蓋，故與高廊並稱（漢書元后傳，高廊閣道，連屬彌望，）外塗以紫，又名紫房複道（漢書孔光傳，北宮有紫房複道，通未央宮。）其狀或如今黔湘間之橋，甍宇連屬，亘若長虹。不僅殿閣間之交通，唯此是賴，漢世長安諸宮，亦皆聯以閣道，潛通內外（張衡西京賦）其巨者且超踰城墉，自未央直達建章（班固西都賦，修除飛閣，自未央而連桂宮，北彌明光而亘長樂，陵磴道而超西墉，提建章而連外屬。）惟後世臺基之制漸低，閣道遂歸廢棄，今朝鮮宮殿中猶有架空之廊，連屬殿舍間，或其流裔歟？（第八圖）

我國宮殿之結構，係聚合多數之殿，均衡排列，連以閣道，繞以櫚廊，區以牆垣，雖外觀複雜峻層，而結構原則則極簡單，蓋同以殿為單位故也。未央宮殿之區布結構交通，已略如前述，若其前殿之狀，則外有殿門，（顏師古謂即端門見前述殿正門注。）門內有庭（漢書叔孫通傳，漢七年，長樂宮成，諸侯羣臣朝十月儀，先平明，謁者治禮，引以次入殿門，庭中陳車騎，戍卒衛官，設兵，張旗志，其面積至廣後漢書禮儀志歲首大朝注，引蔡質漢儀曰，正月旦，天子幸德陽殿，臨軒，…德陽殿周旋容萬人，因東漢正朝之德陽殿，惟未央前殿如是也，置鐘虡後漢書董卓傳，悉取洛陽及長安銅人鐘虡，注曰，鐘虡以銅爲之，故賈山上書云，懸石鑄鐘虡，又順帝紀，迎濟陰王於德陽殿西鐘下，按賈山西漢人，以德陽殿推之，亦知有鐘虡，設中道，僅乘輿及令使司隸校尉得行之後漢書百官志司隸校尉注，引蔡質漢官曰，入宮開中道，稱使者，朝會陳車騎，設兵，張旗志，功臣列侯諸將軍陳西方，東鄉，文官丞相陳東方，西鄉漢書叔孫通傳，其北則爲前殿，漢之大朝正殿也。殿居庭中，故又有東庭西庭後漢書靈帝紀，有黑氣墮北宮溫明殿東庭中，以東漢諸制遵西漢舊規，故推其如是。其四周有垣，亦曰閣漢書王莽傳，烈風毀王路西廂及後閣、東僵蘗東閣，閣即東永巷之西垣也，有東門漢書五行志成帝綏和二年，鄭通里男子王褒，入殿東門，上前殿，師古曰，入殿之東門也，後闥後漢書張步傳，即帶劍至宣德後闥，注，未央宮有宣德殿，闥，宮中門也，以宣德推前殿如是，其西側亦當有門漢書王商傳，單于來朝，引見白虎殿，丞相商坐未央庭中，單于前拜謁商，師古曰，單于將見天子，而經未央庭中過也，按漢書元后傳，土山漸臺西白虎，則白虎在前殿西，有門可知，又後漢書桓帝紀，德陽殿西閤黃門北寺火，閤，門也，而前殿必非孤立庭中，其前後左右當有殿閣擁簇，如今清宮太和殿之狀，皇圖謂東有宣明廣明二殿，西有昆德玉堂二殿，或俱在周垣之內，亦難度知。又以東漢之例推之，殿閣間或有廊廡聯絡後漢書馬援傳注，時上在宣德殿南廡下，南廡，殿南之門側廊屋也，此前殿周圍情況略可推知者也。

殿之基有二，下曰墳陛，上曰階。未央諸宮皆繳土山爲基，壇必此高，其表面或如東漢德陽殿以石飾之（後漢書禮儀志首大朝注，德陽殿陛高二丈，皆文石作壇。）壇之角石曰隅，側石曰廉（儀禮鄉飲酒，設席於堂廉東上，鄭注側邊曰廉，又漢書賈誼傳，廉遠地則堂高，師古曰，側隅也，）或作礅，從石，亦爲石砌之證，故張衡謂之設切厓隒。有陛，其數不一（漢書叔孫通傳，殿下郎俠陛，陛數百人，）頗難擅擬。以愚意測之，正面或爲二陛，如漢賦云左碱右平，碱者階齒，平者若坡（見張衡西京賦。）因漢承周制，堂殿皆有東西階（按有二階，見前兩漢第宅雜觀條，殿階詳後，）則陛亦應有東西之別。在東爲左，在西爲右，古習以西爲尊，故平者居右，便輦車升降，似無後世中左右三道之設也。其東西北三面亦當有陛（後漢書禮儀志冬至儀，以皂蓋登西陛。）壇陛之上有欄檻環繞（史記滑稽列傳，優旃臨檻大呼曰，陛楯郎，郎，執楯立於陛側者也。）其上有平台曰中庭，以朱塗之（漢書外戚傳，趙皇后條，昭儀居昭陽舍，其中庭彤朱而殿上髹漆，又班固西都賦，玉階彤庭。）次爲階，殿本身之基臺也。其升降亦如古之有東西二階（漢書王莽傳，莽親迎於前殿二階間，）故大喪及即位奉册禮，三公太尉升自阼階（後漢書禮儀志大喪禮，三公升自阼階，即位儀，太尉升自阼階，阼階，東階也，）其制至唐初猶有存者（見本刊第三卷第一期西安大雁塔門楣雕刻。）階三層（張衡西京賦，重軒三階，）亦左碱右平，齒各九級（見西京賦注。）階之結構，下必以石，故班氏謂之玉階（班固西都賦，玉階彤庭，）但其上當爲木構，非若後世殿閣須彌座皆石砌也。紫江朱桂辛先生謂「古代殿階

第九圖　朝鮮景福宮交泰殿之階
(自朝鮮古蹟圖譜重撮)

第十圖　朝鮮嵩陽書院講堂之階
(自朝鮮古蹟圖譜重撮)

如今東瀛之狀，以木柱爲足而虛其下，惟木質易腐，後世易木爲石，再進爲須彌座。今朝鮮宮殿之階，下累石座二層，上置小石柱，爲過渡時代之構造」（第九圖）。竊意此論甚精當，蓋古俗以席布地爲坐，西漢朝會，唯皇帝坐牀上，餘皆鋪幅席，前設筵（見瞿兌之先生漢代風俗制度史引御覽），苟累土砌石爲座，則潮溼依土上升，焉適席坐之用。故階之下層爲石，爲磚，爲土，雖精陋繁簡，不拘一格，其礎礩之上，必構木爲架以受牀席（第十圖），即易爲磚石之柱，亦必空竅通風，故墨子云「宮室之法，高足以避濕潤，」非徒壯觀瞻，別尊卑，從可知也。其後六朝之際，胡坐盛行（世說，庾亮據胡牀，與諸賢士談論竟夕；又梁書侯景傳，置筌蹄，垂脚坐），隋改胡牀爲交牀（大業雜記），唐穆宗時復改爲繩床（見演繁露），席坐之風乃絕，而宋李氏營造法式所圖堂殿，遂皆爲須彌座，故愚意階制之變遷，與席坐之興廢互爲因果，其時期雖難確定，當在六朝隋唐之間焉。階上周殿皆設欄楯，其版曰檻（漢書史丹傳，置鼙鼓殿下，天子自臨軒檻上，隤銅丸以擿鼓，師古曰，檻版也，又外戚傳，馮昭儀條，熊佚出圈，攀檻欲上殿），橫木曰衡（漢書爰盎傳，百金之子不騎衡），即宋之尋杖，殆以木爲之，但東漢有以銅製者（後漢書董卓傳注，太史靈臺及永安侯銅蘭楯，卓亦取之），或襲西漢之法，未可知也。

前殿之平面比例，皇圖謂東西五十丈，南北十五丈，今以清營造尺與漢慮俿尺較之，後者約短四分之一強（吳氏秦漢權衡度量實驗考載漢虛俿銅尺，合乾隆六年工部營造尺七寸三分八釐，）漢初之尺當視此更短（吳氏周黃鐘律琯尺較虛俿尺更短，詳後，又我國歷代尺度，由短而長，見王國維觀堂集林，則漢初之尺應在二者之間。）再就前殿包容多數箱室之點言，皇圖所說，或距事實未遠（詳後）。而諸書所紀秦漢各殿，多爲長方體，亦皆一致。如阿房前殿（史記謂東西五百步，南北五十丈，上可坐萬人，）長樂前殿（三輔皇圖引宮殿疏，東西四十九丈七尺，兩序中三十五丈，深十二丈，）魯恭王靈光殿（漢書謂東西二十丈，南北十二丈，）東漢德陽殿（後漢書謂東西三十七丈四尺，南北七丈，）其廣與深約爲 5:1 至 5:3 之間，與清太和保和二殿大體略合（太和殿東西六十公尺七五，南北三十公尺九三，保和殿東西四十六公尺七六，南北二十公尺八二，爲 5:2.5 及 5:2.2。）蓋殿過深則梠梁之材難得，且屋頂高大逾恆，輕重倒置，亦非宜於建築均衡之美，故夏周九七之比（周禮考工記，夏氏世室，堂修二七，廣四修一，鄭注，夏度以步，每步五尺，堂修十四步，計七十尺，廣益以修之四分之一，即十七步半，合八十七尺半，又周人明堂，東西九筵，南北七筵，每筵九尺計廣八十一尺，修六十三尺，）僅見於古代規模狹小之殿（吳大澂秦漢權衡度量實驗考所收周黃鐘律琯尺，合乾隆六年營造尺六寸七分六釐，即 0.217 公尺，）不適後代皇帝誇張威懾之工具，固甚明顯，同時殿之平面配置，自略近方形之九七比例，進爲狹長之形，其塗徑亦昭然若揭。而西漢前殿之內，亦非若今太和保和諸殿，廓然空洞，了無區隔，何者，西漢去古未遠，舊制未沫，如東箱（漢書鼂錯傳，適屏錯，錯趨

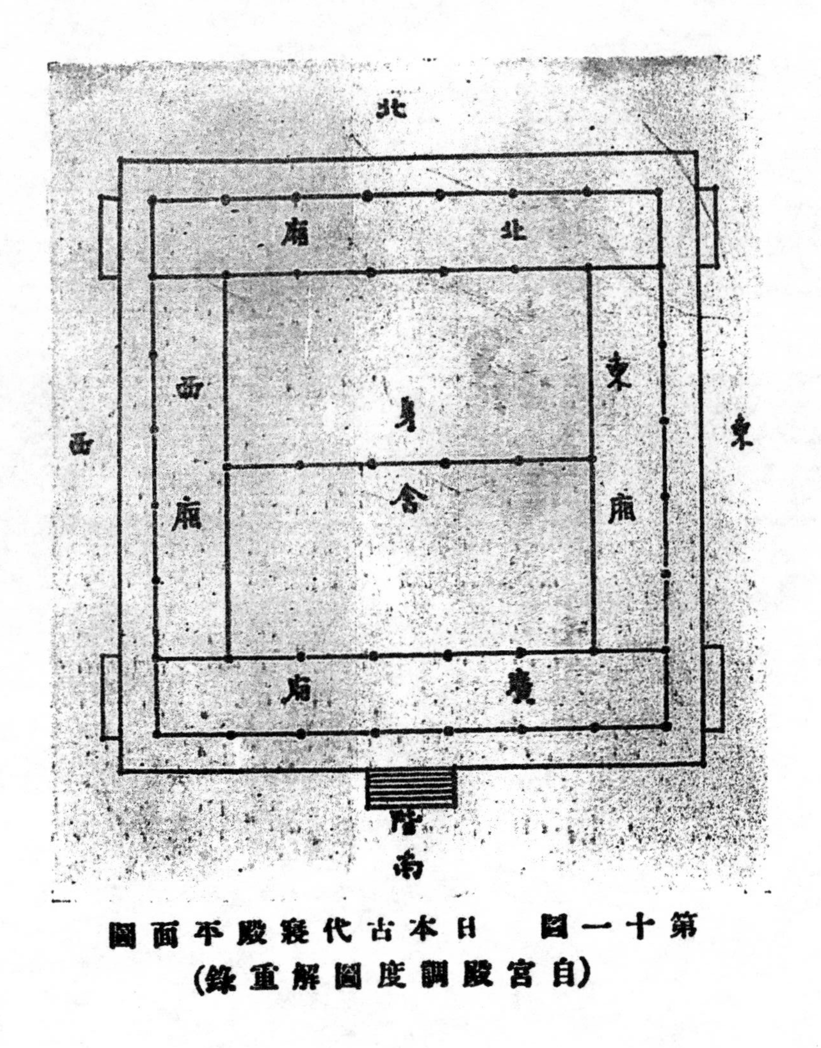

第十一圖　日本古代寢殿平面圖
(自宮殿調度圖解重錄)

第十二圖　檁

第十一圖　日本古代住宅平面圖
(自營造學社圖樣選錄)

第十二圖　殿

避東箱甚恨，西箱漢書王莽傳，見於王路室者，張於西箱，路室即未央前殿，莽更兆名，即其最著之例。又有房史記封禪書，夏有芝生殿房中，若見有光云，乃下詔曰，甘泉房中生芝九莖，赦天子勿復有作，以甘泉前殿推未央前殿亦如是，有室漢書叔孫通傳，於是皇帝輦出房，又見後漢書公孫述傳，室有牖後漢書禮儀志大喪儀注，引漢舊儀曰，高祖崩三日，小斂室中牖下，作栗木主盧牖中，望外，……七日大斂棺，以黍飯羊舌，祭之牖中，俱如古制。餘有非常室漢書五行志，成帝綏和二年，鄉通里男子王褒，衣絳衣，小冠帶劍，入北司馬門，殿東門，上前殿，入非常室中，解帷組結佩之，如淳注曰，殿上室名，及後閤，而後閤者更衣之所，似在殿之北部漢書王莽傳，烈風毀王路西箱，及後閤更衣中室，顧前殿東西狹長，各室雖以帷幕分割見非常注，而區布之法不明，非常室之位置，亦難決定，以愚意揣之，各室之長短寬狹，必非一一悉如舊規說文，箱廊也，玉篇，箱爲東西序，蓋漢以東西廊爲箱，夾室，與古稍異，見金鶚求古堂禮說，故周制逐漸消滅，其故非一，而殿平面比例之變遷，不失其一也。就中流傳最久者無如東西二箱，不僅東漢如是後漢書虞詡傳，姦臣張防何不下殿，防不得已，趨就東箱，自東晉陸翽鄴中記，石虎正會殿前，有白龍樽，作金龍於東箱，西向，南齊齊書五行志，永元三年二月乾和殿西箱火，下迄隋初隋書經籍志，煬帝於東都觀文殿東西箱構屋以貯之，猶存其法。唐宋以降，箱夾之名，闃然無聞，然東瀛古代之殿，亦有東西箱之稱（第十一圖），此或南北朝及隋唐之際，自新羅高勾麗流傳異域者。至於清太和殿之東西夾室，即漢夾堂之廊，其爲追倣舊法，又無疑也。

漢東西箱如許叔愼所云，雖與禮經位于東西夾前者稍異，然其面積頗大，非如後世狹隘之廊也。據皇圖引宮殿疏，「長樂前殿東西四十九丈七尺，兩杼中三十丈，深十二丈」其東西之闊與未央前殿略同。按杼卽序，亦卽廂（說文，箱廊也，廊，東西序也），則當闊三十五丈，箱闊七丈三尺五寸，箱約爲堂闊五分之一，殿七分之一，益以南北十二丈，亦可云巨矣。愚初頗疑其廣闊失當，不足盡信。嗣知兩漢之箱，其用途亦異於後世之廊，蓋東箱者，群臣白事之室（漢官舊儀，丞相府西曹六人，其五人往來白事東箱，爲侍中，一人留府），侍駕之所（漢書王莽傳，太后詔謁者引莽待殿東箱），間亦召見臣工於是（漢書董賢傳，哀帝崩，太皇太后召大司馬賢，引見東箱，問以喪事），而太子視膳（後漢書班彪傳，舊制太子食湯沐十縣，設周衛交戟，五日一朝，因坐東箱省視膳食），及歲旱天子祈雨，亦於東廂爲之（後漢書周擧傳，河南三輔大旱，五穀災傷，天子親自露坐德陽殿東箱請雨），則東廂爲漢諸帝處決政務之便殿，亦爲侍膳之室，附設於殿內者，故秦漢前殿，係聚合正殿，便殿，及其他附設室於一處，非若明淸正朝大殿，祇供朝覲之用，宜其規模宏巨，非後世所有也至。於長樂前殿兩杼間之闊，以慮俿尺計之，合乾隆六年營造尺二十二丈一尺四寸，卽六十四公尺四三，與今太和殿略同，如獲漢初之尺較之，其差當益接近，故二者之差，僅爲東西箱之闊，苟後者增建二箱，其闊卽與長樂前殿等矣。又就進深言之，慮俿尺十二丈，合前述營造尺八丈八尺五寸六分，約二十七公尺，較太和殿略小，而未央前殿，深十五丈，依慮俿尺言，合營造尺十一丈七寸，即三十三公尺七四，大於太和殿僅二公尺餘，然則宮殿疏所述，亦非全出事理之外也。他若東箱之在寢殿者，乃正寢之東西室（漢書周昌傳，呂后側耳於東箱聽，師古曰，正寢之東西室皆曰箱，言形似箱篋之形），可自此直達臥內，爲出入之道（漢書金日磾傳，何羅褏白刃由東箱上，見日磾，色變，直趨臥內，欲入，……日磾捽胡投何羅殿下。）宛若今五間或七間之廳，其夾堂之側房，即東西二廂。但東箱以外，諸書言西箱者甚少，僅王莽傳「臨久病雖瘳，不平，朝見挈茵輿行，見王路堂者，張於西箱。」（漢書卷九十九下）則臨病後朝見，特設帳於西箱，必爲清靜閑宴之地無疑，故箱內又有西清之稱（揚雄甘泉賦，溶方皇於西清，師古曰，西清，西箱清閑之處也，又見司馬相如上林賦，王延壽魯靈光殿賦），由是觀之，非常室或在西箱之內，亦難言也。

建築中同名異物，數見不鮮，然無繁複難辨如「軒」者。蓋小室曰軒，樓板曰軒（楚辭纏檻曆軒，王逸曰，軒樓板也），長廊有窗者亦曰軒（張衡蜀都賦，開高軒以臨山，注，堂左右長廊之有窗者），其義不一。若漢制天子臨軒，則爲殿堂前檐特起，曲椽無脊，若今捲棚式及南方利尙領之狀，故天子不御正座而御平台者曰臨軒。考軒之起源，出自車制。說文曲輈轓車謂之軒，轓即藩，車兩側之屏蔽，編竹爲之。轓上隆屈若弓者，曰蓋轑，南楚以外謂之篷（見方言，釋名，及戴東原考工記圖）。惟轓與蓋轑限於車身之長，無以庇御者，乃復於車前爲屈篷前出，曰軒，夫人卿大夫所御者也。左傳，歸夫人魚軒，又云鶴有乘軒者。其軒亦有高出蓋轅，故詩云：戎車既安，如輊如軒，注曰，軒車却而後也。至若建築物之有軒，其初僅於檐下垂板以蔽風雨，其板自檐端引下，以斜撑支於柱之外側，稱爲引檐見李明仲營造法式卷六小木作，又日本法隆寺檐下亦如是。。惟引檐皆弱易毀，且非宜於莊嚴堂殿，故於殿前設廊，隆屈如車軒之狀，亦謂之軒。今南方寺廟廳堂之前廊，上施曲椽如弓，覆薄板，蘇常間稱爲鶴頸軒，其名其狀，皆與古合，可云信而有徵者也。若西漢前殿之軒，複霤重疊，西京賦謂爲『重軒三階，』已非引檐可比。而曹氏父子營鄴都，周殿爲軒，又不僅限於南面左思魏都賦，周軒中天，，其結構似更趨繁複矣。

殿有戶，戶外爲簾漢書外戚傳，孝成趙皇后條，嚴持篋書置飾室南簾去，帝與昭儀坐，使客子解篋緘，未已，帝使客子偏兼皆出，自閉戶，獨與昭儀在，因飾室推前殿亦如是。故太后臨朝謂之垂簾，所以障蔽內外也。殿內舖席爲坐見前注，然未央宮殿有設地氈者，度前殿或亦如之西京雜記，溫室規地以罽賓氍毹，溫室，未央內庭之殿名也，又漢書王吉傳，廣廈之下細旃之上。。御座則設床上見前注，以帳爲飾，曰武帳漢書霍光傳，皇太后被珠襦盛服坐武帳中，侍御數百人，皆持兵……群臣以次上殿，帳有幃漢書汲黯傳，上嘗坐武帳，黯前奏事，上不冠，望見黯，避帳中，使人可其奏，置五兵於中，故名汲黯傳孟康注曰，今御武帳置兵闌五兵於帳中也。武帝時帳有甲乙之別漢書西域傳贊，興造甲乙之帳，注曰，以甲乙次第名之也，東方朔傳，陛下誠能推甲乙之帳，燓之四通之衢，又見同書禹貢傳，西京雜記則云，上以琉璃珠玉明月夜光，雜錯天下珍寶爲甲帳其次爲乙帳，甲以居神，乙以自居，六朝之際，史籍言帳者不一南史宋高帝紀，內殿施黃紗帳，又見梁武帝紀，張貴妃傳等：疑與席坐之習相終始也。西漢朝會除便面外見漢書王莽傳，御座前亦設屏，屏者臨見屏氣之處風俗通示臣臨見自整屏氣處也，漢書外戚傳，孝成趙皇后條，須臾開戶，滌客子偏乘使緘封篋及綠綈方底，推置屏風東，又漢書敘傳，時乘輿幄坐，張畫屏風，以孟嘗君傳推之，座後亦當有屏史記孟嘗君傳，待客坐語，而屏風後嘗有侍史，主記君與客語。至若殿內各室以帷幕分隔，非皆一一有壁見前述非常室，且得隨時懸幕爲房屋，似極自由見兩漢官署引謝夷吾傳。帷皆有組綬，所以繫帷，並垂以爲飾，悉席坐建築之特點，似非後世所有也。而西漢之牆，亦有壁衣漢書賈誼傳，美者黼繡，今富人大賈嘉會召客者以被牆，班氏謂爲「屋不呈材，牆不露形，裛以藻繡，絡以綸連，」此或同處殿內，與帷幕具連帶關係者歟？

三輔皇圖謂「未央前殿至孝武時，以木蘭爲棼橑，文杏爲梁柱，」又謂「雕楹玉碣。」證以斯坦因於和闐敦煌附近發掘之例，雖大小略異，雕楹之說，似屬事實見斯氏所著 Ruins of Desert Cathay。其柱上之梁曰虹梁張衡西京賦，抗應龍之虹梁，梁李善注曰，形似龍而曲如虹也，爾雅宋廇謂之梁，毛傳罶曲梁也，廇罶音近，故云宋廇。其後刻木以象古制，如黃以周之釋宄，則係有意爲之，見黃氏經詮略。故漢之應龍，殆亦雕飾之屬，非天然曲木甚明，今清宮建築雖無此制，而南中月梁承唐宋餘緒，猶存舊時面影也。其浮柱・棟・蜂・櫨・桴・檁・槍・數者，後人詮釋綦詳，今無再及。獨王延壽魯靈光殿賦敍枓栱之狀，自下而上，曰櫨，曰枅，曰楄，曰枝掌，程序甚清層櫨磥垝以岌峩，曲枅要紹而環句，芝楄欑羅以戢孴，枝掌杈枒而斜據，傍夭蟜以橫出，互黝糾而搏負，下岪蔚以璀錯，上崎嶬而重注，捷獵鱗集，支離分赴，縱橫駱驛，各有所趣，而李明仲以枝掌為脊槫間之斜柱，見李氏營造法式卷一總釋上，私意引為未當。蓋原文首言結構層次，次狀其縱橫叢聚之形，文義極為明晰。故櫨為座枓，枅為栱翹，楄為栱上升斗，楄上斜據者宜屬之下昂，未可訓為槫間之斜柱，按之構造方則，似應若此也。他若殿中藻井，正當棟下張衡西京賦，蔕倒茄於藻井，披紅葩之狎獵，注曰，藻井當棟，交木為之，如井幹也，依南北朝石窟之天頂言，中央或為方井斜上，覆以平頂，後世殿閣中鬬八，即自此演進者，而雲岡石窟偶有方形小井中鐫蓮瓣，但西漢棟下藻井之四周，是否配列小井如近世之狀，尚難懸斷耳。其井內以菱藻荷渠為飾，則基於厭勝之說靈光殿賦，圜淵方井，反植荷渠，又風俗通曰，今殿作天井，井者東井之象也，菱水中之物，皆所以厭火也，此在術士巫蠱盛行之西漢，藻井以外，鴟尾亦其一端，固無足異墨客揮犀謂漢以宮殿多災，術者言天上有魚尾星，宜為其象以禳之，始有此飾，惟論語山節藻棁，已有先例，非自兩漢始也。

漢人每言壁帶（漢書外戚傳趙皇后條，白玉階壁帶，又同書翼奉傳，二年戊午地大震於隴西郡，毀落太上廟殿壁木飾，）顏師古訓爲「壁之橫木，露出如帶，」疑即各柱間之梁枋也。壁帶之上，往往飾以黃金釭，函藍田璧明珠翠羽數者（見宣皇后條，）按釭者車輪之轂，空其中以受軸，其形圓，以金爲之，釭中雜錯玉璧明珠翠羽之屬。（見前條晉灼及顏師古注，又皇圖未央前殿，黃金爲壁帶，間以和氏珍玉，風至其聲玲瓏然，）故又云列錢（班固西都賦，金釭銜璧，是爲列錢，注曰，行列似錢也。）餘如華榱壁璫（見皇圖未央前殿條，又班固西京賦，裁金璧以飾璫，韋昭曰，裁金爲璧，以當榱頭，）銅切冒，黃金塗（外戚傳趙皇后條，切皆銅沓冒，黃金塗，師古曰，切門限也，）金舖（相如長門賦，擠玉戶以撼金舖兮，以金爲戶之舖首也，）琉璃窗（西京雜記，昭陽殿窗戶扇多是綠琉璃，皆通以毛髮不得藏也，）俱以金玉珍異爲飾。梁柱之端，則束以帶環，防木之潰裂（後漢書禮儀志注，德陽殿一柱三帶，）後世物力不逮，唯以彩畫模倣舊時形象，如明清梁枋彩畫之箍頭，即其遺制，而朝鮮宮殿之柱端（見朝鮮古蹟圖譜，）且有實物存焉。至西漢彩畫如昭陽殿（西京雜記曰，椽榱皆繪龍蛇，縈繞其間，）董賢宅（西京雜記，柱壁皆畫雲氣花蘤，山靈鬼怪，）及靈光殿賦（圖畫天地，品類群生，雜物奇怪，山神海靈，寫載其狀，託之丹青，）所言，多取材自然物（靈光殿賦言飛禽走獸，奔虎蚪龍，朱鳥騰蛇，白鹿蟠螭，狡兔猨狖，玄熊胡人，神仙玉女，其類不一，）尙存禮記梲畫侏儒之習。而當時壁畫，以胡粉爲地，界以青紫，頗與彩畫類似（漢代風俗制度史引蔡質漢官典職，明光殿省中皆以胡粉塗殿，紫青界之，畫古烈士重行書讚云，）疑古之畫工皆能爲此二者，若麒麟閣（漢書蘇武傳，宣帝圖畫功臣像於此），甲館畫堂（漢書元后傳，生成帝於甲館畫堂），畫室（漢書霍光傳，止畫室中不入），西閣（漢書楊敞傳，上觀西閣上畫人），及廣川王殿門（漢書廣川惠王傳，其殿門有成慶畫，短衣大袴長劍，又云畫工畫望卿舍，望卿，王姬也），胥漢壁畫之例，東漢武梁祠諸石刻，亦即胎息於此，然則段成式言唐寺院地獄諸圖，亦僅易舊日帝王忠臣孝子賢婦等像，爲釋梵諸部，不足異也。

漢宮殿屋頂多爲重檐（漢書張敞傳，國守王宮，得之殿屋重轑中，蘇林曰，重轑重棼也，以王宮推宮殿如是），四注（周禮考工記，四阿重屋，鄭注曰，四阿若今四注屋也）與東漢石刻所示者一致，獨無雲崗石窟歇山之例，然亦未能斷西漢即無此制也。其時反宇（班固西都賦，上反宇以蓋戴，張衡西京賦，反宇業業），飛檐（西京賦飛檐轍轍），亦見於紀錄，則屋角上翹必同時發生，蓋爲反宇結構當然之結果，未必著意爲之。伊東博士據東魏石刻，謂裏角之法始於南北朝（見伊東忠太支那建築史），此在近世學者無證不信之習慣，未能目爲不當，但班張二賦外，如何宴景福殿賦（飛櫚翼以軒翥，反宇轍以高驤），陸翽鄴中記（鳳陽門高二十五丈，上六層，反宇向陽），亦咸言反宇，似不能概置文獻於不顧也。漢世之瓦當（即壽頭），有作半圓體者，然以圓形居多，適與燕故都出土皆半圓者相反，似漢受秦之影響（秦瓦當作圓形，見秦漢瓦當文諸書）與周稍異，而諸書所收周秦漢諸例，皆無勾滴（即滴水），疑當時尚無此物。又據何叙甫先生所藏漢瓦當，及北平研究院發掘之燕瓦當，其花紋文字凹處，偶有朱丹粘附其間，丹下亦有塗白堊爲地者，則因當時陶器無釉，僅以刷色爲飾故耳。漢宮殿脊甍之狀，今迄無可考，惟四注之屋，自側面視之，二垂脊凸起若稜，反宇之瓦凹陷若觚，觚稜之稱，或即緣此而生，殊未可知。孝武時甍上置鴟尾（見前注）銅鳳（皇圖引漢書，建章宮玉堂殿，鑄銅鳳高五尺飾黃金，棲屋上，下有轉樞，向風若翔），東漢石刻及魏武銅爵臺亦皆如是，自北周武帝毀鄴中三臺後，僅一見於唐武后營東都明堂，其後即已絕跡。惟鴟尾流行最久，且傳播異域，而遼代脊飾，據梁思成先生薊縣獨樂寺觀音閣山門考（本刊三卷二期），知爲古代鴟尾與宋以後獸吻間過渡之物，則西漢術士厭火之具，其影響竟及今日，亦可云異數矣。

櫍

李氏營造法式卷三十一，大木作制度圖樣內，柱下有平板曰櫍，置於礎石上，其寸法見同書卷五（凡造柱下櫍徑周各出柱三分，厚十分，下三分爲平，其上並爲欹，上徑四周各殺三分，令與柱身通上匀平，）惟未言及用途。竊意櫍者柱下之防濕層也，以櫍扁平若板，木之纖維亦保持水平狀態，濕潤緣礎上昇者，其侵入水平纖維，恒較垂直者稍難，而櫍體腐朽，得隨時撤換，不致累及柱身，故古以銅爲柱櫍，職是故耳（戰國策，董子之治晉陽也，公宮之室皆以鍊銅爲柱質。）。民國丁卯夏，愚於蘇州燕家濱友人柳士英君宅中，見其廳堂結構古陋，柱下之櫍赫然呈於目前，詢知宅屬華姓，建築年代不明，嗣周元甫君以影片見貽（第十二圖），雖其櫍下無礎，櫍之形狀比例，亦未與營造法式吻合，然自紹興間王喚重刊此書於平江以來（見本刊一卷二期，葉遐庵先生紹興重刊營造法式者之版史與旁證），歷時約八百載，舊法猶存一二，不失宋式建築變遷之一參考也。

辯輟畊錄「記宋宮殿」之誤

陶氏輟畊錄卷十八，以楊奐汴故宮記與陳隨應南度行宮記二文，合題爲「記宋宮室」，愚嘗以宋史地理志汴京宮闕制度與楊記對校，知楊氏所云汴故宮，指金之南京言，非宋汴京也。按宋靖康之變，艮嶽摧殘過半（宋史地理志艮嶽注引容齋三筆，金人再至，圍城日久，欽宗命取山禽水鳥十餘萬，盡投之汴河，聽其所之，折屋爲薪，鑿石爲砲，伐竹爲笓籬，又取大鹿數百千頭殺之，以啗衛士，）其後海陵營中都，凡屏扆窗牖，掠自汴京，則當時宋大內僅存軀壳，荒廢可知。嗣海陵貞元元年，以宋汴京爲南京，三年五月，南京大內災，此僅存軀壳，亦付諸一炬。其年冬，命宰臣張浩及敬嗣暉梁球等營南京宮室，運一木之費至二千萬，牽一車之力至五百人，宮殿之飾，遍傳黃金，而後間以五彩，金屑飛空如落雪，一殿之費以億萬計，成而後毀，務極華麗，事具金史海陵本紀（光緒順天府志引此段於金中都宮殿條，亦誤），則金南京已非宋汴京之舊甚明。今以楊記校宋史，其外庭諸門殿大體符合，似依宋宮故基建造者，惟內庭自仁安殿以北，繁簡不一，原籍具在，不難覆按。又據元史楊奐本傳（輟畊錄奐作煥，亦誤），奐以太宗十年戊戌試進士第一，授河南路徵收課稅所長官兼廉訪使。記文謂己亥按部至汴，即及第之次年，時距金亡國五載，其云汴長吏宴於廢宮之長生殿，應為金南京宮苑，故原文僅稱廢宮，未言宋故宮。陶氏殆以金南京宮闕配置，大係襲宋宮之舊，故與陳氏南度行宮記混置一處歟？

古代之溫室

西漢宮中有溫室織室蠶室，又有人力增高室內溫度，助植物之發育，若近世西方之溫室者。據漢書召信臣傳「太官園種冬生葱韭菜茹，覆以屋廡，晝夜然蘊火，待溫氣乃生，信臣以為此皆不時之物，有傷於人，不宜以奉供養，及它非法食物，悉奏罷，省費歲數千萬」。此殆密閉室內，與外隔絕，燃火溫之，略與蠶室同一情狀，惟是否自地坑生火，如暖殿構造，尚屬不明。

柱𨁲

隋書宇文愷傳述宋齊明堂一節，謂「臣得目觀，遂量步數記其尺丈，猶見基內有焚燒殘柱，毁斫之餘，入地一丈，儼然如舊，柱下以樟木爲𨁲，長丈餘，闊四尺許，兩兩相並，瓦安數重」，按柱下設礎檟，防濕潤上升，其法由來已久，此則深入土內，與常制異，頗疑𨁲爲柎之誤，蓋柎與桴通，方木也，六朝之際，猶行席坐，席下木架必承以巨木，而牆壁下亦往往有柎，如今之下坎，安樂於陳亡之後，兵燹之餘，覩明堂故基於瓦礫荆棘中，故云入地一丈耳。

琉璃窰軼聞

琉璃古作流離，或云藥玻璃，其名始見於漢書西域傳，蓋傳自西方，非中土所有。漢書西域傳，罽賓國出虎魄璧流離，顏師古注引魏略云，大秦國出赤白黑黃靑綠縹紺紅紫十種流離，漢魏以來用作窗扉西京雜記昭陽殿牕扉多是綠瑠璃，漢武故事武帝起神屋，扉悉以白瑠璃爲之，屏風拾遺記孫亮作綠瑠璃屏風，及劍匣鞍見西京雜記盤椀見世說諸器，皆視爲珍異。北魏太武帝時，大月商人始於平城採礦鑄之，爲行殿，容百餘人，魏書西域傳大月國條：世祖時，其國人商販京師，自云能鑄石爲五色瑠璃，於是採礦山中，於京師鑄之，既成，其光澤乃美於西方來者，乃詔爲行殿，容百餘人，光色映徹，觀者見之莫不驚駭，以爲神明所作，自此中國瑠璃遂賤，人不復珍之，是爲中國原料製琉璃之始。隋開皇間，太府丞何稠能以綠甆爲琉璃，已非假手遠人，隋書何稠傳時中國久絕琉璃之作，匠人無敢厝意，稠以綠甆爲之，與眞不異，其後流傳漸廣，遂施之瓦面，代刷色・塗朱・髹漆・夾紵諸法，盛唐時有碧瓦朱甍之稱杜工部詩，碧瓦朱甍照城郭顏師古云「今法銷冶石汁，加以衆藥，灌而成之」，見漢書西域傳注，師古唐人，所稱今法當指唐時通行之法，此雖就器物言，然瓦面之釉，精粗雖殊，製法應無二致。宋以後造琉璃瓦之法，營造法式謂凡造瑠璃瓦等之制，藥以黃丹洛河石和銅末，用水調勻冬月以湯甋瓦於背面，鴟獸之類於安卓露明處，靑棍同，並偏澆刷，瓪瓦於仰面內中心，重脣瓪瓦仍於背上澆大頭其綫道條子瓦澆脣一壁按李書洛河石殆爲石英之屬，若今馬牙石供製釉之用者，釉中着色之藥料成分，有大中小三等之別。

藥料每一大料用黃丹二百四十三斤，（折大料二百二十五斤中料二百二十二斤小料二百九斤四兩）每黃丹三斤，用銅末三兩，洛河石末一斤，

用藥每一口，（鴟獸事件及條子綫道之類以用藥處通計尺寸折大料）

大料長一尺四寸。甋瓦七兩二錢三分六厘，（長一尺六寸瓪瓦減五分）

中料長一尺二寸。甋瓦六兩六錢一分六毫六絲六忽，（長一尺四寸瓪瓦減五分）

小料長一尺。甋瓦六兩一錢二分四厘三毫三絲二忽，（長一尺二寸瓪瓦減五分）

宮闕琉璃以黃色爲主，故書中所舉藥料亦以黃丹爲重要原料，其成分

藥料所用黃丹闕用黑錫炒造，其錫以黃丹十分加一分，（即所加之數斤以下不計）每黑錫一斤，用蜜駝僧二分九厘，硫黃八分八厘，盆硝二錢五分八厘，柴二斤一十一兩，炒成收黃丹十分之數，

黃丹之製法，

凡合瑠璃藥所用黃丹闕炒造之制，以黑錫盆硝等入鑊煎一日，爲粗扇出候冷，擣羅作末，次日再炒塼盖罨，第三日炒成，

其功限

擣羅洛河石末每六斤一十兩一功，

炒黑錫每一料一十五功，

足窺當時製作條律明晰，絲毫不紊。明清二代琉璃製法，尙待研求，非如李書之詳核可據，僅知明以無名異．椶櫚毛．等煎汁塗染成綠黛，赭石．松香．蒲草．等塗染成黃，其白土則取自太平府，舟運三千里，不憚其煩，（天工開物）清官窰黃綠天青翡翠紫黑素白諸色，均由官給黑鉛，供製玻璃料，（見大清會典）尙沿趙宋遺法，未曾更易。而唐以來冶石爲釉，亦大抵祖述大月商人遺法，其流風餘緒，迄今猶未陵替，故近世製琉璃者，如北平趙氏遂寧侯氏皆山右人，明澤州所製琉璃瓦飾之花紋．圖案．雕塑．配色．亦爲全國之冠；今巨件輸出異邦者，猶値逾千金，可徵北魏以來發達之藝術，夐乎獨異，自有不可磨滅之價値在，可與石作．佛塑．彩畫．數者，同爲晉省擅長之技術，同時又與南部之江蘇南北遙對，爲我國工藝最發達之二區域也。現存琉璃窰最古者，當推北平趙氏爲最即俗呼官窰，或西窰，元時自山西遷來，初建窰宣武門外海王村，嗣擴增於西山門頭溝琉璃渠村，充廠商，承造元明清三代宮殿．陵寢．壇廟．各色琉璃瓦件，垂七百年於茲，明時各廠以內官司之，瓦飾外並造琉璃片，供嵌牕戶之用，及魚瓶鐵馬諸雜件，

（見倚晴閣雜鈔）入清後以滿漢官各一人主琉璃亮瓦二廠事，自工銀鉛料外，雍正三年並豁免廠房官地租金，道光五年因在城廠窯久廢，凡琉璃料件，均改歸西山窯燒造，（見大清會典）然趙氏世居海王村琉璃廠，其地即明清以來燒造琉璃官署所在，故世俗有琉璃趙之名，今其裔孫趙雪訪尙能承繼舊業。此外北平東直門外，近有東窯馬姓，亦以製琉璃聞，按東窯本燒造上等澄泥靑磚之所，明清大內舖地金磚，初取自蘇州，城磚取自山東臨清州，清中葉以後，於京東河西務及廣渠門二閘左近，取河泥設窯製造，號通和窯，以工料精美見稱，辛亥鼎革後，琉璃官窯停歇，興隆木廠馬蕙棠父子，於東窯倣造琉璃瓦料及盆盂之屬，名西通和，與趙氏並爭，故近日言琉璃者，有東西窯之別焉。至於明初營南京宮闕，則設琉璃窯於南京南門外聚寶山，白土亦採自太平府，每窯所需人工柴蘆各料，依所燒瓦件種類及窯大小，各有定制，見圖書集成引明彙典。民國十七年春，中央大學建築系查訪明報恩寺琉璃塔故基，於眼香廟附近，發現琉璃瓦獸殘件多種，雜砌墻壁間，詢諸土人，謂係明琉璃窯故址，其地在聚寶門外西南五里，疑即明會典所稱聚寶山官窯，惜厄於地方人士，未能發掘徵實，而所蒐殘件亦未獲運出，至報恩寺塔之白色磚，瑩潔凝滑，純係瓷胎，疑來自景德鎭，非眼香廟琉璃窯所製也。又瀋陽清故宮及昭陵福陵永陵等處所用各色琉璃，係海城縣缸窯嶺（去析木城五里）侯姓所造，侯姓亦隸籍山右，於明萬曆三十五年由山西介休縣賈村移來，初業製缸，順治初修大政殿，始設琉璃窰，承造各色瓦件，隸盛京工部，世襲五品官，現存十七世孫侯濟，年八十，光緒三十二年趙爾巽修理故宮，及最近張作霖墳定燒綠色琉璃瓦二十萬件，俱由侯濟次子書麟承造。清季侯氏世襲匠役三十七名，工部壯丁一千十八名，分塑作・筒瓦・板瓦・鉛作・窰作・勾滴・六類，用料以白馬牙石與坩子土赭石爲大宗，皆產海城，又坩子土及白泥土出瀋陽城東二十里王家溝，但白土仍須向海城取之。餘如大條鉛購自英，錫與響銅購自市上，原有廠地三千餘畝，在山上，民國八年清丈局長裴煥星整理官產，以二萬餘元賣出。侯氏廠工與北平官窰趙氏通，有大工則互相挹注，詢以圖樣做法，已無存，惟影壁花門牌坊等做法，尚知折算之理云。

本社紀事

甲　社內事件

(一)呈請教育部立案文

呈爲組織中國營造學社呈請立案事，竊我國營造之學，淵源遠在三代，周官匠人營國經野，附于六職，有世守之工，秦漢以還，迄于趙宋，將作匠監，代設專官，垂千餘年，而明清工部算樣二房，述守相承，亦能世修其職，不墜家聲，由是可知文質相因，道器同條，民族文化所關，初不因貴儒賤匠，遂斬其緒。惟自來興作大役，長吏綜核循書，僅總其成，實際專權，操諸工隸，于是士夫營造知識，日就湮塞，斯學衰微之因，蓋非一朝一夕于此矣。洎自歐風東漸，社會需求，頓異疇昔，舊式法規，既因繁縟不適，日就湮廢，而名師巨匠，相繼凋謝，及今不治，行見文物淪胥，傳述漸替。啟鈐殫心絕學，垂廿餘年，于民國八年影印宋李明仲營造法式以來，海內同志，景然風從，于是徵集專門學者，商略義例，疏證句讀，按圖傅彩，有仿宋重刊營造法式之舉。嗣以清工部工程做法，有法無圖，復糾集匠工，依例推求，補繪圖釋，以匡原著不足，中國營造學社之基，於茲成立。顧其間屢因款絀，幾頻中輟，迨民國十八年受中華教育文化基金董事會補助，始于社內設法式文獻二組，着手整理故籍，審訂辭彙，調查古物，逐譯外箸，並訪問匠師，研究各作法式，邇來發行彙刊及各項專著，三稔於茲，中外學者，聲應氣求，聞風興起，析疑問難，不絕於途，數年之間，以私人講學進爲國際學術團體，殊非始料所及，而斯學復振，殆繫望於此焉。惟營造範圍，千門萬類，凡屬藝術，靡不包容，同時歷代政治宗教學術交通，下及風俗材料，罔不關連密切，苟無完備組織，分門析類，賡續研求，則始願難閎，成功不易，同人等爰相集議，擬由私人研究團體，改爲永久學術機關，庶足繼往開來，闡揚絕藝，發皇國光，爲此檢同社章及刊物呈請鈞部准予立案，俾中國營造學社得鞏基礎而利進行，實爲公便。謹呈　附簡章一份　刊物九冊

具呈人中國營造學社社長朱啟鈐等　八月廿三日

(二)編訂營造書目提要

我國現存營造專箸，除營造法式、工程做法、園冶數種外，其散見經史二部者至夥，而官府檔冊、私家專集、與金石、文字、野史、方志、遊記、釋道稗家之言，下及匠師薪火傳授之本，或敘述當時建築情狀，或與營造史料及實際工作結構材料攸關，足供建築考古學采摘者，不遑枚數。顧翰海無涯，初試每感紛岐，深入尤苦困頓，篤學之士，窮畢生精力猶未獲觀略者，比比皆是，更無論於由博返約之旨。本社有鑒於斯，爰敦聘謝剛主先生整理社中圖籍目錄，並編訂營造書目提要，分門析類，逐一標識內容特點，俾閱者揭卷即知書中梗概，庶無虛擲光陰翻閱全書之勞，除分類陸續發表於本社彙刊外，一俟全功告竣，並行簡擇菁華，列印營造叢書，以餉士林。

(三)本社徵求梓人遺制消息

元薛叔矩景石梓人遺制一書，見錄焦竑經籍志，本刊第一卷第一期徵求佚存圖籍啟事中，首舉是書。嗣由國立北平圖書館館刊第四卷第二號，及英倫博物院東方圖書部主任 Dr. L. Giles 來函，知 C.H. Brewitt-Tay lor 氏所藏永樂大典卷一萬八千二百四十五，收有此書一卷。經國立北平圖書館館長袁守和先生，向倫敦英倫博物院照原樣撮取像片寄來，計原書十七頁像片三十四面，屬永樂大典十八漾匠氏十四，前有元中統四年癸亥（A.D.1263）段成巳序，稱「叔矩簪斷餘暇，求器圖之所自起，參以時制而爲之圖，取數凡一百一十條。」今按像片所收五明坐子車·華機子·邊鑿子·經牌子·泛牀子·掉籆·掉座·立機子·羅機·小布臥機子數種，每種分敍事·用材·工限，三項，並附圖釋，略類營造法式體裁，而五明坐子車復有圈鑿·靠背鑿，屏風鑿·亭子車諸圖，惟不符段序所云之數，且除車制外，餘皆紡織機具，未足窺原書面目，年來本社潛心訪求，冀獲大典一萬八千二百四十六以次諸部，恢復全書舊觀，故遲遲未付剞劂者以此。近承葉遐菴先生鈔示文希道先生筆記中所收此書一節，以較英倫博物館像片，知即五明坐子車，除前段敍事僅錄後漢李尤小車銘·後梁甄立成車賦，及周遷輿服雜事三條外，用材工限及段序悉同。蓋文氏於光緒中季供職翰苑時，曾覩原書，以其圖說明晰，敍次雅贍，節錄之備推究輿服之參考。今原書經庚子兵燹後，存亡莫悉，除C.H. Brewitt-Taylor 藏本外，中土僅存文氏鈔本一通，彌足珍貴。本社現正從事校訂，擬於最近社刊內發表，以廣流傳。如海內外收藏名家，有此書全部或一節，不論鈔本刻本，漸迻錄本社，共商流通之策，曷勝厚幸。

(四)刊行蘇州姚氏營造法源

我國營造書籍，自朱桂辛陶蘭泉二先生刊行李氏營造法式以來，本社復有整理清工部工程做法之舉，惟後者純係官書，前者亦屬半官書性質，皆詳於宮殿，未及民間通俗建築，而明清二代宮殿，幾經嬗變，其結構名稱，轉不若窮鄉僻壤風氣未開之處，尚存舊制一二，此古人有禮失求野之嘆也。蘇州姚補雲先生年逾耳順，斯業耆宿，舊執教鞭於江蘇省立工業專門學校建築系，本祖傳秘冊，編營造法源一書，以授後學，近以本社蒐羅通俗建築稿本，慨然以是書見惠，並附圖釋多種。書中所舉琵琶斗鶴頸軒諸法，或傳自宋營造法式，或足與古代軒制互相印證，而大木各件名稱，可窺近世建築名辭變遷之經過，餘如住宅祠廟佛塔駁岸及量木計圜諸法，皆傳南方民間建築之異象，足以輔翼官書，互相發明之處甚多，現由朱桂辛先生逐門整比，改訂圖繪，一俟商取姚氏同意，即刊行問世。

乙　協助社外事件

(一)保收洪承疇故宅

洪承疇祠堂東院故宅，前由古物保管委員會北平分會召集本社及北平市政府歷史博物館等開會，議決收為公產，所有收用手續均已辦竣。

(二)成立圓明園遺址保管委員會

本社應市政府函邀，與各文化機關參加圓明園遺址保管委員會，公同議決保管章程十四條，交由工務局進行。

中國營造學社彙刊

第三卷 第四期

民國廿一年十二月

婉游圖

梁思成著

清式營造則例　出版預告

全書共六章，對於清代營造方法制度，自木石作以至彩畫，莫不解釋詳盡，為我國建築學界之最新貢獻。本文插圖二十幅，外國版二十餘幅。紙張印刷裝訂莫不精美。凡建築師，美術家，工程師，及工程美術學生，皆宜手此一卷，以備參考賞鑑。

本社出版書籍

(一)彙刊第一卷一二期　每冊六角
(二)彙刊第二卷一二三期　每冊六角
(三)彙刊第三卷一二三四期　每冊六角
(四)工段營造錄　李斗著　四角
(五)一家言居室器玩部　李笠翁著　三角
(六)元大都宮苑圖考　四角
(七)營造算例　梁思成編訂　八角
(八)梓人遺制　元薛景石著　五角
(九)岐陽世家文物圖像冊　甲種每部五元　乙種每部四元
岐陽世家文物攷述　每冊八角

六百年來—歷劫不殘之—

岐陽世家文物圖像冊現已出版

岐陽者姓李名文忠明太祖之甥從太祖起兵累功封岐陽武靖王其人其事具載明史前經本社朱先生發見其六百年來歷劫不殘之歷代文物圖像等後迭經廣為蒐集兩次展覽中西人士莫不讚美欣賞尤以明太祖畫勅及御羅帕半張得勝圖張三丰遺像等為可貴茲為普及起見用上等銅版紙影印精裝一巨冊甲種每冊祇收工料費五元乙種四元攷述每冊八角凡考古家歷史家美術家皆宜人手一冊俾資參考

瞿兌之方志考稿出版

甲集現已出版內包含冀東三省察綏晉蘇八省各志計在六百種左右尤以清代所修者為多海內藏書家修志家與各地官廳團體以及留心史料著作家均不可不讀一編

甲集分裝三冊　三號字白紙精印　定價四元

總發行北平黃米胡同八號瞿宅　天津法租界三十五號路七十八號任宅　代售處琉璃廠直隸書局

中國營造學社彙刊第三卷第四期目錄

本刊啟事

我國營造術語，因時因地，各異其稱，學者每苦繁駁難辨。年來辱承　閱者垂問質疑，不絕於途，且有旁及史事考據及圖書介紹，本社同人每就可能範圍，竭誠奉答。茲擬於本刊四卷一期起，擴大通訊一門，與訂閱諸君共同商榷討論，圖斯學之進展，如蒙　賜教，無任感禱。

卷首圖一

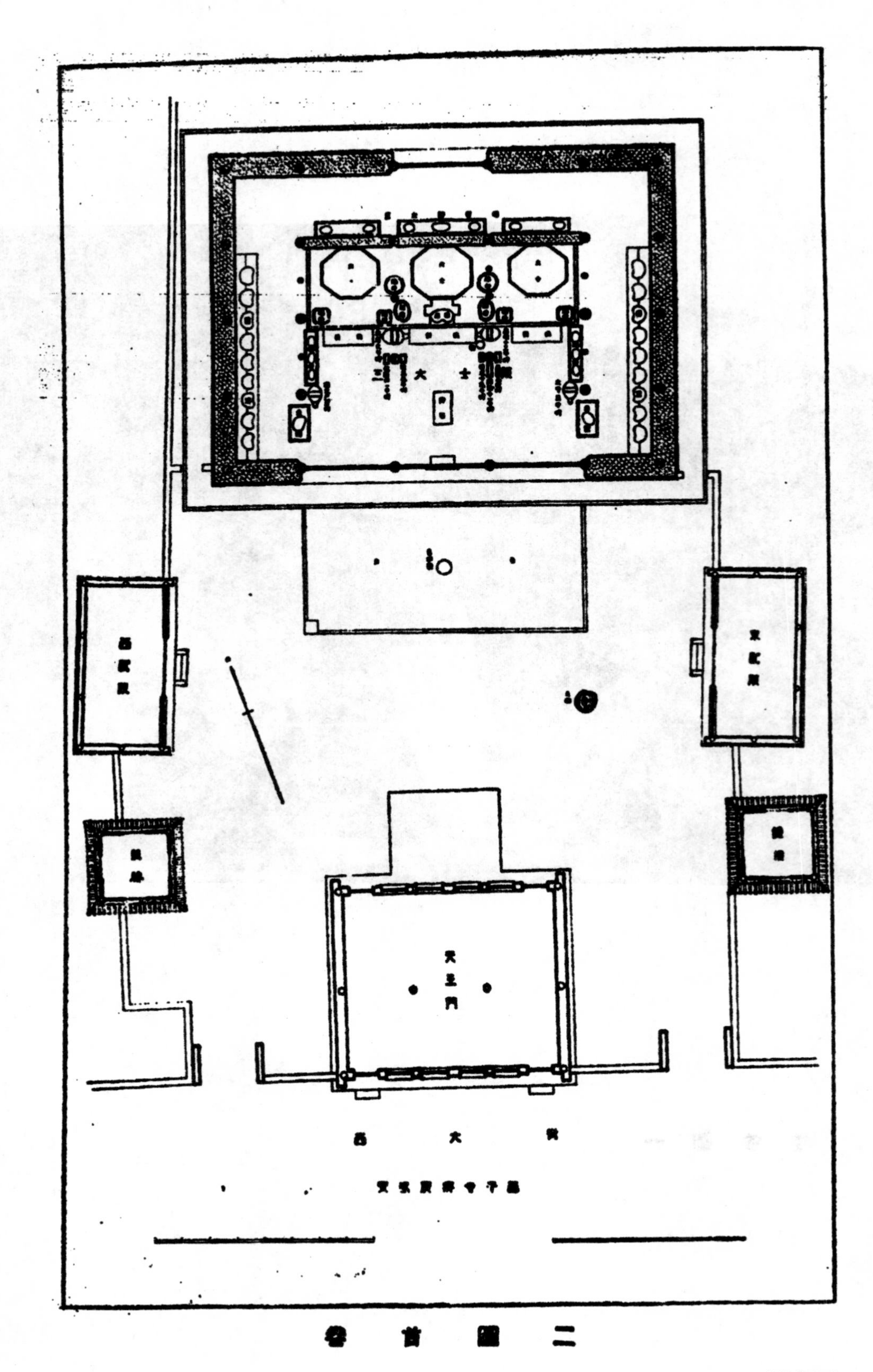

卷首圖二

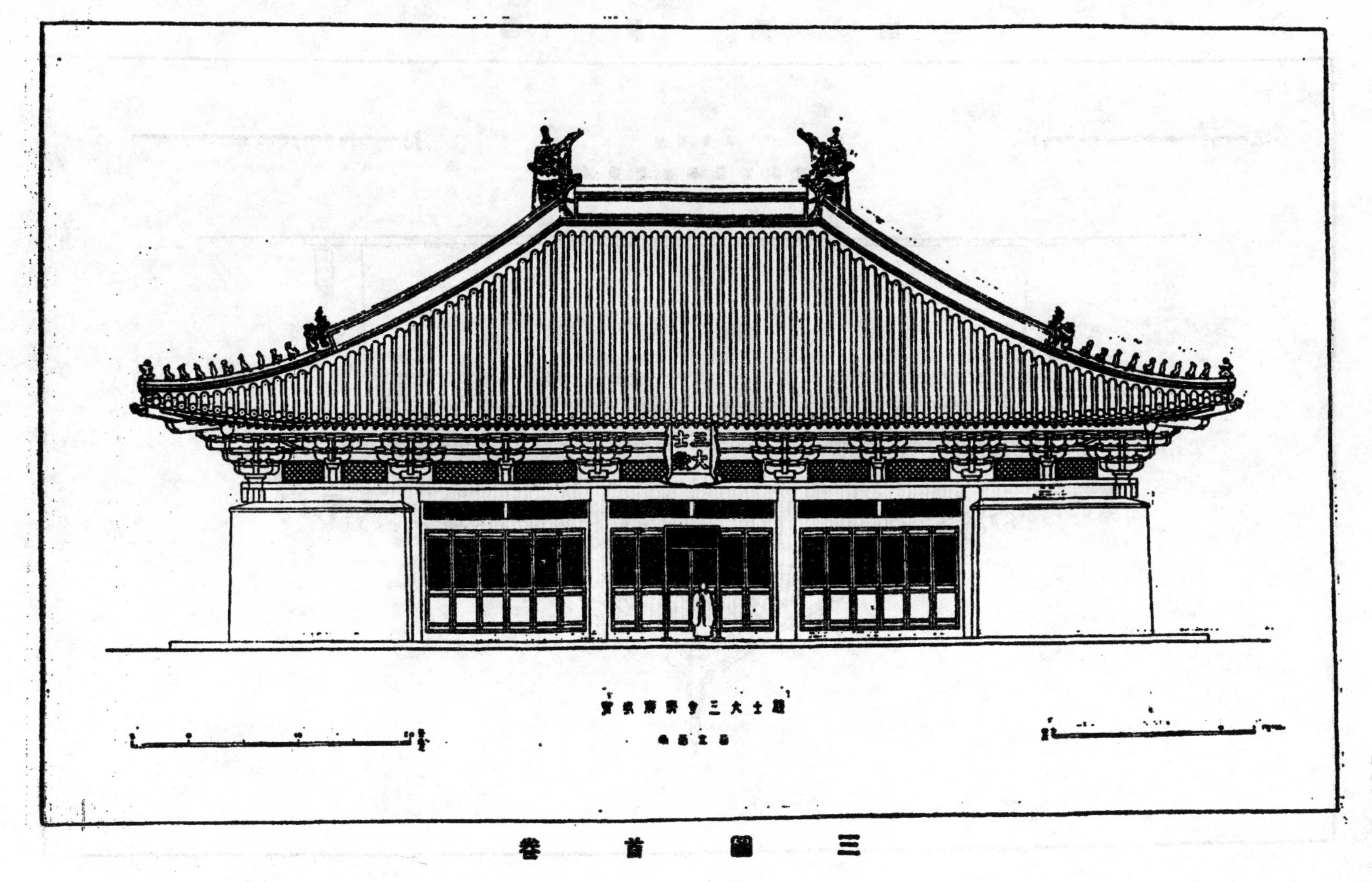

卷首圖三

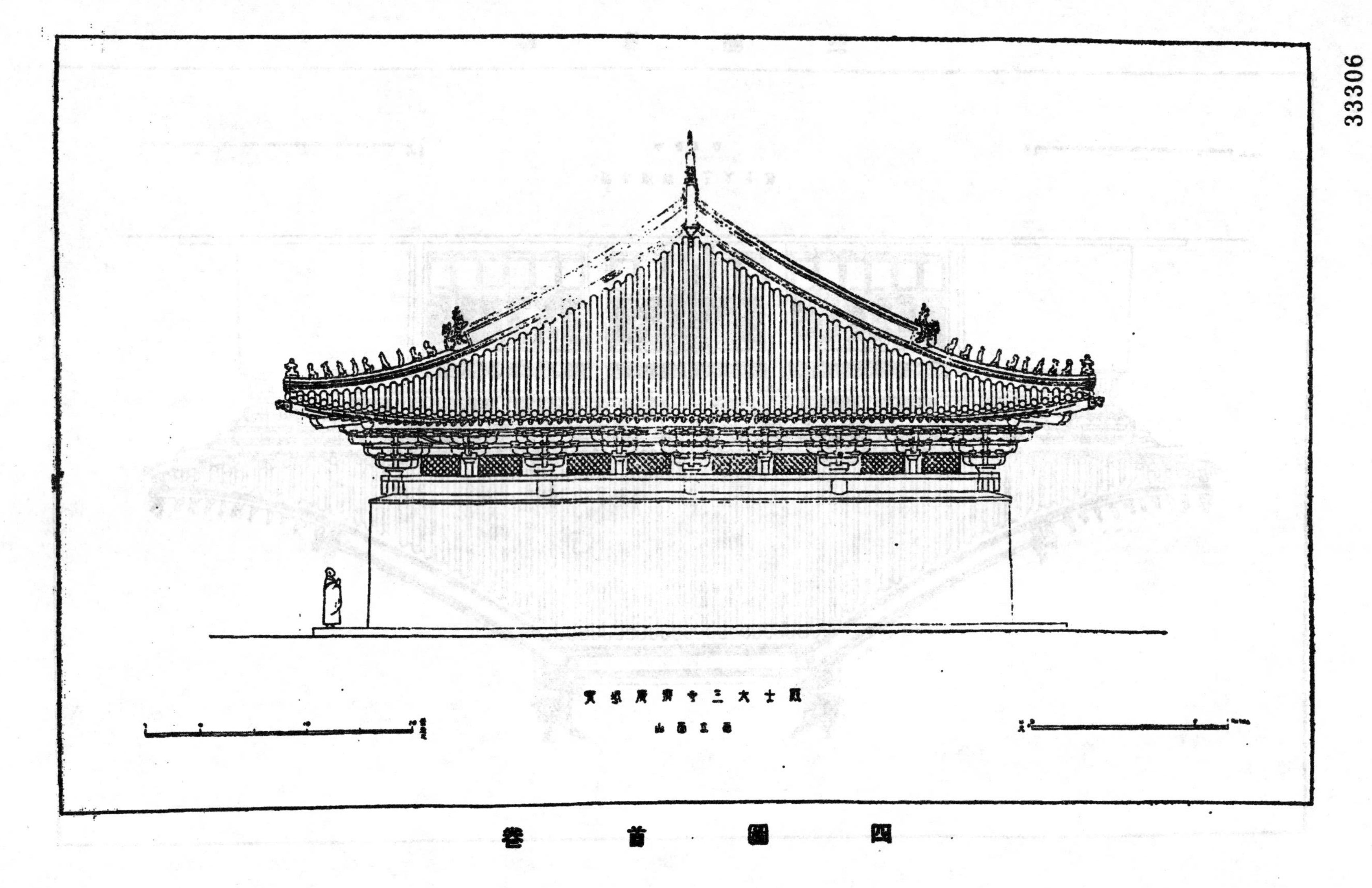

卷首圖四

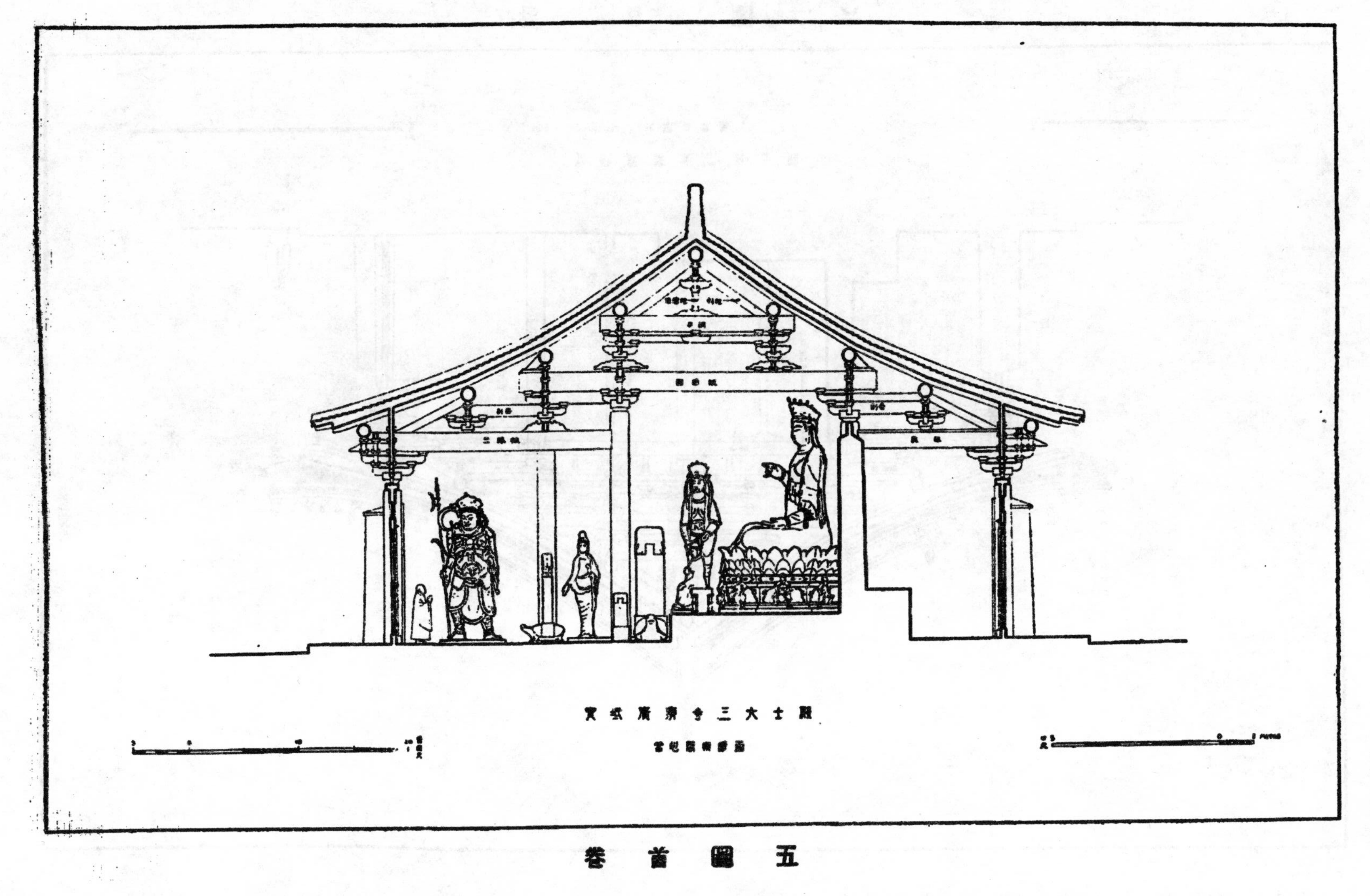

卷首圖五

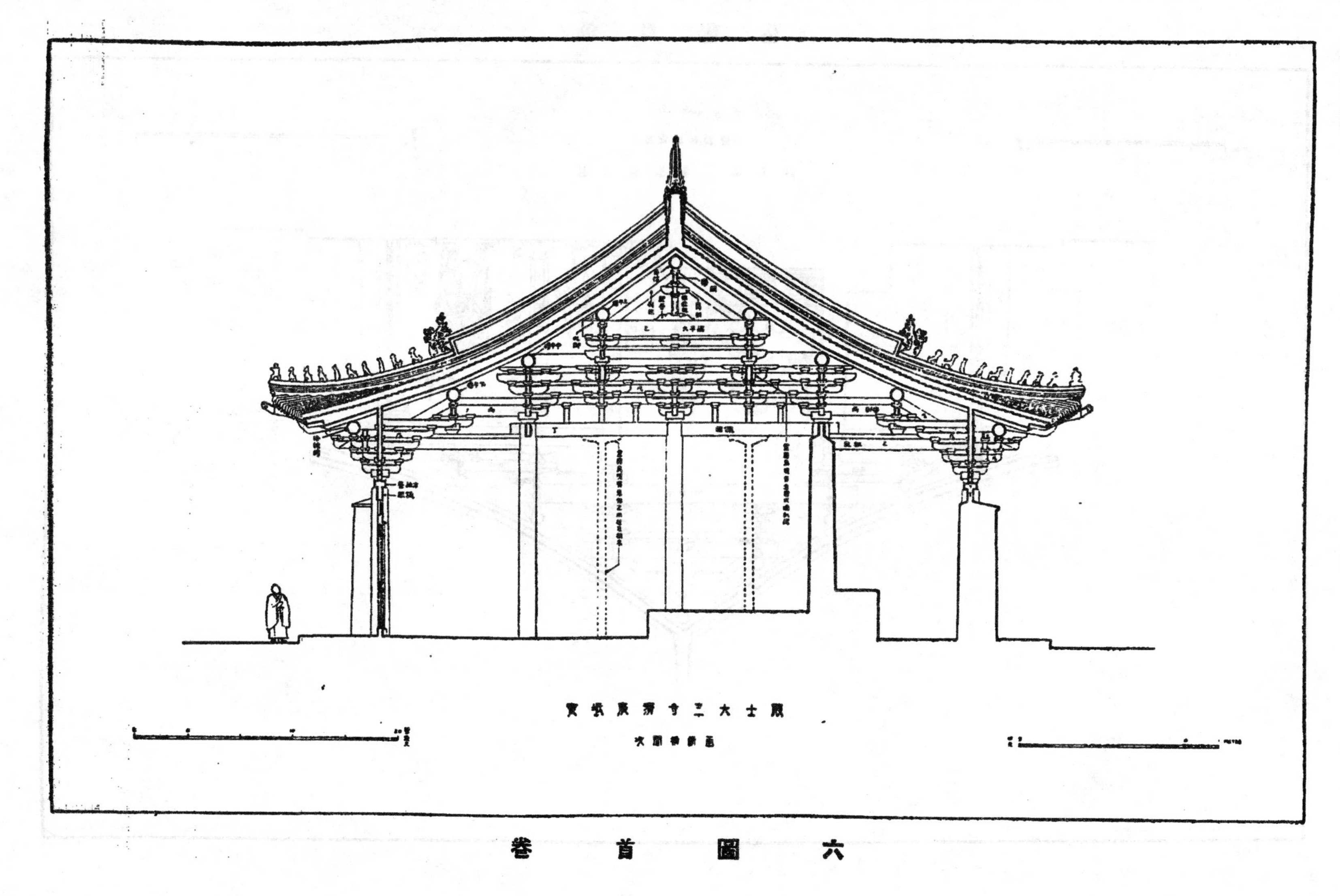

卷首圖六

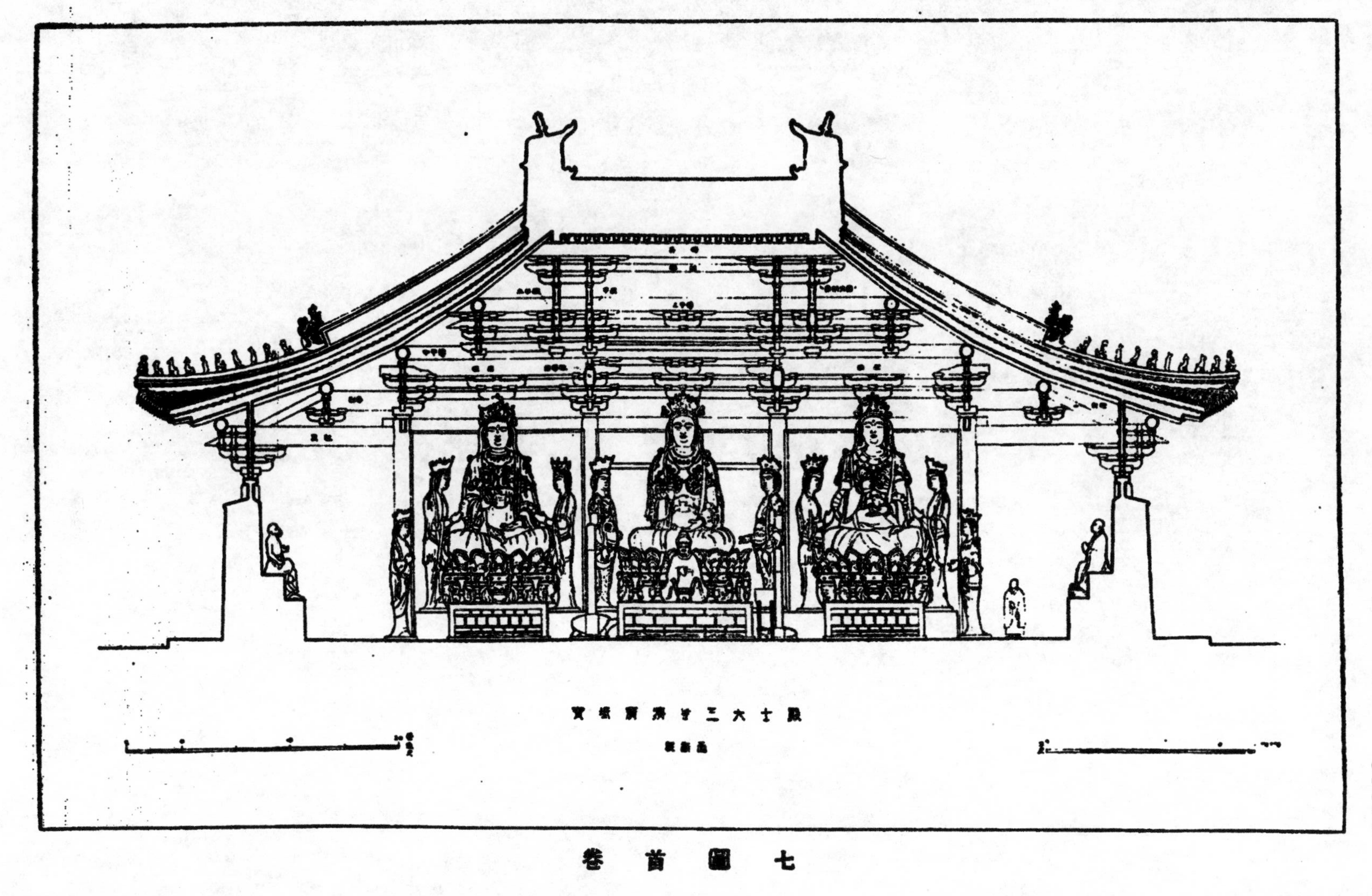

卷首圖七

寶坻縣廣濟寺三大士殿

梁思成

一 行程

今年四月，在薊縣調查獨樂寺遼代建築的時候，與薊縣鄉村師範學校教員王慕如先生談到中國各時代建築特徵，和獨樂寺與後代建築不同之點，他告訴我說，他家鄉——河北寶坻縣——有一個西大寺，結構與我所說獨樂寺諸點約略相符，大概也是遼金遺物。於是在一處調查中，又得了另一處新發現的線索。我當時想由薊縣繞道寶坻回北平，但是薊寶間長途汽車那時不湊巧剛剛停駛，未得去看。回來之後，設法得到西大寺的照片，預先鑑定一下，竟然是遼式原構，於是寶坻便列入我們旅行程序裏來，又因其地點較近，置於最早實行之列。

我們預定六月初出發，那時雨季方纔開始，長途汽車往往因雨停開，一直等到六月十一日，纔得成行。同行者有社員東北大學學生王先澤和一個僕人。那天還不到五點——預定開車的時刻——太陽還沒上來，我們就到了東四牌樓長途汽車站，一直等到七點，車纔來到。那時微冷的六月陽光，已發出迫人的熱燄。汽車站在豬市當中——北平全市每日所用的豬，都從那裏分發出來——所以我們在兩千多隻豬慘號聲中，上車向東出朝陽門而去。（第一圖）

由朝陽門到通州間馬路平坦，車行很快。到了通州橋，車折向北，由北門外過去，在這裏可以看見通州塔，高高聳起，它那不足度的「收分」，和重重過深過密的簷，使人得到不安定的印象。

通州以東的公路是土路，將就以前的大路所改成的。過了通州約兩三里到箭桿河，白河的一支流。河上有橋，那種特別國產工程，在木柱木架之上，安扎高粱桿，鋪放泥土，居然有力量載渡現代機械文明的產物，倒頗值得注意，雖然車到了橋頭，乘客却要被請下車來，步行過橋，讓空車開過去。過了橋是河心一沙洲，過了沙洲又有橋，如是者兩次，纔算過完了箭桿河。河迤東有兩三段沙灘，長者三四里，短者二三十丈，滿載的車，到了沙上，車輪飛轉，而車不進，乘客又被請下來，讓輕車過去，客人却在鬆軟的沙裏，彎腰伸頸，努力跋涉，過了沙灘。土路還算平坦，一直到夏墊。由夏墊折向東

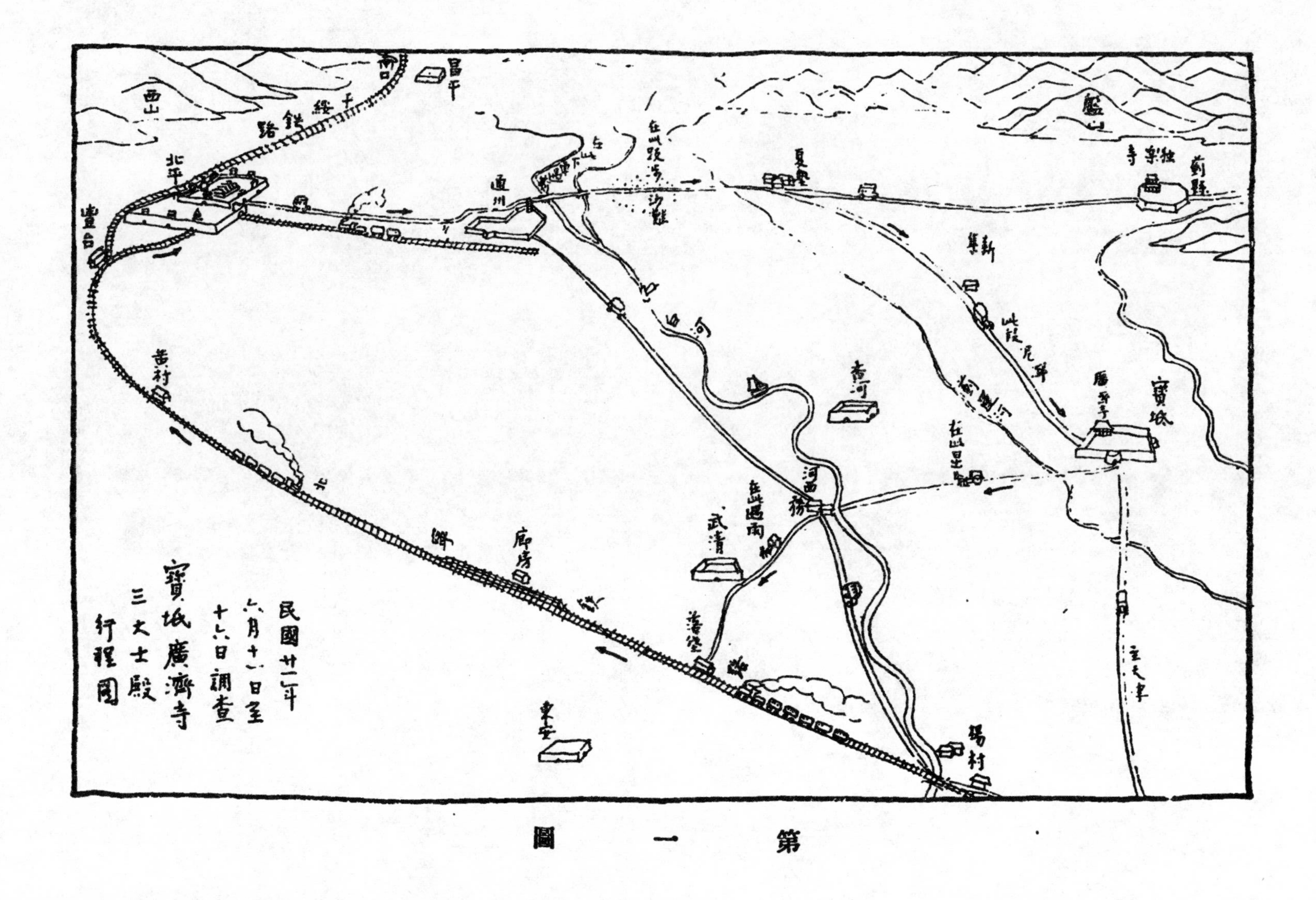
寶坻廣濟寺
三大士殿
行程圖
民國廿一年
六月十一日至
十六日調查
西山
北平
豐台
平綏鐵路
南口
昌平
通州
夏墊
薊縣
獨樂寺
盤山
新集
寶坻
香河
河西務
武清
廊房
黃村
楊村
東安

第一圖

33313

南沿着一道防水堤走，忽而在堤左，忽而過堤右，越走路越壞。過了新集之後，我們簡直就在泥濘裏開汽車，有許多地方泥漿一直浸沒車的蹬脚板，又有些地方車身竟斜到與地面成四十五度角，路既高低不平，速度直同蝸牛一樣。如此千辛萬苦，與一羣熱臭的同胞們直擠到了寶坻。進城時已是下午三時半。我們還算僥倖，一路上機件輪帶都未損壞，不然甚時纔達到目的地，却要成了個重要的疑問。

我們這次期望或者過奢，因爲上次的薊縣是一個山麓小城，淨美可人的地方，使我聯想到法國的村鎭，宛如重遊 Fugere, Arles 一般。寶坻在薊縣正南僅七十里，相距如此之近，我滿以爲可以再找到另一個相似淨雅的小城鎭。豈料一進了城，只見一條塵土飛揚的街道，光溜溜沒有半點樹影，轉了幾彎小胡同，在一條雨潦未乾的街上，汽車到達了終點。

下車之後，頭一樣打聽住宿的客店，却都是蒼蠅爬滿，窗外喂牲口的去處。好容易找到一家泉州旅館，還勉强可住，那算是寶坻的「北京飯店」。泉州旅館坐落在南大街，寶坻城最主要的街上。南大街每日最主要的商品是鹹魚——由天津經一百七十里路運來的鹹魚——每日一出了旅館大門便入「鹹魚之肆」，我們在那裏住了五天。

西大寺坐落在西門內西大街上，位置與獨樂寺在薊縣城內約略相同（第二圖）。在旅館卸下行裝之後，我們立刻走到西大寺去觀望一下。但未到西大寺以前，在城的中心，看見鎮海的金代石幢（第三圖），既不美，又不古，乃是後代重刻的怪物。不湊巧，像的上段也沒照上。

西大寺天王門（第四圖）已經「摩登化」了，門內原有的四天王已毀去，門口掛了「民衆閱報處」的招牌，裏面却坐了許多軍人吸煙談笑。天王門兩邊有門道，東邊門上掛了「河北第一長途電話局寶坻分局」的牌子，這個方便倒是意外的，局卽在東配殿，我便試打了一個電話回北平。

配殿和它南邊的鐘樓（第五圖）鼓樓，和天王門，都是明清以後的建築物，與正中的三大士殿比起來眞是矮小的可憐。大殿之前有許多稻草。原來城內駐有騎兵一團，這草是地方上供給的馬草。暫時以三大士殿做貯草的倉庫（卷首圖一）。

這臨時倉庫額曰「三大士殿」是一座東西五間，南北四間，單簷，四阿的建築物。斗栱雄大，出簷深遠，的確是遼代的形制。驟視頗平平，幾使我失望。裏邊許多工人正在軋馬草，草裏的塵土飛揚滿屋，三大士像及多位侍立的菩薩，韋馱，十八羅漢等等，全在塵霧迷朦中羅列。像前還有供桌，和棺材一口！在堆積的草裏，露出多座的石碑，其中最重要的一座是遼太平五年的，土人叫做「透靈碑」，是寶坻「八景」之一（第六圖）。

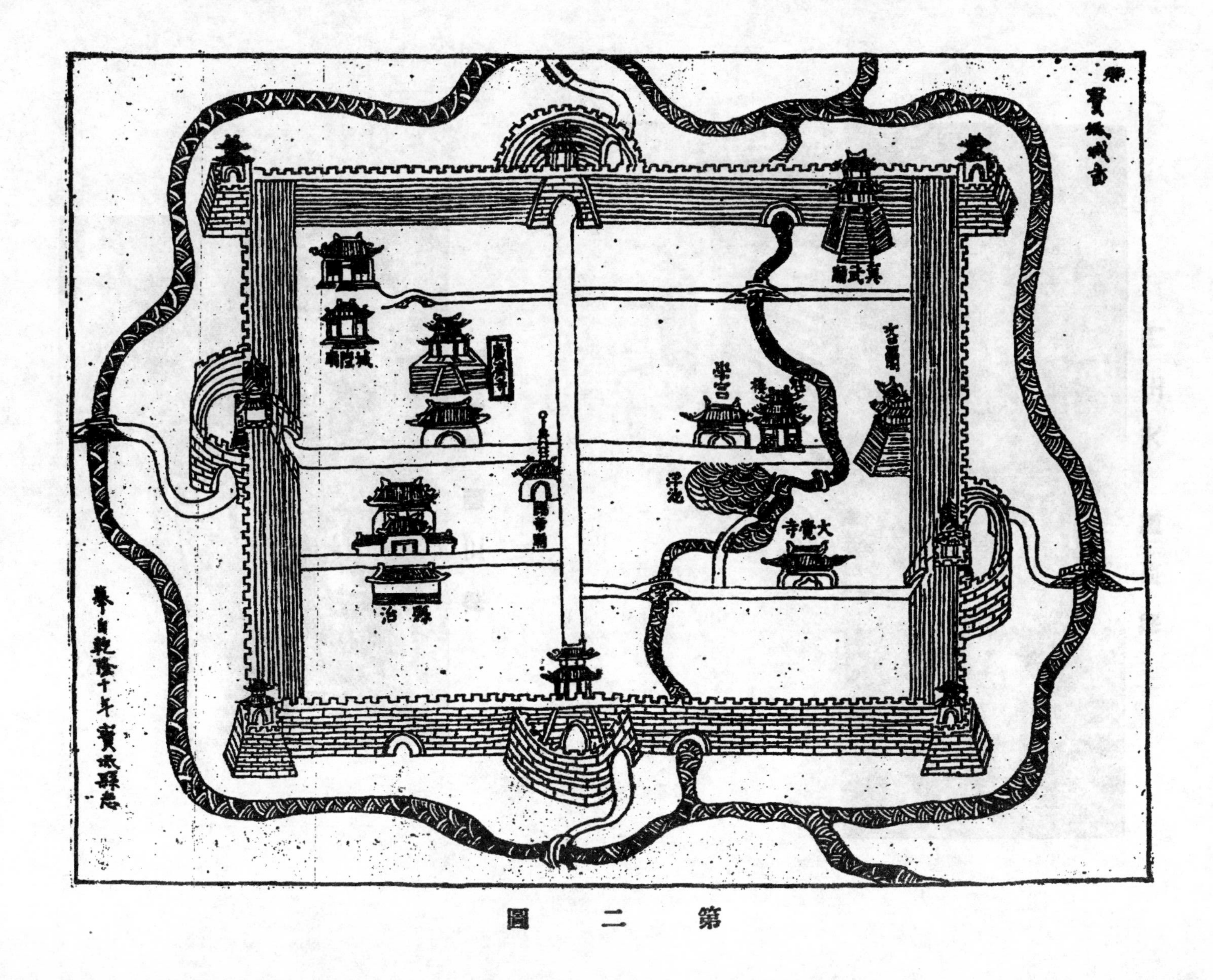

第二圖

33317

第三圖　石幢

第四圖　天王門

第五圖　鐘樓

第七圖　大覺寺正殿

第六圖

抬頭一看，殿上部並沒有天花板，營造法式裏所稱「徹上露明造」的。梁枋結構的精巧，在後世建築物裏還沒有看見過，當初的失望，到此立刻消失。這先抑後揚的高興，趣味尤富。在發現薊縣獨樂寺幾個月後，又得見一個遼構，實是一個奢侈的幸福。

出大殿，繞到殿後，只見一片空場，幾間破屋，洪肇楙縣志裏所說的殿後寶祥閣（註二），現在連地基的痕跡都沒有了。問當地土人，白鬍子老頭兒也不曾趕上看到這座巍峨的高閣。我原先預定可以得到的兩座建築物之較大一座，已經全部羽化，只剩一座留待我們查記了。

如此將西大寺大略看了一遍，回到旅館。時間還不算太晚，帶了介紹信去見縣長楊君，蒙他接見，並慨允保護協助，我們於是很滿意的回到旅館，預備明天早起工作。晚飯以後公安局長劉曉洲君派來一名警察，問我們工作的時間，預備照料。第二天劉君又到寺裏來照料，使我們工作順利，是我們所極感激的。

正殿的內外因稻草的堆積，平面的測量頗不容易。由東到西，由南到北，都沒有一線直量的地方；乃至一段一段的分量，也有許多量不着或量不開之處。我們費了許多時間，許多力量，爬到稻草上面或裏面，纔勉強把平面尺寸拚湊起來，仍不能十分準確。

這些堆積的稻草，雖然阻礙我們工作，但是有一害必有一利，到高處的研究，這草堆却給了我們不少的方便。大殿的後部，稻草堆的同簷一樣高，我們毫不費力的爬上去，對於斗栱梁枋都得盡量的仔細測量觀摩，利害也算相抵了。

三大士殿上的瓦飾，尤其是正吻，形制頗特殊；四角上的『走獸』也與清式大大不同。但是屋簷離地面六公尺，不是普通梯子所上得去的；打聽到城裏有棚舖，我們於是出了重價，用搭架的方法，扎了一道臨時梯子，上登殿頂。走到正脊旁邊，看不見脊那一面；正吻整整有兩個半人高，在下面真看不出來。這時候轟動了不少好事的閒人，却藉此機會上到殿頂，看看四周的風光，頃刻之間，殿頂變成了一座瞭望台。

大殿除建築而外，殿內的塑像和碑碣也很值得我們注意。塑像共計四十五尊，主要的都經測量，並攝影；碑共計九座，除測量外，並拓得全份，但是拓工奇劣，深以爲憾。

我們加緊工作三天，大致已經就緒，最後一天又到東大寺（第七圖）。按縣志的記載，那東大寺——大覺寺——千眞萬確是遼代的結構：但是現在，除去一座碑外，原物一無所存，這種不幸本不是意外，所以我們也不太失望。此外城東的東嶽廟，縣志所記的劉鑾塑像，已變成比東安市塲的泥花臉還不如。城北的洪福寺，更不見甚『高閣崚嶒，虬松遠蔭，渠水經其前』的美景，只有破漏的正殿，和叢生的荆棘。

我們繞城外走了一周，並沒有新的發現。更到了城墻上，才看見立在舊城樓基上，一座醜陋不堪的小『洋房』。門上一片小木板，刻着民國十四年縣知事某（？）的重修城樓記，據說是『以壯觀瞻』等等；我們自然不能不佩服這麼一位審美的縣知事。

工作完了，想回北平，但因北平方面大雨，長途汽車沒有開出，只得等了一天。第二天因車仍不來，想繞道天津走，那天又值開往天津汽車的全部讓縣政府包去。因爲我們已沒有再留住寶坻一天的忍耐，我們決由寶坻坐騾車到河西塢，北平天津間汽車必停之點，然後換汽車回去。

十七日清晨三點，我們在黑暗中由寶坻出南門，向河西塢出發。一隻老騾，拉着笨重的轎車，相車裏充滿了希望的我們，向『光明』的路上走。出城不久，天漸放明，到香河縣時太陽已經很高了。十點到河西塢；聽說北上車已經過去。於是等南下車，滿擬到天津或楊村換北寧車北返，但是來了兩輛，都已擠得人滿爲患，我們當天到平的計劃，好像是已被那老騾破壞無遺了。

當時我們只有兩個辦法：一個是在河西塢過夜，等候第二天的汽車，一個是到最近的北寧路站等火車。打聽到最近的車站是落垡，相距四十八里，我們下了決心，換一輛轎車，加一匹驢向落垡前進。

下午一點半，到武清縣城，沿城外墻根過去。一陣大風，一片烏雲，過了武清不遠，我們便走進濛濛的小雨裏。越走雨越大，終了是傾盆而下。在一片大平原裏，隔幾里纔見一個村落，我們既是趕車，走過也不能暫避。三時半，居然趕到落垡車站。那時騎驢的僕人已經濕透，雨卻也停了。在車站上我們冷得發抖，等到四時二十分，時刻表定作三時四十分的慢車才到。上車之後，竟像已經回到家裏一樣的舒服。七點過車到北平前門，那更是超過希望的幸運。

旅行的詳紀因時代情況之變遷，在現代科學性的實地調查報告中，是個必要部分。因此我將此簡單的一段旅程經過，放在前邊也算作序。

註一　寶坻縣志卷十五：「……殿後爲寶祥閣，高數十尺，登眺崆峒諸山，歷歷在目。」

二　寺史

所謂「寺史」並不是廣濟寺九百餘年來在社會上，宗教上，乃至政治活動上的歷史，也不是歷代香火盛衰的記錄，也不是世代住持傳授的世系，我們所注重的是寺建築方面的原始，經過，和歷代的修葺，和與這些有關的事項。

三大士殿內立着九座碑，在這方面可以供給一點簡略的實錄，此外尚未找着更詳細更有趣的資料，所以關於寺的歷史，多半根據碑文。

寶坻在隋唐時代本不成市鎮。後唐莊宗同光年間（九二三—九二六），「因蘆臺鹵地置鹽場……相其地高阜平闊，因置榷鹽院，謂之「新倉」以貯鹽。……清泰三年（註一）晉祖起於幷汾……以山前後燕薊等一十六州遺遼，遂改燕京，因置新倉鎮，……皇朝（註二）奄有天下，混一四海，……大定十有一載（註三）……鑾輿巡幸於是邦，歷覽之餘，顧謂侍臣：「此新倉鎮，人烟繁庶，可改爲縣。」……明年，有司承命析香河東偏鄉閭等五千家爲縣。……謂鹽乃國之寶，取「如坻如京」之義，命之曰寶坻，列爲上縣」（註四）。但是近世因鐵路和海河運輸之便，寶坻早已失去鹽業中心的位置，在河北省中並非「上縣」。出產品却是以粗布爲大宗，除非粗布是「國之寶」，不然寶坻顧名思義，也許要從新改名了！

廣濟寺創立時，燕薊之地歸遼已六七十年了。當時佛教雖已不及唐代之盛，但新倉却正是個日新月盛的都市。宗教中心還未建立，可巧……學有僧弘演，武清井邑生身，發蒙通遠文殊閣院，落髮離俗歸眞。幼尚忍草流芳，長惟戒珠護淨。竭總持之力，振拔沉淪；弘方便之機，贊裨調御。屬以新倉重鎭，舊邑多人，悉謂響風，咸云渴德，載勤三請，深契四弘。此則振錫爰來，寧辭越里；彼則布金有待，永奉開基。因適願以經營，遂立誠而興建。……

他生身的武清井邑，離北平不遠；發蒙落髮的通遠，在甘肅和陝西各有同名的地方二處，到底是那一處，乃至甘陝以外，或者還有別的通遠，尙待考。

當時新倉的繁榮，是

……鳳城西控，日迎碣館之賓；鼇海東隣，時揖雲槎之客。而復抗榷酤之劇務，面交易之通衢；雲屯四境之行商，霧集百城之常貨。……

地方人士和弘演法師籌得相當欵項之後，立刻開始興建。最初都由便利來往人衆的設備方面下手，於是

……材呈而風舉雲搖，匠斲而雷奔電掣。乃以鑿甘井，樹華亭，濟往來之疲羸也。建法堂，延講座，度遠近之苦惱也。或飾鎔容圖像，恭敬者利益而不窮也。或開精舍香廚，皈依者擔荷而無闕也。……

在物質和精神方面，都設備很周到了。

但是到弘演法師年老的時候，全寺最重要的大殿，還沒着落。法師

……乃謂門人道廣曰，『吾以撥土匡持，踏荒成辦。然稍增於締構，奈罔備於規模。營西位之浴堂，已憑他化；砌中央之秘殿，未遇當仁。……』

這是弘演法師未了之業，心裏很惦記，所以把興修之責，囑咐給道廣。

道廣法師雖然受了其師囑咐，但未能將計畫實現，

……會頭陀僧義弘，雅好遊方，巡禮將周於四國；同諳化道，致齋頻會於萬僧。見善則遷，與物無競。因率維那琅琊王文襲等數十人，異口同心而請，信心不逆而來；共結良緣，將崇勝槩。繇是勞筋苦節，有廣上人之率羣材；貫骨穿肌，有弘長老之集衆力。……

大殿之建立，就靠道廣義弘兩位法師的熱心和領導，琅琊王文襲等數十人的捐助。

至於材料之選集，大匠之聘求，也是很鄭重的事，所以

……疊水浮陸行之跡，專家至戶到之心。或採異於曹吳，或訪奇於般爾。度功量費，價河沓於萬緡，糾邑隨緣，數須滿於千室。……

碑陰題名，除去各施主外，應有工匠之名；可惜碑文剝蝕，已不可辯。

各方面籌備終了，正殿開始興修，頭一年大半是大木的工作，將梯架作成，

……霜揮斤斧，煙迸鈎繩。欒栱疊施，符椽複結。能推欹厥，五間之藻棟虹梁；巧極彫鏤，八架之文檻繡桷。……

現在的情形，與碑文所述可以算很相似。

第二年的工作是磚瓦墻壁，裝修彩畫，佛像壁畫，所以說

……及再期則可以鱗比鴛瓦，雲矗花磚。粉布圬墁，霞舒丹雘。奇標造立，三門之滿月睟容；妙盡鋪題，四壁之芳蓮瑞相。……

大殿完竣，第三年又修山門並塑像，所以說

……次於南則殊與峻宇，正闢通門；度高低掩映之差，示出入誠嚴之限。屹然左右，對護法之金神。肅爾縱橫，扃安禪之寶地。……蓋非一行所致，是期三年有成。……

由上文看來，由弘演法師開山立業，直到他圓寂，可算廣濟寺的創始期。這時期所建置的有甘井・華亭・法堂・香廚・浴堂等等。弘演之後，道廣義弘二師，將大殿山門修完，正是遼聖宗太平五年，公元一〇二五。弘演的創始期間，若以二十年計算，則寺之創始，當在太平五年以前二十年，約當聖宗統和二十三年，公元一〇〇五，這年代可假定是廣濟寺創始的時代。

以上創始的歷史，皆按太平五年碑。碑右側文「皇朝建口太平十有二載仲夏五月五

日立□□□□□□□□」。又有「重熙五年十二月二十□日受勅前寺主□照」按此則寺之受勅，當在重熙五年，碑之立則在太平五年，右側所記太平十二年，不知與寺之建造有甚關係，可惜已看不清了。

碑左側列施主名氏，有「清寧六年四月□□」以記年月，大概是遼代修葺的記錄，補加碑側。時在太平五年後之三十五年，公元一〇六〇。

金元兩朝並沒有給我們留下碑碣。但萬曆九年碑，追述舊事，說

……殿後木塔，莫考其始，碣稱高百八十尺，雌峙雲端，爲遼瞻表。遼滅金興，完顏亮潰師於南宋，烏祿稱號於遼陽。兵燹連綿，半遭煨燼。雖重新於榷鹽使邊公，僅存十一於千百耳。……後塔成灰，遺址荒蕪，寥寥數百載，無能復興者。……

照此則遼代建立，尚有木塔在殿後，大概是道廣義弘以後所加。碑文所稱的碣，現在已無可考。而碣裏所稱高百八十尺的塔的壽命，也並不很長，大概與遼祀同盡；三大士殿乃是刼後餘生耳。

現在山西應縣佛宮寺尚有遼清寧二年（一〇五六）木塔（第八圖），爲我們所知唯一孤本。塔高五層，山西通志稱高三百六十尺，而伊東忠太博士說高不過二百五十日尺。三大士殿後的木塔，結構與形式一定與應縣塔大略相同，乃至所用柱徑木材大小也相

同，也有可能性；因爲由我們所知道的幾處遼代建築看來，遼代木材大小之標準，不惟謹嚴，而且極普遍，所以我們若根據佛宮寺塔來構造廣濟寺木塔的幻形，大概差不了很遠。但就高低看來（按志和碣所稱），應縣的高於寶坻的整整一倍，所以也許寶坻的高祗三層，至於權衡和現象，一定與應縣極相似的。

殿內第二座最古的碑，乃明嘉靖十三年（公元一五三四）所立。去清寧六年己四百七十四年。碑文是『重修佛殿記』，說

……三大士殿……世遠歲逝，風雨侵淩，土木朽剝，以至日損月犯，顚沛傾侵，不多日也。感邑中吏部聽選省祭官趙選，士人王康，戈琛，李鈞，謀請工匠抽腐梁，換新柱。及有同輩人楊守道，中貴相芮亢亮，出大梁二事，協力贊襄。羣集議料：『此殿崩虧，邑失古場』。各捐已資，爲梁柱者用焉。繪漆容顏，光明者生焉。扶顚正斜，經營未竟。奇逢薊郡盤山禪僧名圓成，號大舟和尙，年高行潔，嚌仰良久，慨嘆俗輩尙修，剏我披剃空門，異域雖有古刹，不如是之雄峙。焚香矢曰，『厥功不就，沒齒不歸山！』寂然遯居。募助領袖人袁得林，袁官，袁振，李琥，苦歷寒暑五載，淡薄不動念。噫！倡率一啓，衆皆踴躍樂趨，貲助源來。工自始嘉靖八年孟冬月，漸次補修，殿宇復新，週壁塑繪五百阿羅漢，五大師菩薩，二金剛侍神，東西創置衛法二神堂。

第九圖　北平智化寺萬佛閣

第八圖　應縣佛宮寺木塔

甃砌臺階，煥然完美。……其落成嘉靖十三年孟夏月吉日，竪碑題名，僧願歸山妥矣。……

這次重修大殿，記錄清清楚楚是抽梁換柱。邑人開始，而賴盤山圓成法師的募助，方得成功，前後共歷五年之久。綺塑諸像也明明白白的列出。碑的後面，居然有左列諸名：抽梁匠布經，徐伯川；木匠楊林，郭振，王世保；泥水李秀，袁官，李清，口口景，雷景玉，劉文清；粧㕑匠徐文，程祥；鐫字匠曹通，焦英；油漆匠王進；菜頭高普成；水頭喬龍。

這次修葺的技術人材，都在這裏留名了。

其後四十七年，在比丘眞寧領導之下，在殿後木塔故址，建立寶祥閣，有萬曆九年（一五八一）碑廣濟寺佛閣雙成記。據說遼金之交，兵災之後，寺毀去一大部分（見前文），雖得權鹽使邊公之重修，然僅什一於千百。

……廢久則思興，山門凋敝，誥贈都御史芮琦修之。三大士殿修於山僧圓成，四天王殿修於監寺眞儒，皆卽舊爲新耳。後塔成灰，遺址荒蕪，寥寥數百祀，無能復興者。比丘眞寧，垂手成功，平地突起峻閣若干楹。閣勢崚嶒，文楹繡桷，藻棟虹梁。矗矗乎上摩層霄，俯窺八表，眞平地之蓬萊也！閣成，無像何以告虔？儒師迺然發心，詣京鑄造毗盧大佛一尊，下供千葉諸佛九百九十有九，共計千尊。費貲五百餘緡。又塑羅漢尊者十八，圓覺菩薩十二，以周旋拱事之。聖像端嚴，祥雲繚繞；金容昭永夜之光，蓮蕚逞長春之色。……

這次興修，完全是以閣代塔爲目的，與三大士殿無關係。乾隆十年寶坻縣志尙有『殿後爲寶祥閣，高數十尺，凭闌遠眺崆峒諸山，歷歷在目』之記載。而現在却是殿後一片平地，寶坻縣人誰也不曾見過閣，乃至不知道閣之曾有。坍塌或燒燬，至少當在百年前了。寶祥閣的形狀，也不難想像，最方便的例，莫如本刊三卷三期劉敦楨先生所調查的北平智化寺如來殿萬佛閣（第九圖），那是明淸建築中一個可作代表的好例。

乾隆三十一年及嘉慶二十年，各有碑一座，只記檀越施舍，與建築無關。道光九年，同年中却立了兩碑，一碑文爲重修佛殿記，一碑爲張善士碑記，大槪是記同一事項的。張善士碑記裏說：

……至明懷宗十三年，邑人塗其蕆茨，補其垣墉，無文可考，第於粱棟間大書信士捐資名姓。……

這次是三大士殿明朝末次的修葺。入淸以後乾隆嘉慶間大槪免不了修補，但亦無文可考。道光九年重修，却記得淸楚，張善士碑記接着記：

……迄今又百九十餘年矣。金粉凋零，琉璃破碎，岌岌乎其勢幾危。而京師張公志義，字愼修者，於道光癸未歲，客寓僧居，瞻依三寶。覩殿宇之屹峙嶙峋，勢將傾圮，喟然曰，「斯寶邑之大觀也，余願克遂，矢將此殿重修」。僧軒成曰，「諸天佛祖，實監君言，僧人敢拜下風！」亦越五年，至道光戊午春，張公遊宦津門，口口大遂，首捐白金二千兩，以襄厥事。所口天津工匠，亦皆歡騰踴躍，日有兼功。廟峻觀成，又復大出囊金，增修十八羅漢，布列森嚴，而諸佛之法像金身，亦遂莊嚴並著，瓔珠煥然，金碧騰輝。嗚乎盛哉。……

這次修葺，多在裝飾彩畫，和修補瓦漏。現在東西對坐的十八羅漢，大概是這次增加的。

這位張善士雖然捐了二千兩銀子，但工程未能做完，所以重修佛殿記又說：

……兩次重修，固已塗其蔬茨；今玆從事，豈止費逾萬金。而廟僧軒成，毅然獨任，甫修緣簿，隨興善工。……不逾年而其殘基之湮沒者，卓爾跂翬；舊址之傾危者，居然巍煥。……

軒成和尚，爲了要重修三大士殿，不唯出去化緣，並且出去借下了一大筆債。債主是邑紳陽超，墊了幾千兩銀子，軒成還了十年，尚未還淸，還差錢六千四百餘吊。陽超後來不收了，道光十九年的碑，就是紀這回事的。

有文可考的末次重修，有同治十一年（一八七二）的重修廣濟寺碑文；

……瞻前殿而神驚，金剛努目；入正殿而首肯，菩薩低眉，法雨天花，於斯略見。當日良工心苦，功亦偉矣。然歷時既久，物換星移，傾圮之形，日甚一日，……名峯上人者，（註五）起而承之。……於道光九年間，經營伊始，告厥成功。……自時厥後，悠經四十餘年，風雨摧殘，丹青減色。設不預爲之所，滄桑小變，朽蠹堪虞。……仗禪師之虔誠，整法門之清淨。重番補救，光景長新。……

從同治十一年，到現在又是整整一周甲。還沒有大規模的重修，也無文字可考。但由彩畫方面看來，至少已經過一次潦草的修理，因爲現在不惟「丹青減色」，而且簡直根本沒有丹青，所有的木材都用極下等的油油上一遍，以免朽蠹而已。就此一點看來，可以知道修葺之簡陋。

最近幾年間，廣濟寺的各部已逐漸歸了外面各種勢力之支配。現在大殿是軍草庫；天王門是閱報處；東配殿的南二楹是長途電話局，北一楹是和尙的禪房；西配殿封閉未用。堂堂大剎，末路如此。千年古物，日就傾圮。三大士殿的命運，若社會和政府不速起保護，怕可指日而計了。

註一　後唐末帝清泰三年即後晉高祖天福元年，公元九三六。

註二　『皇朝』指金朝。

註三　金世宗大定十一年即宋孝宗乾道七年，公元一一七一。

註四　寶坻洪志卷十八，金劉晞顏寶坻縣記。

註五　名峰上人者即軒成和尚，張善士碑已記着軒成和尚於道光九年重修，此地年歲既同自是一人。

三　大殿

廣濟寺的建築物，現在值得我們注意的，只剩這一座三大士殿。在將它作結構的分析以前，須先提出幾點，求讀者注意。

中國建築的專門名詞，雖然清式名稱在今日比較普通，但因遼宋結構比較相近，其中許多爲清式所沒有的部分，不得不用古名。爲求劃一計，名詞多以營造法式爲標準，有營造法式所沒有的，則用清名。

關於專門名辭的定義，在本刊三卷二期拙著薊縣獨樂寺觀音閣山門考一文內，已經過一番註解，其勢不能再在此重述。所以讀者若在此點有不明瞭處，唯有請參閱前刊，恕不再在此解釋了。

至於分析的方法，則以三大士殿與我們所知道的各時代各地方的建築比較，所以營造法式與工部工程做法，還是我們主要的比較資料。此外河北山西已發現的歷代建築，也可以互相佐證。

（一） 平面

三大士殿的間架，如太平五年碑所述，的確是五間八架（卷首圖二），按清代匠人的說法，就是九檁五間。按西方的說法，就是個長的一面六柱，短的一面五柱的 Peristyle Hall。平面是個長方形，由柱中算，東西長約二四·五〇公尺，南北十八公尺。內圍前面（南面）二柱不與左右（東西）柱成列，而向後（北）移一架（半間）之遠，所以內圍所包括的並非一個長方形。因這柱位之特殊，上部梁架也因而受極大的影響，成一奇特的結構。當在第四節詳論之。

外圍各柱之間除去前（南）面當心間及次間，與後（北）面當心間安裝修外，全用磚牆壘砌。內圍北面當心間次間，亦有扇面牆，做供奉佛像的背景。

內圍柱之內，扇面牆之前，有磚壇，上供三大士像，及脇侍菩薩八，又朝服坐像一。台下左右各有脇侍菩薩三，衛法神一。扇面牆後有五大師像。東西梢間列十八羅漢。全部配置，左右完全均齊。內圍前四柱之下，多有碑碣圍立。

殿內用方磚墁地。但當心間最南一間，有類似檻墊石的白石一塊，外皮與檐柱中線取齊，長一·四〇公尺，寬六公寸，稍北有大理石「拜石」一塊，長二公尺，寬〇·九六公尺。

全建築物立在只高於地面二公寸的極低台基上。台基前後出約二·四七公尺，自檐牆外皮計出一·六二公尺；兩山台出二·五四公尺，自山牆外皮計出一·七〇公尺。台基之前爲月台，與地面平，長十六公尺半，寬七·六七公尺。西南角有方石一片，約〇·八四公尺見方，亦只浮放地面。月台正中有鐵香爐座，香爐已不存。

（二）立面

三大士殿的外形（卷首圖三及四，第十圖）是一座東西五間，南北四間，單層，單檐，四阿（即廡殿）的建築物。斗栱雄大，出檐深遠。屋頂舉折緩和，與陡峻的清式大異。因進深甚大，正脊只比當心間略長不多。脊端有碩大的正吻。全部權衡與薊縣獨樂寺山門【註一】略同而大過之。

前面梢間，後面次梢間，和山面全部柱間闌額以下，都用雄厚的磚墻壘砌，墻面極完整，顯然極近重修，也顯然絕非本來面目。沒墻的各間，都有整齊的裝修，大概是與磚墻同時安上的。

前面正中簷下有兩塊匾，上一塊是「三大士殿」，下一匾是「阿彌陀佛」。

外檐木料全用下等油料遍塗。柱，闌額，普拍枋，（即平板枋），裝修，都是紅色，現已轉醬紅色，多處已剝脫。斗栱以上枋桁油綠色，現已蒼老。

側面立面，尤爲闊矮。山墻竟低小似小園墻。斗栱與前後完全一樣。

台基低小，只二公寸，原狀絕不應如此。寺庭地面，幾百年來必已填高許多，台基湮沒，見於碑記。我沿台基邊發掘下去，竟連舊基未見。現在台基四週的磚，深只一層，原物竟無可考了。

第十圖　三大士殿南面

第十一圖　外檐斗栱

(三) 柱

三大士殿共有柱二十八，柱分內外兩周，外檐柱十八，內圍柱十。內圍南面當心間二柱，已如上文所述，不與左右柱成列，而向北移一步架。這兩柱因位置特殊，所以牽動到上層梁架。

外檐柱徑〇・五一公尺，高四・三八公尺，爲柱徑之八・六倍。收分極少，不過千分之二五。檐柱側脚，約合柱高千分之九・一五强，與營造法式所規定「每一尺側脚一分」的百分之一率相差不遠。外檐次梢間幾柱中，側脚斜度竟有達高之百分之三者，大概是傾斜所致。就尺寸和比例看來，外檐柱與薊縣獨樂寺山門外檐柱是完全相同的。

內圍諸柱，除當心間二特殊柱外，都高約六・三五公尺，徑約〇・五四公尺，高爲徑之十一倍多；二特殊柱，高約六・七五公尺，而徑則幾六公寸，比例也是十一與一之比。

這許多柱，是否完全是遼代原物，尙待考。但後代抽換之可能性極少。柱頭都卷殺成圓形。東面中柱的下段用石礅承接，大概是柱下端朽壞，所以用此法補救。石是不吸水的物體，可以將地下水分與柱隔離。這處用得極妥當。至於其他柱子下面都沒有柱礎，將柱完全放在磚地上，於力學與物料之保護，都極不合法。這種做法，大概不是原形，而是後世修葺或埋沒的結果。

在內圍諸柱之間，有許多補間的小柱（各圖），徑約〇·二五公尺，是柁梁已呈彎曲乃至破斷情態時加上去的，實在年月尙待考。

（四）　梁枋及斗栱

在三大士殿全部結構中，無論殿內殿外的斗栱和梁架，我們可以大膽的說，沒有一塊木頭不含有結構的機能和意義的。在殿內抬頭看上面的梁架，就像看一張X光線照片，內部的骨幹，一目了然，這是三大士殿最善最美處。

在後世普通建築中，尤其是明清建築，斗栱與梁架間的關係，頗爲疏鬆，結構尤異。但在這一座遼代遺物中，尤其是內部，斗栱與梁枋構架，完全織成一體，不能分離。但若要勉强將他們拆開，則可分外檐和內檐兩大部；外檐構架，最重要的是斗栱，內檐構架，最重要的乃是梁枋。

甲　外檐構架　柱頭與闌額之上，有普拍方（清稱平板枋），所有外檐斗栱，都放在它上面。這闌額與普拍方，是兩塊大小相同的木材，寬三十五公分，厚十八公分。闌額窄面向上下，普拍方寬面向上下，放在闌額之上，二者之斷面遂成丁字形。

普拍方上的斗栱，可分爲柱頭，轉角，和補間三種鋪作。

1　柱頭鋪作（第十一圖）。按營造法式說法，是「雙抄重栱出計心」，清式叫做「五彩重翹」。自櫨斗口中，伸出華栱（翹）兩跳，第一跳跳頭橫安瓜子栱（外拽瓜栱），瓜子栱上安慢栱（外拽萬栱），慢栱上安羅漢方（外拽枋）。第二跳跳頭安令栱（廂栱），令栱上安替木（挑檐枋之一段），上承橑檐槫（挑檐桁）。下層柱頭方上彫出假慢栱，次層又彫泥道栱，上層不彫。各栱頭和枋間在栱頭方位上，都有散斗（三才升）或交互斗（十八斗）。在第二跳華栱之上，與令栱相交的是耍頭，將頭削成與地平作三十度之銳角，與獨樂寺耍頭完全相同。

斗栱後尾有華栱兩跳，而沒有與之相交的橫栱。第二跳緊托梁下，梁頭伸出外面成耍頭。在這點上又與獨樂寺山門的做法完全相同。

2　轉角鋪作（第十二圖）。除去正面和山面的各層栱方「列栱」相交，而成九十度正角外，在屋角斜線（Mitre line）上，有角栱三層伸出，與華栱及耍頭平。與角栱成正角的又有抹角栱二跳，與華栱二跳平。所以轉角鋪作的平面，正是一個米形。

在柱的中線上，正面的第一跳華栱，乃是山面泥道栱伸引而成。第二跳華栱乃是山面下層柱頭方伸出。山面中層柱頭方在正面卻成爲耍頭。轉過去在山面的華栱耍頭也與此一樣，是正面泥道栱和柱頭方伸引而成。

各角栱和抹角栱，在平面上與華栱成四十五度角，而各栱出跳遠近，和與它們同層的各跳華栱齊。角栱三跳，與華栱二跳及耍頭平。抹角栱却只二跳，上有抹角耍頭，和與它們同名各件同層。但是抹角栱的兩端，並不與栱的本身成正角，而作四十五度角，與建築物的表面平行；耍頭也是如此。是値得注意之點。

第一跳跳頭之上，有瓜子栱一道，一端與同層的角栱相交切，一端仲過第一跳抹角栱。這瓜子栱之上，亦有慢栱一道，兩端的構造與它相同。

第二跳跳頭之上，每栱頭上有一道令栱，成爲三道相連的令栱，但因地方太狹小，所以正中一道與兩旁的兩道共用一個散斗　營造法式所稱鴛鴦交手栱者是。這三道栱，實際上乃由一整塊木材製成，而刻成假栱形；法式卷五造栱之制：慢栱與切几頭相列，小註說「切几頭微刻材下作面卷瓣，」所謂「面卷瓣」者，大概是這種假栱形的辨法。

在第二跳角栱跳頭上，兩面的令栱相交，承住兩面的替木和橑檐槫；斜角線上，又有第三跳角栱，以承上面的角粱。

轉角鋪作的後尾（第十三圖），除去正面山面的各層栱枋外，在斜角線上有五跳的角栱，跳頭都沒有橫栱，最上一跳承住正面山面下平槫（下金桁）下襻間（枋）的相交點。與

第十二圖　轉角鋪作

第十三圖　轉角鋪作後尾

獨樂寺山門完全相同。

3 補間鋪作 （第十一圖）。在柱頭與柱頭或柱頭與轉角鋪作之間都有一朵（攢）補間鋪作。其結構與獨樂寺山門的補間鋪作大致相同，唯一不同之點就是外跳是計心造而非偸心造。

補間鋪作最下一層是直枓，立在普拍方上。直枓之上是大斗，大斗口中，沿建築物正面平行的，是三層柱頭方和它們上面的壓槽方。下層柱頭方上刻假泥道栱，中層刻慢栱，上層不刻。與各方成正角者爲華栱兩跳。第一跳跳頭有令栱，栱上承住羅漢方；第二跳跳頭無栱，只有與令栱同長的替木，托住撩檐槫。

鋪作的後尾（第十五圖）共計華栱四跳，與柱頭方及壓槽方相交。最上一跳托住下平槫下襻間。各層跳頭都沒有橫栱，與獨樂寺山門及日本奈良東大寺南大門所見相同。這種無橫栱鋪作日本稱爲「插栱」，中國原名是甚麼，還未得知。

這些補間鋪作的位置，都正在各間之正中，到了梢間上，後尾便發生了問題。下平槫的分位，正在檐柱與內圍柱之正中，後尾最上一跳跳頭應當正在下平槫相交點之下。但這點上已有轉角鋪作角栱後尾跳頭承住，與補間鋪作後尾跳頭勢不相容。在結構上轉角鋪作是重要的，所以荷載應放在它上面，而補間鋪作不能不略讓開，在旁邊擔任幫忙的工作。讓開的方法，是將最上一跳的跳頭，向建築物中心方面移動，但因鋪作不移，仍站在梢間之正中，所以華栱與柱頭方不成正角（第十三十四圖），與獨樂寺山門將全攢鋪作移偏的辦法不同。

因華栱裏跳跳頭向內移，所以外跳跳頭向外偏。結果則與轉角鋪作更接近，其間容不下替木之長。於是梢間補間鋪作與柱頭鋪作的替木相連為一。營造法式卷五造替木之制，小註所說「如補間鋪作相近者，即相連用之」，即可以此為例。後世挑檐枋，其實就是「補間鋪作相近」，替木相連的自然結果。

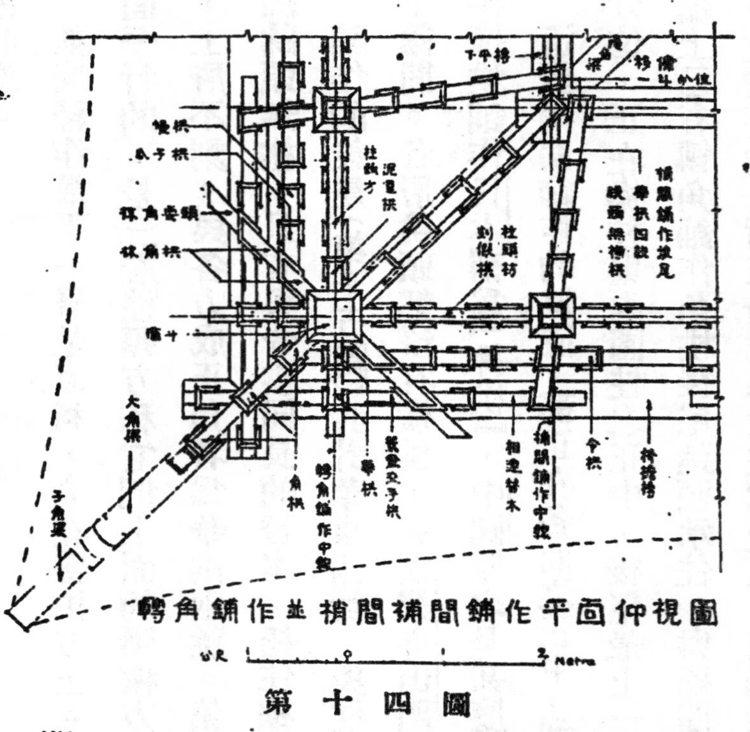

第十四圖

4　槫枋　在柱頭鋪作令栱之上或補間鋪作跳頭之上是替木，以承橑檐槫。槫是圓木，徑約四公寸。在轉角處，正面槫與山面槫相交，由第三跳角栱承住。

第十五圖　補間鋪作後尾

第十六圖　乳栿及劄牽

與槫平行而在外跳慢栱上者爲羅漢方，其大小與造栱所用材同。羅漢方並無荷載，它惟一的機能是在各朵鋪作間之聯絡。

5 **角櫟** 角栱跳頭上並無寶瓶或「角神」來支撑，而有略似「菊花頭」一類的栱(?)伸出，又有點像角櫟的模樣，與獨樂寺和後世所見的都大大不同。它的上面托着老角梁，梁端卷殺成三曲瓣，簡單莊嚴，略似法式卷三十之三瓣頭樣。仔角梁較老角梁略小，梁端有套獸。

乙 **內檐構架** 內檐構架是三大士殿建築最美最特殊之處。木材之運用，到了三大士殿，可謂已盡其所長；大匠對他所使用的材料，達到如此瞭解程度，也可算無負於材料了。

三大士殿內部梁枋的構架，驟看似很複雜，而實在極簡單。那樣大一座佛殿，只由六種梁架合成，其中主要梁架，都南北向，順着殿的橫斷線安置。

1 **乳栿** 清稱雙步梁，是三大士殿內最簡單而數目最多的一種梁架（卷首圖五，六，七，及第十六圖）。乳栿高約四十五公分，寬二十六公分，長兩步架。一頭放在外檐柱頭斗栱上，一頭插在內圍柱上。除去南面當心間內圍二柱位置特殊，不能用乳栿外，所有檐柱與內圍柱間的一周圈，都用乳栿聯住。它向外一端，斫造成耍頭，成爲鋪作之一部分，使乳栿與鋪作的結合特別的密切。

乳栿之上有小木條一塊，寬十七公分，厚約十一公分。這塊小木之上，安放着大斗，斗內泥道栱和華栱各一跳相交，成所謂十字栱者。華栱之上放着剳牽（？清稱單步梁），泥道栱之上是襻間（枋），其上有三個散斗，托着替木和它上面的下平槫（下金桁）。這華栱上的剳牽，向內一端放在內圍柱上的斗栱上，外端放在十字栱上。剳牽的機能不在負荷上面的重量，只在剳牽住下平槫與內圍柱，是名實相符的。下平槫之旁，有斜柱支撑；斜柱下端支在乳栿上壓槽方之旁，以防平槫向外傾圮。在梢間轉角處，除去正面和山面乳栿之外，自外檐角柱至內圍角柱之間，多用遞角梁一道將角部的結構加多一層的聯絡。獨樂寺觀音閣三層的構架都是如此辦法。明清建築也多如此。但是三大士殿卻將遞角梁省略了去，在結構上稍嫌鬆懈，是可批評的。

2　**三椽栿**　清稱三步梁，共有兩架（卷首圖五及第十六圖），外端在南面當心間兩柱頭鋪作上，內端插入內圍南面二柱上。梁高五十三公分，寬三十五公分，長三步架。在下平槫步位，有十字斗栱和斜柱支撑，與乳栿上的結構完全一樣。十字斗栱上也有剳牽，長一步架，內端放在中平槫分位所在的一攢斗栱上。若不因柱位變動，這斗栱就正在內圍當心間柱上。

這斗栱（第十七圖）的最下層是個駝峯，駝峯之上是個大斗，大斗口內有泥道栱與割牽斫成的栱頭相交。泥道栱上有枋子三層，下層刻成假慢栱，中層刻瓜子栱，上層刻翼形栱；翼形栱上是替木與槫。與下層枋相交的有割牽（？）一道，內端直達內圍柱上而成爲櫨斗口內的華栱；與中上兩層相交的上一架的四椽栿，當在下節詳論之。

3　**四椽栿**　清稱五架梁，共有兩架（卷首圖五）。高五十三公分，寬三十五公分，所以四長四步架。它下面主要的支點在內圍南北二柱；南面一柱因爲向北移了一步架，所以四椽栿的懸空淨長度（Clear Span），只是三步架；但它仍保持四步架之長度，而將南頭放在三椽栿上中平槫（中金桁）下的鋪作上，與上中兩層枋子相交，而它的高度，剛是兩枋加上一斗的高度。

四椽栿下的兩支點，北頭在內圍柱上柱頭鋪作之上。這柱頭鋪作，計有櫨斗，放在柱頭上，斗上有泥道栱一道和枋子三層，假栱的分配與三椽栿上中平槫下的斗栱同。與泥道栱和下層枋相交的有華栱兩跳，由乳栿上的割牽伸出斫成。華栱跳頭沒有橫栱，第二跳跳頭緊托住四椽栿的下面。上中兩層枋却與四椽栿相交。

中平槫旁邊並沒有斜柱支撑，到下層梁上只有類似而極短小的，支在四椽栿頭上。按法式卷五，侏儒柱節內，有凡中下平槫縫，並於梁首向裏斜安托脚，其廣隨材厚三分之一，從梁上角過抱槫出卯，以托向上槫縫。

大概就是說的這種東西。

四椽栿之上有兩攢大同小異的斗栱，它們的機能與位置與後世的金瓜柱同，但是它們的結構特殊精巧，是後世所未見過的。就梁的本身說，這兩攢斗栱是放在梁上各距兩端同遠之點；但若就懸空淨長度當梁的長度算，則靠南一攢的荷載，直接由柱上轉下去，與梁無關；而靠北一攢却正在懸空淨長靠北三分之一的方位，而它的荷載却有三分之二在北面柱上，三分之一在南面柱上。所以就荷載說來，南面內圍柱實比北面內圍所負擔的多得多了。

這兩攢斗栱的最下層是三個散斗，放在四椽栿上；散斗之上是一個駝峯；托着大斗。大斗口中北面一攢有泥道栱一層，枋子二層；南面一攢就只是枋子三層。這三層栱枋雖配置略異，而他們每層的高低位置却與對面的相同。在大斗口中與四椽栿平行的有小栱一道，內端做成華栱，外端却是翼形；它們的上面又有一道枋子，與四椽栿平行，兩外端做成栱形緊托在三架梁之下。這道枋子與泥道栱上的枋子同高相交。再上一層的枋的下皮，就與平梁(三架梁)的下皮平。更上就是替木和上平槫了。這種以斗栱來代金瓜

第十七圖　三椽栿

第十八圖　平梁

柱的辦法，在後世雖然也有，但是製作如此靈巧的，還沒有看見過。

54 **平梁**（第十八圖），清稱三架梁。大小與乳栿（雙步梁）同，長也是兩步架。平梁之正中有小駝峯，駝峯上有侏儒柱，柱上有斗，斗上有栱與翼形栱相交，再上就是襻間，替木和脊槫了。脊槫之旁，有斜柱支撑在平梁兩頭上。

60 **太平梁**（第十九圖），這是清式的名稱，宋名尚待攷。上部結構與平梁完全相同，而與之平行；兩者相距僅〇．九七公尺。太平梁的中心，正在兩山前後隱角梁（由戧）與脊槫相交點之下；它的任務就在承起這三者之相交點和上面沉重的鴟尾（正吻）。這太平梁全部的重量，是經過一攢斗栱而放在順梁（見後文）上的。

太平梁與平梁大小結構既同，又相並列，所以侏儒柱上所承的枋子，都互相聯繫。科內的栱穿貫兩侏儒柱上，兩端卷殺成栱，中段卻相連。栱上的襻間也由平梁上一直穿過了太平梁上的栱頭以外。再上的替木也是相連。這是「連栱交隱」的做法，在法式卷五裏說得很清楚的。

76 **兩山上平槫及枋** 清稱兩山上金桁。由上平槫，替木，和三層枋子合成。長兩步架，也放在順梁上。枋子三層，下層兩端放在大斗口內，兩端伸出作翼形；中層作栱形，托住要頭形的上層枋。在枋的中段，下層與中層間，中層與上層間，都有一個散斗

。上層枋刻假泥道栱形，上面三個散斗承着替木，替木又托着榑的中段。（第十九，二十圖）

87　兩山中平榑及枋　（第二十一圖），清稱兩山中金桁。若講位置，正在次間梢間之間各柱之上。在中柱之上有柱頭鋪作，內圍角柱之上有轉角鋪作，柱間闌額之上有補間鋪作。柱頭上有櫨斗，斗口內放泥道栱，上只有柱頭（？）枋三層；下層刻慢栱形，中層刻瓜子栱，上層刻翼形，再上就是替木及中平榑。與泥道栱及下層枋相交的是乳栿上劄牽的後尾；下半斫成翼形栱頭，放在櫨斗口內；上半做華栱，與下層枋相交。與中層枋相交的有華栱一道，向內一端長兩跳，向外一端卻只長一跳，上承略似耍頭的木材。我們若要挑眼的話，可以說這塊木材在結構和機能上是無用的；但此外再找一塊也不容易了。

在轉角鋪作上，泥道栱和下層枋的結構與中柱上的略同，不同處惟在劄牽與他們是「相列」的。中上兩層在向內一面刻成假栱，與柱頭上的完全相同，向外一端卻斫成眞栱，伸出至劄牽之上。

在外檐相別處的補間鋪作上，除去它上面榑所載下的荷重，差不多沒有別的負擔。但在中柱與內圍角柱間的補間鋪作上，卻有極大的一部荷載，經過立料，放在闌額之上

第十九圖　平梁及太平梁

第二十圖　順梁

第二十一圖　山面內柱斗栱及中平榑

第二十三圖　內檐補間鋪作

。因爲太平梁和兩山上平榑都是放在順梁上，而順梁又是放在這補間鋪作上的；所以它的負擔特別的重，而闌額的安全便發生問題了。現在爲解決這問題，在闌額之下，已加了一根小柱子，以匡救闌額之不逮；添置這柱子的人是根據他「立木頂千斤」的常識加上去的，但是爲明瞭這闌額的實力，我們可以大略計算一下。

第二十二圖中虛線內有斜虛線的面積的重量，都由闌額負擔，南北兩闌額各擔其半。計每闌額所負，

面積　九．四七平方公尺。

木料　椽，榑，枋，斗，替木，順梁，隱角梁共計

三．七四立方公尺，

磚，泥，瓦　三．八五立方公尺。

木料重量以每方公尺七二〇公斤計，磚泥瓦平均以每公尺一八〇〇公斤計，計

木料重3.74×720＝2700 公斤。

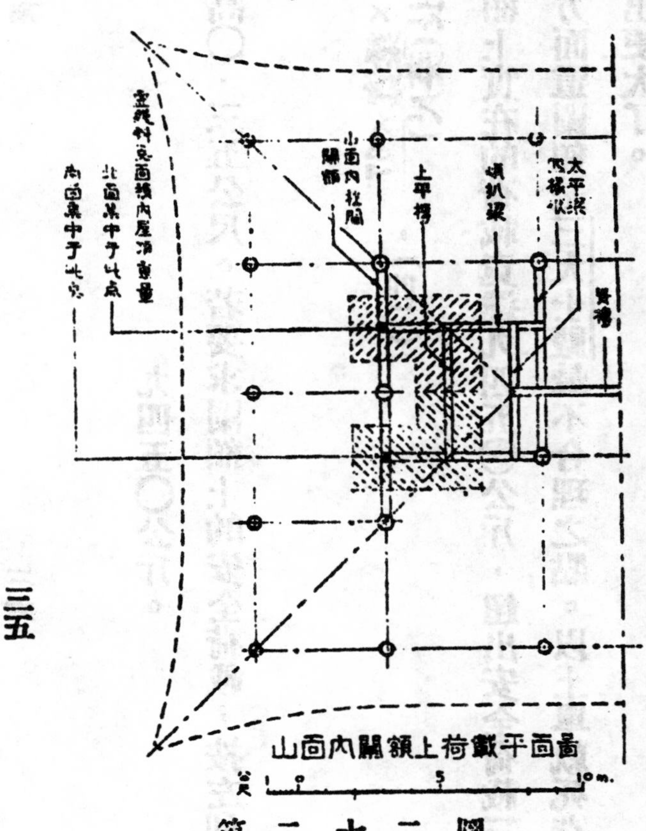

第二十二圖　山面內闌額上荷載平面圖

磚泥重3.85×1800=6750公斤。

共重　九四五〇公斤。

現在闌額的斷面寬〇．一八公尺，高〇．三三五公尺。若要求闌額上的安全荷載，按左列程式

$$安全荷載(磅)=\frac{梁高^2 \times 梁寬 \times 67}{梁長(英尺)}$$，(註二)

得着的數目是二八二〇公斤，而闌額上實在的荷載竟達九四五〇公斤，超出安全荷載三．三五倍，當然不勝其任。在結構方面這闌額是三大士殿最不合理之點。以上單就死荷載計算，若加上風壓雪壓，則所超出更大了。

6.3　**順梁**　為宋式所未見的名稱，雖然用途是有的。在結構方面論，其結構之不合理，僅亞於前段所說的闌額。次間的荷載，有四分之三都在順梁上。現在的梁是明清式，下面還加有枋子一條，顯然是後來的結構(第二十圖)；原來的大概已換去，嘉靖間重修，明明說換了梁，大概就是這順梁。

順梁一端放在山面補間鋪作上，一端放在四椽栿上。原物一定與現在當心間二內柱上的枋子一般大小，但上面的荷載，按上文略計，至少超出安全荷載三倍左右，所以

有換新的之必要。新梁大小超過原物，所以兩端不能與斗拱等部織成一起；而四椽栿上加上笨重的托木，尤爲難看。

9 10 **前後上平槫及枋** 次間上南北平槫之下有枋子三道，與兩山上平槫下的枋子相交，安在順梁上的大斗口裏。槫枋頭上卷殺，與兩山者完全一樣。

當心間的上平槫，放在平梁梁頭上。槫下枋子，北面兩層，南面三層，與四椽栿上兩攢斗拱各栱相交。南面內柱柱頭間，還有闌額一道，上面有駝峯，托住上面三層枋和枋上所刻的假栱形（第十八圖）。北面兩枋間有小斗，托住上層上刻的假栱。

10 11 **前後中平槫及枋** 除去南面當心間次間之外，都在內圍柱上，有柱頭鋪作和補間鋪作支撑。柱頭上有櫨斗口內的泥道拱，和栱上三層枋。下層枋刻假泥道拱，中層慢栱，上層令栱，再上是替木承着中平槫。泥道栱下，原來有直料或駝峰，現已失去，代以小柱（第二十三圖）。

11 12 **下平槫** 一週在乳栿中十字斗栱上。槫放在劄牽頭上，下有一道襻間（第十六圖）。

綜上所述，在大殿大木用材上，有一個主要的特徵，就是木材之標準化。這裏取材之單位，如薊縣獨樂寺所見，及營造法式所述，就是「材」與「栔」。讀者恕我再鄭重錄下營造法式卷四大木作制度：

凡構屋之制，皆以材爲祖。材有八等，度屋之大小，因而用之。……各以其材之廣，分爲十五分，以十分爲其厚。凡屋宇之高深，名物之短長，曲直舉折之勢，規矩繩墨之宜，皆以所用材之分，以爲制度焉。

又說：

栔廣六分，厚四分。材上加栔者謂之足材。

這材就是結構上所用的基本度量單位。全建築的各木材皆以這「材」之倍數或其分數「栔」定大小。法式所謂「皆以所用材之分，以爲制度焉」，就是指此。

這裏又有一個問題，未得解決的。宋式之栔與材之比例爲六與十五之比；材之寬與高爲二與三之比，記載得很明白。至於遼式，我們雖知道這幾種比例之必有定法，但以何爲比例，則未得知。我們雖已仔細測量過多數的材，但木質經千年的變化，氣候風雨之侵蝕，沒有兩塊同大小的材，而且相差極鉅。幸而獨樂寺的材，與廣濟寺的材，顯然是同一等的。兩處三建築的材，最大的高〇·二五公尺，寬〇·一六五公尺，最小的〇·二〇五公尺×〇·一五五公尺；但平均計算，可以假定〇·二四×〇·一六爲標準材，則其橫斷面也是二與三之比，是很明顯的。然而遼栔的尺寸，其厚若按各層拱間的空檔算，則大者○．一四公尺，小者○．一○公尺，平均○．一二四公尺；其廣則與材之厚同。但若用營造法式的方法，將遼材尺寸計算，則栔之厚當是○．○六四公尺，與實在尺寸相差一半，所以材栔之比例，遼式與宋式顯然不同，但在未得更多數實物來比較以前，不敢亂下定語，還待下次實測來佐證或反駁。

這裏更有一個問題，也不妨提出討論。按法式『材分八等：第一等廣九寸，厚六寸；殿身九間至十一間用之。第二等廣八寸二分五厘，厚五寸五分；殿身五間至七間用之。第三等廣七寸五分，厚五寸，……』遼材大小雖尚無考，但朱子家禮所載尺及宋三司布帛尺，約合○．二八二五公尺，諒與遼尺無大出入。若按宋尺計，○．二四公尺適合宋尺八寸五分，○．一六合宋尺五寸七分。在第一第二等材之間，而較近於第二等。若是法式所定以第二等材用於殿身五間七間之法是從唐遼所傳，則獨樂寺廣濟寺所用當屬二等材，而它們的大略尺寸是廣○．二四公尺，厚○．一六公尺，對於遼宋尺之研究，在這裏又是一條門徑。

至於梁枋他部的尺寸，雖大小略有出入，但可分爲左列六種標準材。

甲　0.53×0.35　兩材四分

乙　0.45×0.26　兩材弱(？)

丙　0.40×0.16　　一材一栔三分弱

丁　0.35×0.18　　一材一栔（足材）

戊　0.24×0.16　　一材

己　0.16×0.12　　一栔

這幾種尺寸，雖不能與所定材栔十分符合，但相去卻不遠。在法式卷五造梁之制，小註中有

……凡方木小須繳貼令大，如方木大不得裁減……

這通融辦法，可以省工，並不費料，而大梁木料尺寸之稍有不同，這也是一個原因。但在這幾種材之中，如丁爲甲之三分之一，已爲戊之一半，也是極明顯的。

至於柱徑，與甲略同。以三大士殿之大，結構之精，而用材（連柱）只有六種大小，於設計，估價，及施工上，都能使工作大大的簡單化。這是建築工程方面宜注意之點。

（五）舉折

除去斗栱梁枋的本身以外，它們相互壘構出來的結果，舉折的權衡——屋蓋的輪廓，是這座建築物外觀上最有特徵，最足注意之點。

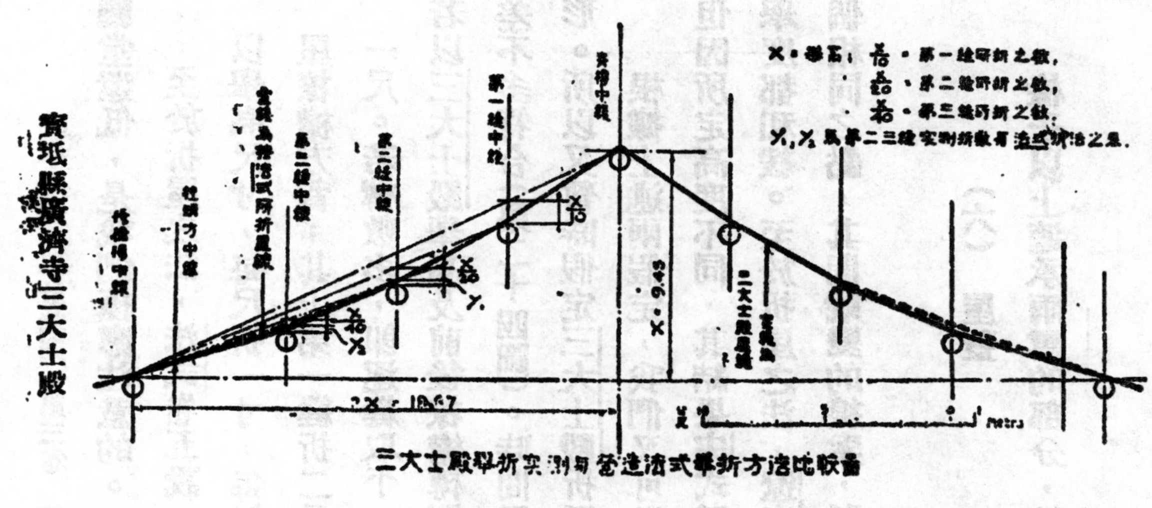

寶坻縣廣濟寺三大士殿

三大士殿舉折實測與營造法式舉折方法比較圖

第二十四圖

三大士殿舉折的角度，與獨樂寺觀音閣山門大致相同。按營造法式，殿閣樓臺舉高合進深三分之一；甋瓦廳堂則舉四分之一，再加百分之八。清式舉架所得角度，若用法式的方法計算，也約合三分之一强。而三大士殿前後橑檐槫間距離十八公尺半，舉高約四·八五公尺，適爲四與一之比；獨樂寺的舉折也是如此。我們雖只實測過這兩三座的遼物，一時還沒有更多實例來佐證，但是根據這三個完全相同的實例，在發現別的反證以前，暫時武斷的假定遼式舉屋之制，在殿閣上所用的角度，與法式所規定普通廳堂的角度減去特加之百分率的舉度相同——就是四分之一的舉度。

法式所規定殿閣三分舉一的角度，與清式的角度大致很相近；而遼式殿閣的舉度，竟較宋式廳堂還低，是我們極應注意的。

至於折屋之法，法式卷五說

以舉高尺寸，每尺折一寸，每架自上遞減半爲法。如舉高二丈，卽先從脊槫背取平下屋橑檐方背；其上第一縫折二尺。又從上第一縫槫背取平下至橑檐方背；於第二縫折一尺。若槫數多，卽逐縫取平，皆下至橑檐方背，每縫並減上縫之半。

若以三大士殿舉高及前後橑檐槫間尺寸，按上錄方法取折，則所得斷面的輪廓，與實物差不多符合（第二十四圖）。時間風雨的侵蝕，施工時之不精確，都足以使建築物略變原形。所以又暫時假定三大士殿折屋之法與法式所定是相同的。

根據上述兩假定，我們又可以說：舉屋之法，遼宋雖同是以舉高之度爲先決問題，但因所定高度不同，其結果宋式反與用另一個方法定舉架的清式相似，而遼式較宋清的舉度都和緩。至於折屋之法，遼宋是完全相同的。然則宋式在遼清之間，與它們各有一個相同之點，其間蛻變的線索，髣髴又清楚了一點了。

（六）　屋蓋

椽子以上遮承雨雪的部分，統包括在屋蓋之內。

三大士殿的屋蓋構造法，是在椽子上放磚，以代望板；換句話說，就是用磚做望板。但這種做法，只限於四周壓槽方以內，壓槽方以外，一直到檐邊，還是用木質做望板。

望板以上，照例有苫背——墊瓦的草泥。我們雖未得揭瓦檢查其內有無，但總不能有例外的。

苫背之上是板瓦，板瓦之上覆筒瓦。筒瓦東西九十隴，南北七十隴，都是整齊的數目。筒瓦長四十四公分，徑二十一公分；清式琉璃瓦二樣筒瓦長一尺三寸五分，徑六寸五分，與這數目相差不遠。各隴中至中約三十八公分。

瓦上的正脊，垂脊，鴟尾，垂獸，走獸，形制都極特殊。與清式大大的不同。

正脊的尺寸，由地上肉眼觀看，是看不出實在大小的。由瓦滿至脊上皮，計高一·五三公尺，約有一人高，一般長短的人，在脊的那一面便看不見這一面。脊的結構乃由多塊的磚壘成，兩旁刻有行龍的彫飾（第二十五圖）。

正脊之長只比當心間長一點，在雄大緩和的屋頂上，尤顯得短促雄壯，所呈的現象與後代建築是完全不同的。

正脊之兩端有龐大的鴟尾，既不似明清之吻，更不像唐代的尾。它的形式可以說約略像一塊上小下大的長方形，頂上微有斜坡，由較高的一面生出微曲而短小的尾。尾上有多數的鰭伸出，鴟尾之上斜插寶劍一把，寶劍的形是極寫實的，不像明清的「程式化」(Conventionalized)。鴟尾的下端是龍頭，張着大嘴嚙住正脊。嘴的唇線，嘴裏的舌頭，和頭上的鬚毛，都十分的蒼老古勁。鴟尾上半段戲珠的雙龍，也極古雅有力（第二十六圖）。

垂脊由素磚砌成，上下起幾條圓線，並無彫飾。但是垂獸的圖案，却特殊有趣。明清常見的垂獸，都以垂脊當龍身，而垂獸髣髴是龍頭，面向外角。三大士殿所見，則向內一面，做法略似鴟尾，張着大嘴咬住垂脊，而同時向外一面，又有清式的另一個龍頭向上仰起（第二十七圖），實是一種特殊的圖案。

垂獸以下，計有走獸九件（第二十八圖），形制與後世的大大不同。其中有清秀的天馬和鳳，倒立的魚（第二十九圖），都是罕有的古例。瓦角上的拂菻（仙人），是甲冑武士，舉起右臂，坐在檐頭，與獨樂寺所見一樣。法式所謂屋角的「嬪伽」，就是他的女性。不似清式的仙人之帶有濃厚的道教色彩。

（七）牆壁

第二十五圖　正脊

第二十七圖　垂獸

第二十六圖　鴟尾

第三十圖　裝修及匾

第二十八圖　走獸全部

第二十九圖　魚　鳳

正面兩梢間，背面次梢間，和山面東西各四間，都用極厚的磚牆壘砌。牆厚約一·一六公尺，上部略有收分，大概是清末所修，現在牆磚還完整如新。牆之內面原來大概是有壁畫的，至少我們知道嘉靖十三年『遍壁塑繪五百羅漢』，現在却一點痕跡都沒有了。

（八） 裝修

南面當心間次間，都有完整的裝修，計每間裝格扇六扇。扇心的櫺子，是極簡單的小方格。闌額之下，格扇之上，有中檻一道；中檻之上安有橫披，也是方格，但較小，斜角安置。各斗栱之間，安墊栱板的分位，也用斜格裝修，但方格較大。這些裝修大概都是後世重修所做，原物已無可稽了（第三十圖）。

（九） 塑像

殿的主人翁就是殿名所稱的『三大士』。在廣大的磚壇上，當心間及次間各供一位。壇上有朝服像一尊，脇侍八尊，壇下有侍立菩薩像六尊，衞法神（金剛韋馱各一？）像二尊。梢間沿東西山牆下有十八羅漢像。扇面牆北面有五大師菩薩並挾侍共七尊。共計像四十五尊。

若按手法定時代，殿內諸像顯然可分別出兩種不同的手法來。三大士像及侍立諸菩薩像屬於一種：朝服像，衞法神，十八羅漢，五大師菩薩是屬於又一種。按縣志卷十五：「其中三大士暨諸天神像，貌一一奇古，不類近代裝；或曰乃劉元所改塑也」。按劉元乃元代最有名的塑像師，通稱「劉鑾塑」，寶坻人。就地理上看來，劉元改塑之說是很有可能性的。史有劉鑾其人，實卽劉元，非兩人也。至於按手法來定時代，則劉元之說，也像很合。現在我們若以幾個唐，遼，宋，元，明，清，的佛像比列相較，則其變化程序，自易分曉，而廣濟寺塑像在時代上的位置，自然也很明瞭了。第三十一圖a乃作者藏唐代造像，眉彎鼻楔，細腰挺腹，是最足以代表唐代的作品。b c是獨樂寺遼代重塑觀音及脇待像，尙具唐風。宋代佛像，如法國羅浮美術館藏d像，衣褶不甚流麗，而生氣不如唐像。e是智化寺明代佛像，一方因密宗的傳入，衣飾大異，而其笨拙，尤爲明清造像最大的劣點。

三大士像（第三十二，三，四，圖）面部縣視，較之a b c d略嫌笨拙，尤其是下頷兩顋，頗感太肥；但五官各部仔細分析，眉目鼻，都極「唐式」，惟有口邊沒有唐式慈祥的微笑，致使精神大異，使我們感着他稍帶塵俗之氣。至於衣褶流麗，彫飾精巧，在

第三十一圖

a. 著者藏唐造像

b. 法國羅浮美術館藏宋造像

e. 智化寺明代像

第三十一圖

c. 獨樂寺遼塑十一面觀音像

d. 獨樂寺遼塑脇侍菩薩像

明清彫塑難找可與比較的作品。而三大士的手，精美絕倫，可說是殿中彫塑最精彩處。

這三尊像，大致相似，而姿態衣飾略有不同；他們的手勢，三位各異。所謂『三大士』者，說法很多，最普通的是觀音．文殊．普賢。鋼和泰先生的意思，認為正中者是觀音，左（東）文殊，右（西）普賢。文殊手中原先拿著書卷之類，現雖失去，但是兩手一上一下，還表示捧著東西的姿勢。至於他們的衣飾雖各不同，而精美則一，顯然不是一個普通的匠人所能做的。

像座三個差不多完全相同，下面是八角須彌座，每面有伏獅承馱，在遼寧義縣遼塔上有那種做法。須彌座之上是蓮座，被後世彩色亂塗，醜怪得很。

每位大士像之前，都有兩尊脇侍菩薩像，而中央像旁，更有兩位侍立童子（？）和一尊朝服像（這像是後來添塑，這裏暫不討論）。壇下左右也有四菩薩二童子（？）（第三十五圖），菩薩像高約四．二〇公尺，童子像高約三．一〇公尺。這十尊侍立像，都是細腰挺腹，衣褶流麗，所保存的唐風，較中央像尤多。若不小心，幾乎可以說大像與侍像是屬於兩個時代的。

在所有藝術發達的程序上，陪襯的部分，差不多總要比主要的部分落後一點；主要部分已充分的表現某時代色彩，而陪襯部分尚保持前期特徵，已成了一種必然的趨勢。

因爲主要的部分，多由當代大師塑繪，而次要部分則由門徒們幇同動手。大師多爲時代先驅，開風氣之先，而徒弟們往往稍微落後。在歐洲各時代的作品，尤其在Gothic廟堂彫飾上，這種趨勢最爲明顯。至於我國古藝術，單以獨樂寺十一面觀音像爲例，這一點已極明顯，脇侍兩菩薩的確比中央大像「唐式」得多。三大士像及「侍立諸天神」，也足以做這種趨勢的代表。

屬於另一種手法的是左右衛法二神，正中朝服像，十八羅漢及五大師。他們的特徵是一種顯然笨拙而不自然的樣子。其中較精的一像是西面衛法神像（第三十六圖）。它是一位紅臉的武士，右手執戟，面部的塑法頗爲寫實的而稍帶俗氣，但全部不失爲一件精美的塑像。東面一位白臉的（第三十七圖），合掌侍立，面部手部都呆板無生氣，大概都是近代所補塑。十八羅漢無一佳作。五大師像及二侍者堆在草中。密宗影響尤重，不足以列於藝術。

（十）匾

殿正額曰「三大士殿」，是個華帶牌，心高一・六〇公尺，寬〇・六四公尺。書法近顏體，與獨樂寺「觀音之閣」極相似，就說同出一手，也極有可能性。

第三十二圖　當心間大士像

第三十三圖　東次間大士像

第三十四圖　西次間大士像

第三十五圖　西次間脇侍菩薩像

第三十六圖　西面術法神像

第三十七圖　東面術法神像

正額下有橫額一方，「阿彌陀佛」行書四字，康熙四十八年白某所獻。

（十一）碑碣

三大士殿內共有碑九座，對於廣濟寺的沿革，記載頗詳盡；我們所願知道建築修葺的經過尤多。普通的碑碣，向來只發哲學論調，記而不「記」；而這裏九座碑，竟不落俗套，將三大士殿的建築沿革詳細的告訴我們，是我們對於當時撰碑文的先生們所極感激的。

其中最重要最古的一座，當推遼太平五年（一〇二五）碑（第三十八圖），俗稱透靈碑，爲寶坻八景之一，稱「珉碣銀鉤」，亦稱「文燦靈碑」。縣志卷十四謂「其碑光瑩澄徹，對面可鑑，叩之有聲鏗然」。這許多特殊之點，可惜我們俗眼凡胎，都看不出來。碑下㒞屭古勁，碑額彫龍精美，式樣與明清碑碣不同。朱先生說北平附近諸山產石如阜白玉，青白石，艾葉青，灰石，磨石，紅沙石，豆渣石，皆不宜於鐫刻。講究碑碣摹刻鉤畫，不失黍絫，最好爲泗州之靈壁，或衞輝之銅操石。此石堅貞，磨之瑩徹，扣之聲如鐘磬，所謂珉碣銀鉤，文燦靈碑，其爲泗濱之物歟。這碑敘述寺的原始和殿之建立。

次古的是明嘉靖十三年（一五三四）碑，敘述圓成和尙發起募捐修葺，並抽梁換柱事，和迴圍侍神羅漢之塑立。

萬曆九年（一五八一）碑佛閣雙成記述殿後寶祥閣之建立，以代遼代原有的木塔，可惜這閣已無蹤跡可考。

此外清碑六座，或記殿宇之修葺，或記檀越之施舍，計乾隆三十一年（一七六六）碑一；嘉慶二十年（一八一五）碑記寺退還香火地與某施主；道光九年及十九年兩碑記軒成之修理大殿。最後一碑乃同治十一年住持禮吉建，述三大士殿之修葺，此後的歷史就沒有記載了。

（十三） 佛具

殿內佛具只餘供桌三張，鐵磬一口，尚稍有古趣（第三十二，四圖）。供桌方整，前面用櫺子分爲方格，頗雅潔，有現代木器之風，不似普通所見的濫用曲線。

當心間左側有鐵磬一口，徑六公寸，高五公寸，文曰

寶坻縣僧會司廣濟寺鑄鐵磬一口重二百五十斤

募緣比丘德善十方施主梅旺李全張宇

王奉　梅得時　康文　刘通

監奉　韓康　賈山　惠石

第三十八圖　遼太平五年碑

第三十八图　碑十[illegible]五[illegible]号

弘治十年四月吉日造

此外尚有一口在殿內，徑五十三公分，高四十八公分，文不可考，大概也是明物。

註一 見本刊三卷二期拙著薊縣獨樂寺觀音閣山門考。

註二 Kidder: The Architects' and Builders' Pocket-book, p. 629.

Beam Supported at Both Ends and loaded at Middle:

$$\text{Safe load, in pounds} = \frac{\text{breadth} \times \text{sPuare of depth} \times A}{\text{span in feet}}.$$

右方式中A是一個常數，是一種單位梁(unit-beam)，一吋見方一呎長，上的安全荷載；選用黃松單位梁上的A是六十七磅，計算時即以此代入。

四 結論

就上文所論，綜合數點，聊代結論。

（一）寺建於遼聖宗朝，弘演是開山祖。在第二世道廣及弘義領導之下，於太平五年（一〇二五）完成大殿。嘉靖八年至十三年間換去腐梁。除去薊縣獨樂寺觀音閣山門外，是中國古木建築已發現中之最古者。

（二）廣濟寺伽藍配置中之諸部，其中重要的如天王門，木塔，及明代的寶祥閣，已一無所存，現在所見的東西配殿及天王門，在歷史上藝術上都沒有位置可言。

（三）在結構方面，斗栱雄大，計心重栱，與他處已發現的遼式相同。內部梁枋結構精巧，似繁實簡，極用木之能事，爲後世所罕見。而木材之標準化，和材栔之施用，與營造法式所述，在原則上是相同的。

（四）瓦上彫飾奇特，龐大的鴟尾，和奇異的垂獸走獸，大概都是原物（？）。

（五）主要佛像是劉元所塑之說，在手法上，時代上，地理上，都有可能性；可惜未能得眞確已定的劉元塑像來比較一下。

最後一句牢騷話，關於三大士殿的保護。木造建築怕的是火和水，現在屋蓋已漏，不立刻補葺，木材朽腐，大厦將頹。至於內部堆積的稻草，尤其危險萬分，非立刻移開不可。若要講保護三大士殿，首須從這兩點下手。

鋼和泰先生，社長朱先生，社友劉敦楨林徽音二君，在分析研究上的指導；王先澤莫宗江二君，——尤其是王君，在眼病甚劇的時候——仔細製圖，都是思成所極感謝的

開封之鐵塔

龍非了

緒言

慨夫建築之爲物也，成形於宇宙之間，干風雨，冒寒暑，受橫力（地震 風力）直力（地心引力 地轉力）之震蕩，遭理化（物理 化學）災異（天火 人禍）之變遷，一不適應，鮮有歷劫久存者。其能得造物之寵而永垂不殞者，必結構合宜與施工切實也。他如遠則有名無實之遺物，近則如數載（甚至數月）即毀之建築，皆遭造物之唾棄，徒貽人以嘆息及笑柄耳。開封本中原逐鹿之區，又居黃河荒凉之衝，朔風掀天，沙塵漫地，昔日之汴京宋宮，久已化爲烟雨，不可窮究。清胡介祉大梁雜詠八首序云「大梁古都會地，至今四方人士，問汴州名，輒作佳麗想，遊屐一到，尋勝蹟，訪故宮，興不能自止，既而問之土人無有也，間一登吹台，上艮嶽，徘徊荒煙蔓草間，並無一木一石可寄憑弔之感，即名已不復仍其舊，蓋汴之沈於水者五十年於此矣。我朝底定以後，開闢[illegible]徠，重爲行省，雖幸河山似昔，疆域依然，城郭人民，稍稍復其舊，而滄桑陵谷，高下變遷，昔之所謂樓臺，今不獨夷爲平壤，居人掘地，往往得鴛鴦虹梁，而城東鐵塔之根，刨土直下丈餘，始見故址，然則梁之爲梁已不可問，而余又安所取而詠之。雖然，世之不與天壤俱敝者名耳，藉令梁不可問，而並廢其佳麗之名，山川有知，能無岑寂之嘆乎。余就圖志所載，一一表章，或名實之幸存，或名存而可想見其實，不遑去取也。觀者會此，或不哂其固陋，而且以是作爲不可已也夫。」讀此知昔日之佳麗遺物，名實俱存者蓋鮮見而僅有矣。余蒞汴不久，即興懷古之感，見城東有塔崢嶸屹然，其名爲鐵塔，其色頗蒼然，琉璃其表，螺旋其中，登之欲仙，遊之不倦，讀明李濂登上方寺塔詩「寶塔憑虛起，登遊但幾重，中天近牛斗，平地湧芙蓉，瀾入黃河氣，簷低少室峰，妙高無上境，臥聽下方鐘。」古人蓋先得我心矣。至其設計之奇特，雖宋馮子振鐵塔燃燈詩「擎天一柱礙雲低，破暗功同日月齊，半夜火龍翻地軸，八方星象下天梯，光搖瀲灩沿珠蚌，影落滄溟照水犀，文燄逼人高萬丈，倒提鐵筆向空題，」及無名氏鐵塔行「浮屠千尺十三層，高插雲霄客倦登，瑞綵絪緼疑綿繡，行人迢遞見觚稜，半空鐵馬風搖鐸，萬朵蓮花夜放燈，我昔憑高窮七級，此身烟際欲飛騰，」尤不能描寫其萬一。其最引人入勝者，荒涼中一麗塔高矗天空，行其下者幾疑墮落傾刻，然而歷刼雖多，寺（上方寺）久廢而塔尚存，讀胡介祉鐵塔行「燕京寀渚波，相見成五色，意取鎮坤維，各占一方域，佛土亦興衰，人代有剝蝕，日月麗層霄，今但存黑白，遊觀民俗異，似喜鉛華飾，冊以黑塔名，茫然都不識，汴路留廢寺，建自宋初勅，多寶十三層，黯然舊陶埴，城傾黃流翻，鐵色屹然立，塔在寺復廢，豈非砥柱力，雲氣時往來，上與星河逼，高頂望京師，凌風思羽翼。』及清蘇加玉初春偕友人遊大梁上方寺「……翹首企浮圖，積鐵插雲際，神禦河伯逃，力制憑夷避，至今支撑危，尙駭波濤潰，蒼茫望宋蹟，歷刼猶未墜。」余不禁愕然其技之神矣。乃於公餘之暇，稽帙考志，追溯其歷刼閱歲之經過，詳測臆論，冀探其設計結構之神秘，淺學如非，難免有荒謬之調，斯界泰斗，倘祈賜正爲幸。

鐵塔歷史之考察

余於公暇遊覩鐵塔十有餘次，每當雲破中天，日上東城，影隨遊見，琉璃閃爍，觚稜高聳，幾疑爲十餘年前之建築物也。既而登攀往復，遍尋塔身，見琉璃磚及佛像版，載有年月者計得：（甲）治平四年（紀元1067），（乙）洪武二十九年（紀元1396）仲夏，（丙）大明嘉靖三十三年（紀元1554），（丁）大明萬曆五年（紀元1577）（戊）天朝萬曆六年（紀元1

578)己卯孟夏四月初八，(己)大清乾隆三十八年(紀元1773)，朝代紛紜，眞僞莫辨。嗣考之縣志，據康熙開封縣志，「祐國寺在舊縣治東北，晋天福中僧紫薇課初建于明德坊，名曰等覺禪院，宋乾德間詔遷於豐美坊，卽今所也。慶歷改爲上方寺，內有鐵色琉璃塔，俗呼爲鐵塔寺，元末兵燬，明洪武十六年，(紀元 1383)僧祝全募修，天順間修葺，勅改今額，嘉靖三十二年重修。崇禎十五年(紀元 1642)河水淤，塔殿猶存。」又光緒祥符縣志「祐國寺在縣治東北，晋天福中建於明德坊，名曰等覺禪院，宋乾德二年(紀元964)遷於豐美坊，卽今所也。慶曆元年(紀元 1041) 改爲上方寺，內有鐵色琉璃塔，俗呼爲鐵塔寺。天順間改今額，明末水患，寺廢塔存，國朝順治二年(紀元1645)左布政徐化成捐修，乾隆十五年巡幸中州，奉旨增修，勅賜名甘露寺。」則鐵塔之建，當在宋代無疑。然王嗣碑記「追我皇朝乾德癸亥歲，錫以命服，旋加美號，獎舊德也。是歲季冬之月，國家以皇居狹隘，載拓基垌，斯院所居，正該卜築。於是詔遷淨衆於京城之北，賜隙地數十畝，俾結界而居焉，仍以舊額旌之，卽今豐美坊之西北隅也。……紺殿中峙，迴廊四周，危樓接影聳其前，虛閣飛甍壓其後，禪堂西闢，霽室東開，聖像雲攢，經閣鱗次。」雖於寺址遷徙之經過，及遷徙後建築物之宏麗，盡量描述，獨無一字敘及塔之建造年代，若此則縣志云塔建自宋慶歷年間，未識出自何處。余常以縣志之創修，雖多稽之史乘，然聞之父老，據之途說者，亦復不少，似未足盡信。第以事理推論，佛寺中必有塔，寺既遷修於宋代，則塔之建造亦必在宋代。然則縣志之記載，在未得確實記載前，吾姑信以爲眞，未始非科學之態度。玆姑以塔之建造在宋慶歷元年（紀元一〇四一），則塔之歷史已閱八百九十一春秋矣，仰何其閱盡滄桑不經意，鐵色面目白凝然耶。

註　尚有重修祐國寺碑記，陳贊撰，邱晟書，（成化十六年）重修鐵塔寺碑記，周王撰，牛恒書，（嘉靖三十三年）重修祐國寺碑記，周大禮撰，牛恒書，（嘉靖三十六年）惜未得閱爲憾。祥符縣志所紀鐵塔一節，附錄於後：

塔八稜，十三級，高三百六十尺，宋仁宗慶歷時建，以鐵色琉璃甎砌成。每磚模佛或羅漢或飛禽走獸，四圍簷甎俱模宿州字，傍又有土圭吳靖字，倒讀成文，未解何義。又每級間各鐵甎中，鑄佛像，兩傍有字，高不可辨。塔座下八稜。方池北面有小橋，過橋由北洞門入，盤旋而升，如行螺殼中。極頂處坐鐵佛一尊。每級俱有門戶，當門壁上，俱陷黃琉璃佛一尊，高約三尺，洪武二十九年周藩造，共四十八尊。壁上題敬德監工重修，當是周府內使君，俗以爲尉遲敬德誤也。……此皆乾隆十九年重修後景象也。迄今歷百餘載，所謂鐵塔寺者，惟後大殿略經補葺，兩配已非昔制，風剝雨蝕，日見敗落。兩方亭亦漸圮。僅塔與銅佛巍然如故，佛竟露立，雨浸日晒成鐵色，餘則瓦片無存，盡爲斥鹵廢地。僧居敝屋，鐘臥土邱。碑碣又爲道光二十一年河水圍汴，拋甎石護城，半投於水。信陵祠亦無存。塔下八稜方池，盡爲平地。

鐵塔歷刼經過之考察

開封地居黃河泛濫之衝，中原廣垠之域，朔風咆哮，霪雨傾瀉，且也地震賡延，兵燹時興，其災異之多，與歲俱增，惜自來典籍，多屬虛套文章，鮮有科學記錄。茲將史乘所載，自宋代節錄如下；

宋

周廣順三年夏大水。

乾德二年地震，又五年秋地震。

端拱二年夏汴京暴風起東北，塵沙曀日，人不相辨。

真宗景德元年春正月地震。

淳化元年夏六月大風雹。

太宗祥符七年秋七月戊辰大風，冬十月地震。

仁宗天聖七年夏六月丁未玉清照應宮火，汴京地震。

寶元二年冬十一月地震。

慶曆六年夏五月甲申汴京雨雹地震，七年冬十月乙丑許州地震。

嘉祐二年夏六月開封大水，五年夏五月己丑，汴京地震，八年冬十一月丙午大風霾。

英宗治平二年秋八月庚寅大雨，四年秋八月地震。

神宗熙寧元年夏五月京師開化坊醴泉出，自秋七月至冬十一月地震者六，數刻不止，有聲如雷，樓櫓民舍摧折壓死者甚衆。

元豐八年五月汴京地震。

哲宗元祐八年，自夏四月雨至秋八月，大水。

紹興元年京畿陳州水害稼，四年七月甲子禁中火，地震。

徽宗大觀元年夏大水。

宣和六年春正月汴京連日地震，宮殿門皆有聲。

金

正大四年夏六月地震。

元

仁宗延祐元年春三月隕霜，殺果桑禾苗　汴梁路皆地震，七年汴梁路飢，秋八月延津大風晝晦，桑隕者十八九。

順帝至正三年春二月地震，秋七月大水。

明

太祖洪武七年冬十二月開封水，八年春正月河決開封城。

穆宗隆慶二年秋七月大雨三日，城中用水車掣水出城。

神宗萬曆十五年春三月地震，有聲如雷，城堤摧圮，十八年庚寅大風。

莊烈帝崇禎七年春二月夜赤風竟夕，牕外如燈火，十一年春三月二日晝晦風沙，屋宇皆赤，四日乃止，十二年秋七月十一日許州地震。

清

順治十一年秋省城北門外大風雨，車輛石碓等隨風飄起墜四五里外，十三年春三月五日黑風自西北至，晝如夜，十八年夏四月二十一日汴城東南異風發屋，雨氷如拳，或如斗，傷麥禾，六日長葛雙洎河溢。

康熙元年秋八月大霖雨，河水泛溢，九月地震，七年夏六月十七日地震，房屋頹倒無數，八年夏六月霖雨，陳州地震，八月大饑，十八年秋七月地震，二十二年冬十月地震，三十二年春二月壬辰大風夜作，天赤如血，雨土竟日，三十四年夏四月六日丁酉戌時地震。

乾隆七年二月初十日地震，有聲如空磨鳴，房屋皆動，是年六月大雨，田禾多沒，十年三月初六日烈風異常，窗欞皆作紅赤色，二十一年多暴風，晝夜不止，麥秋價騰貴，三十八年正月烈風揚沙，窗欞皆紅色，積沙寸許，五十年春多暴風，六十年十二月二十五日大雨。

嘉慶六年十二月二十六日地震，八年秋河決八堡，二十四年七月河決中牟之南壩，雄水至祥符護城堤內，二十五年夏六月地震，有聲如雷。

道光九年四月地震，十年夏四月大風，地震有聲如雷，十一年秋大水，十二年自六月至八月雨不止，大水，二十一年六月十六日河決祥符三十一堡，水入南門，二十三年夏六月河決中牟之楊橋口，由朱仙鎮東南下。

咸豐九年秋九月地震，十年九月初四日地震。

同治六年夏大雨，各坑積水溢出，淹圮民房甚衆，城市路斷，八年夏霪雨，城市房毀數萬間，七年秋河決滎陽，水至縣南朱仙鎮。

光緒三年二月初六日赤風晝晦，四年三月二十八日赤風晝晦，十三年秋八月十三日河決鄭工，水由朱仙鎮東南下。

以上大小災異，計得地震三十七次，大風十八次，水患十五次，雨患九次，此皆爲驚人災異，自不待言。而尤以宋神宗熙寧元年，萬曆十五年，清康熙七年，乾隆七年之地震，宋仁宗延祐七年，清順治十一年之風災，明洪武八年，清道光二十一年之河決水患，及清同治八年之雨患爲最影響於鐵塔者。至地震程度，據上述地震記載，曰「數刻不止，有聲如雷，樓櫓民舍摧折壓死者甚衆，」又曰「有聲如雷，城堤摧圮，」又曰「房屋頹倒無數，」則其水平震度，端在十分之一．二十分之一．三十分之一之間，其水平加速度，爲 970 m.m./sec.^{2} — 330 m.n./sec.^{2}，蓋可推想而知。其次風害程度，記載曰，「晝晦，桑櫍者十八九，」又曰「車輛石確等隨風飄起，墮四五里外，」則風速端在14.9 m/sec. — 29. m/sec, 無疑。似此則鐵塔之遇害，亦可謂未曾有之歷刼也。

鐵塔之材料與構造

塔之平面作八角形，（第一圖）高十三層。（第二圖）闢四門，門作圭首形，尚存古制。（第三圖）每層之八稜，飾以圓柱，其上有短檐，檐上復有平坐，皆以斗栱二層支之，（第四圖）殆模倣木塔之形狀。惟塔全體以磚疊構成，故出檐及平坐不能如木塔挑出甚遠，平坐之上亦無設欄楯餘地耳。塔外壁悉甃琉璃磚，磚之形狀甚繁，胥依使用目的特別燒製者。（第五圖）塔頂覆琉璃瓦，其上置金屬之頂。塔內以灰色磚砌之，惟亦有鐵造佛像版，及黃色琉璃佛像版雜砌其間。玆將調查結果分述如次；

（一）主構材料　分灰色磚與琉璃磚二種。

（甲）灰色磚爲塔身內部構成材料，其大爲21 c.m.×7 c.m.×41 c.m. 砌法一層橫，一層直，（第八圖）極合塔身應力之支持。而墻之厚度，與窗廊二者之高寬，均與應力相呼應。除整塊外，尙有窗門上之栱磚，以水平之磚，逐層挑出如Corbel形狀，（第九圖）其應壓强度約爲22 kg/c.m.²。

（乙）琉璃磚俗稱磁磚，又云鐵色磚，爲塔身外部裝飾之主要材料。其砌法略如近世

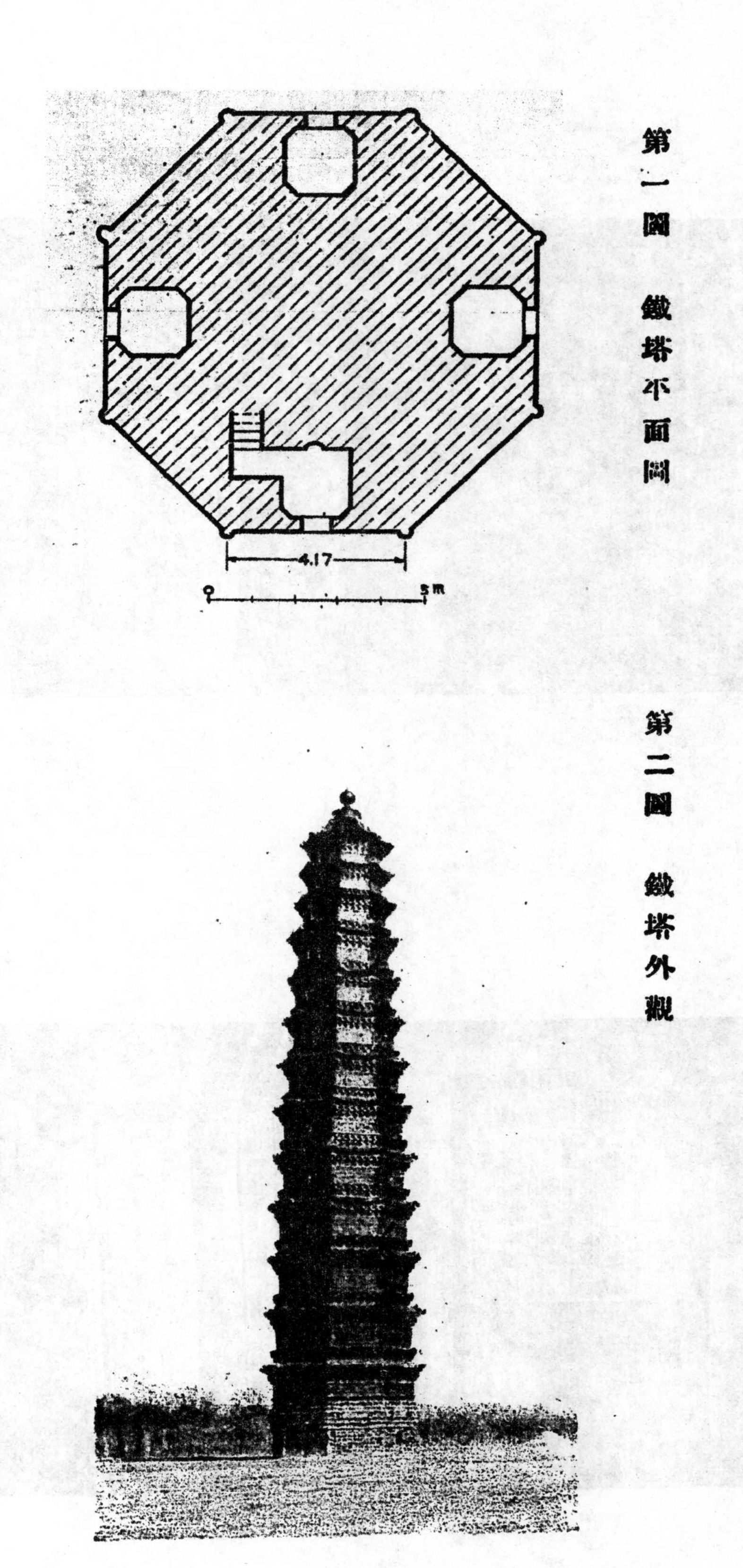

第一圖　鐵塔平面圖

第二圖　鐵塔外觀

第三圖　入口

第四圖　出檐及平座

之面磚(Facing bick)．惟橫磚左右，夾直磚各一，插砌壁內，而每橫磚一層上，復壓 Heading Course 一層，亦插入壁內，(第六七圖)較近世面磚構造更爲堅牢．宜其得造物之寵而永垂不朽。其應壓强度約爲80—110 $^{kg}/_{c.m.^2}$ 。

外壁琉璃磚之大小爲 $35^{c.m.}\times22^{c.m.}\times6^{c.m.}$ 表面花紋，計有五人像並立者，有二佛像並坐者，有牡丹模樣者，有龍紋者，有雲神者。又有稍小之琉璃磚，$20^{c.m.}\times7^{c.m.}\times27^{c.m.}$ 表面多鐫佛像，亦有作圓稜者。

出檐之構造，(第四圖．第十圖)係以二層之磚栱，向外挑出以承檐端。各栱排列甚密，故其左右橫栱，互相重合連接，若人字架之狀，蓋磚造建築之結構不得不爾也。其各分件之形體，詳第五圖。栱上列方椽二層。椽上未葺普通之瓦，代以特製之圓瓣琉璃磚，較瓦尤爲堅牢，爲此塔最特別之點。(第十圖．第十一圖之H．K．)

檐之轉角處，檐角向上稍曲，有老角梁仔角梁，一如木造建築。(第三四圖)

檐上之平坐，亦以二層磚栱爲之。(第四圖．第十二圖)平坐上無欄干，僅鋪長方形之磚。此磚與外壁連結處，覆圓瓣之磚一列，(第十二圖．第十三圖之K)防雨水侵入，與今西式 Flashing 同一作用，足窺其用意周密，令人驚異。

門栱以水平之磚挑出作圭首形，(第三圖．第九圖)表面飾以花紋，諸門因未用發券

(Aroh)，故寬度甚狹，使塔之外觀與人以堅固之印象。

以上各項琉璃材料，尚有後代仿製者，其色稍新而淡。

(二)塔頂　塔頂琉璃瓦之形狀尺寸待考，金屬之頂亦然。

(三)膠結材料　外層琉璃磚似以灰，黃土，沙，及其他物質和成之漿砌成，其質甚硬，似不亞於琉璃磚强度。內部灰色磚係以純白灰漿砌成，其質軟鬆。

(四)佛像版　鐵佛像版係萬歷年間製。琉璃佛像版內爲白色，外黃色，明洪武年間製造。

綜上結果，余甚驚訝其材料使用設計之妙，蓋內爲灰色磚，其强度雖較琉璃磚爲弱，然因在塔身之內部，對經濟與塔之應力，均甚合宜，且其大小爲21c.m.×7c.m.×41c.m.亦甚合塔身構成比例及應力支持。(詳後)外部琉璃磚强度之大，及外表之滑，亦合塔身應力與抵抗風雨之剝蝕。至其膠結材料亦分內外兩種，其內部灰色磚之膠結料爲白灰漿，强度雖弱，然以在內部，無風雨侵入，爲經濟計，不能謂爲不當。外部鐵色灰漿强度，則殆等於磁磚强度，此亦甚合磚造構成之原理。其他如平坐及出檐之上，用圓瓣琉璃磚，代替普通之瓦，及各種斗栱構成磚等，均設計奇特，裝配合宜，依使用地點及目的異其形狀，(第五圖)知其匠心獨運，極締構之能事者矣。

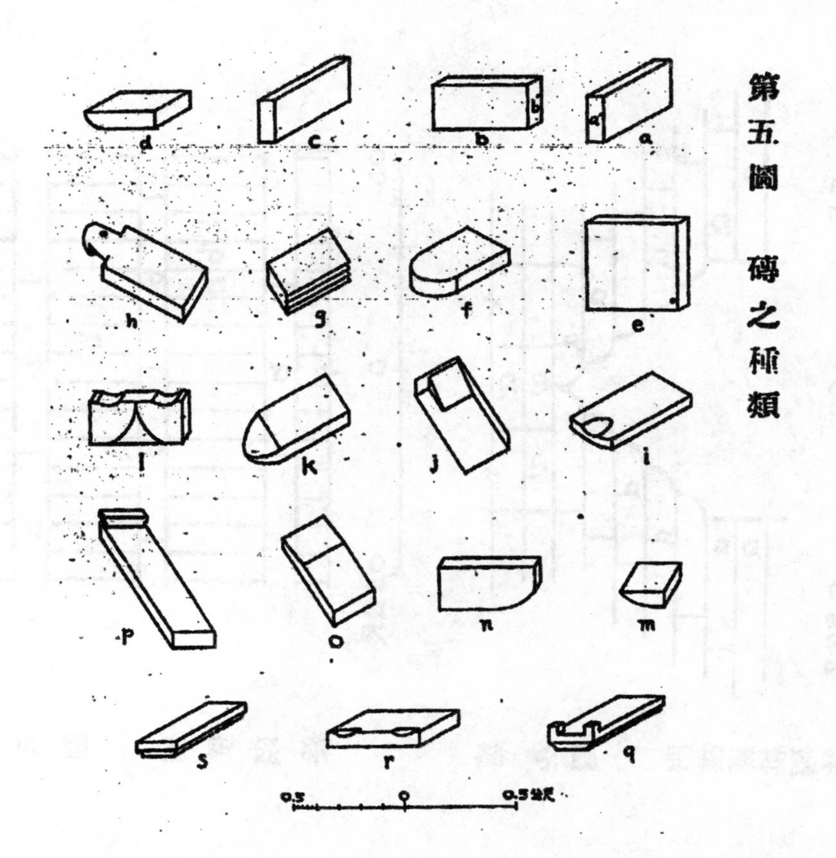

第五圖　磚之種類

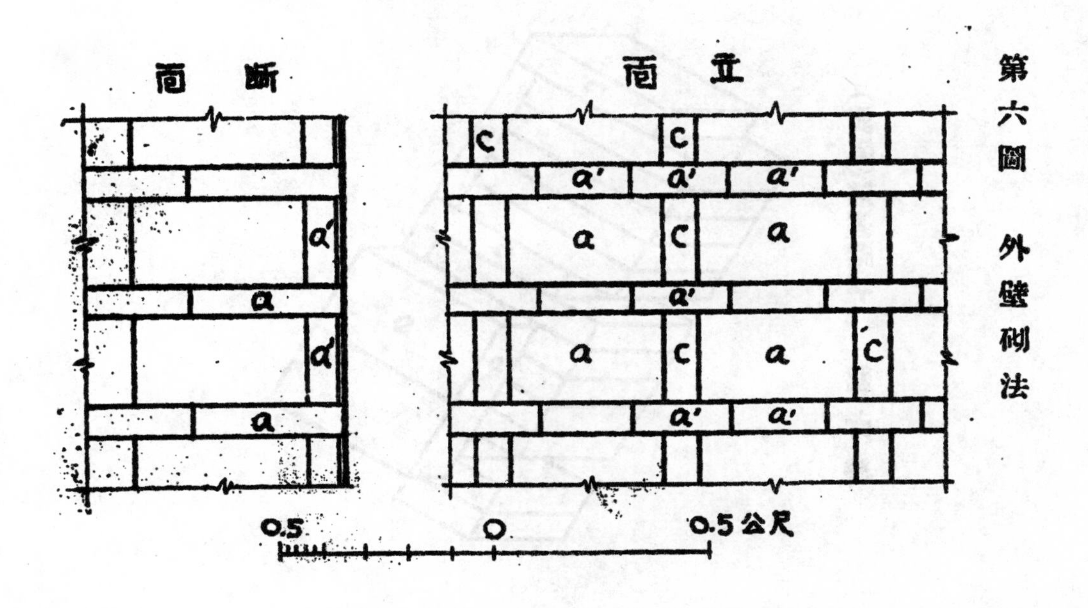

第六圖　外壁砌法

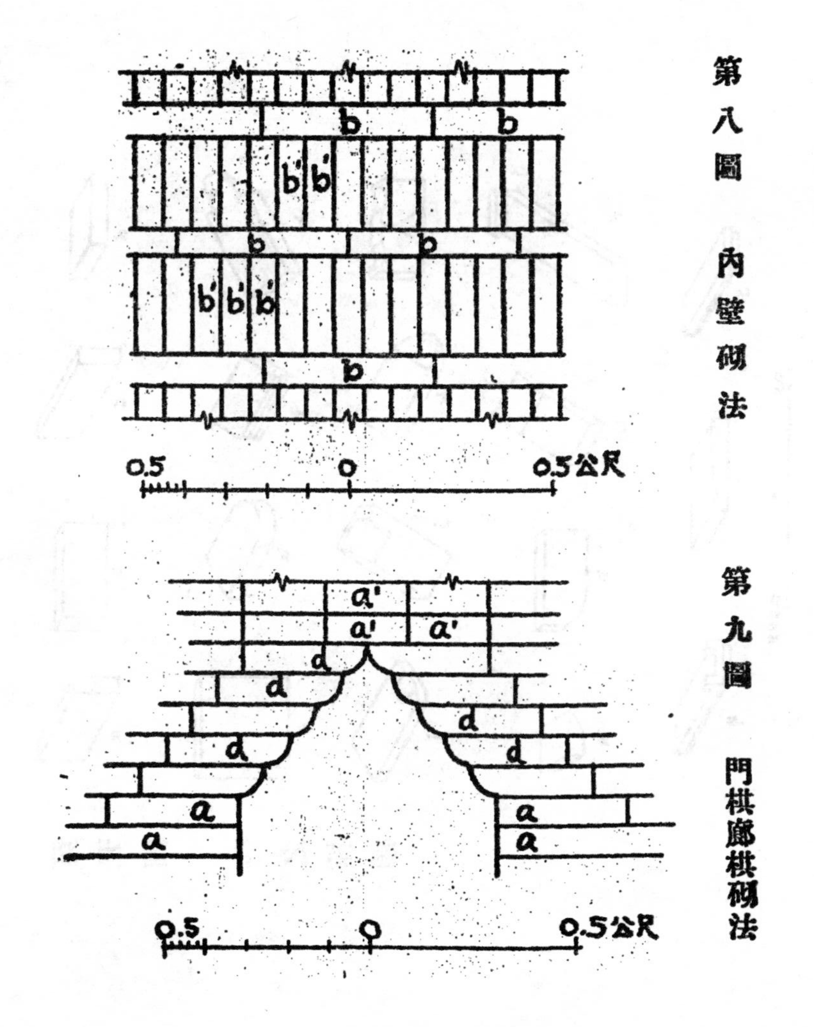

第八圖　內壁砌法

第九圖　門拱廊拱砌法

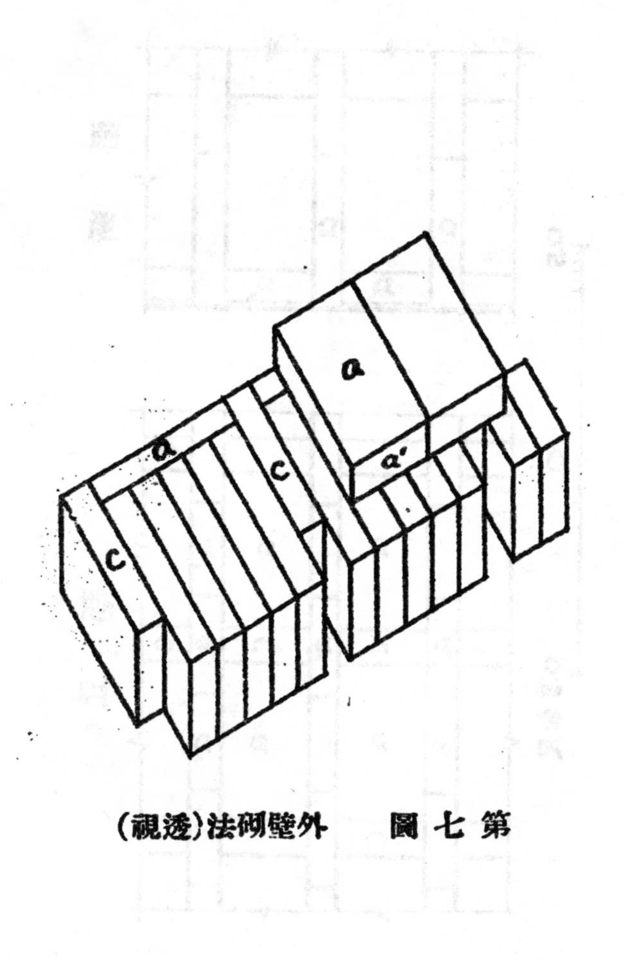

第七圖　外壁砌法(透視)

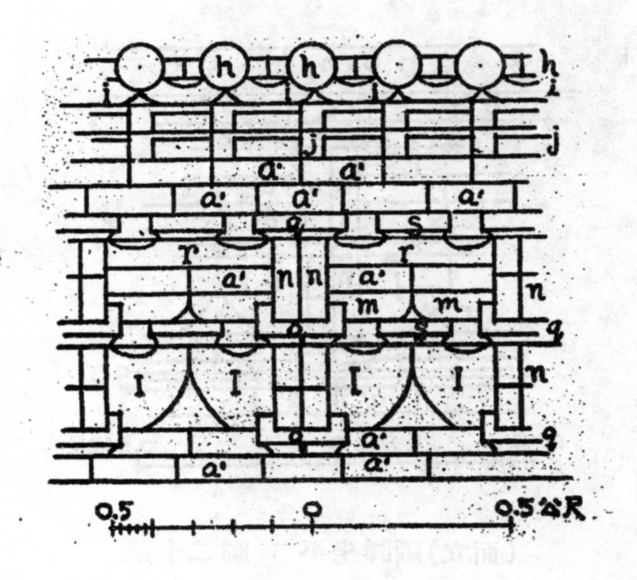

第十圖　出檐詳圖（立面）

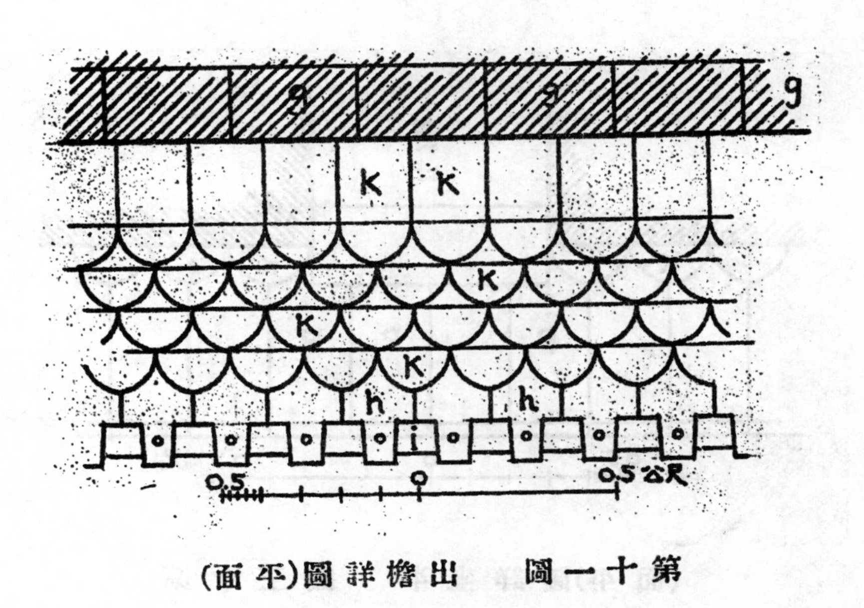

第十一圖　出檐詳圖（平面）

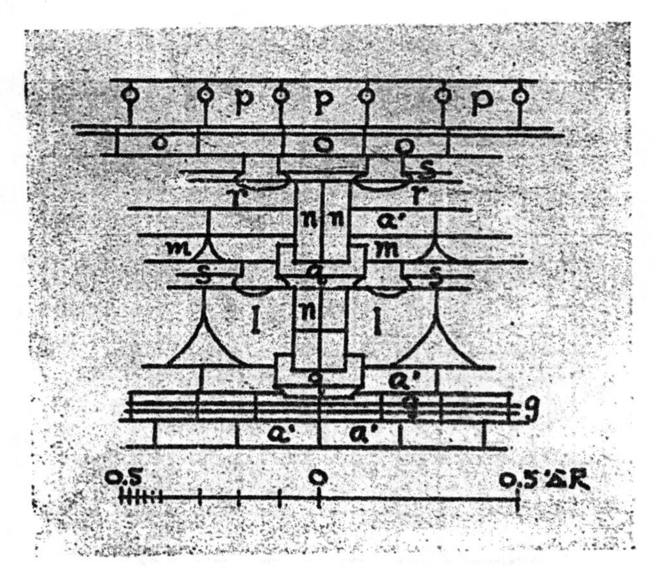

第十二圖　平坐詳圖(立面)

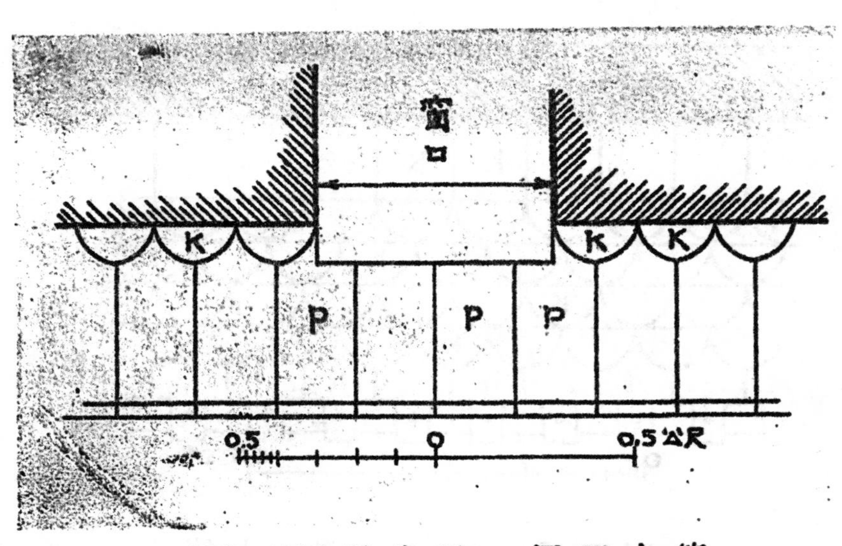

第十三圖　平坐詳圖(平面)

鐵塔之構成尺度

(一)塔之高度，據清華大學戈克教授(Gustav Roke)測量結果，高五七·三四公尺，茲爲計算便利，簡稱爲五十八公尺。著者對戈克教授於未發表其著作之前，慨然以上述數字見貽，深表謝意。

(二)塔底每邊寬度約爲四·十五公尺，約爲高度十四分之一，其詳細尺寸如次表所示。

(三)塔內梯級之尺度，高爲二八公分，寬二五公分。初層十八級

(四)平坐深度，第九層以下皆五十公分，第九層六十公分，以上待考。

(五)佛龕八角形，每邊一·五公尺，高約二·五公尺。

(六)傾斜度約爲十四分之一。

鐵塔構成尺度調查表

一九二三年調查，單位公尺，

層數／稱別	每邊寬L	高度(樓下至平坐)H	底面積A	直徑D	門高h	門寬d	登巷寬S	外墻厚R
第一層	4.17		86.81	10.24 1/7H	1.65	0.48	0.70	1.5

第二層	4.07	1.56 1/6 D	79.52	9.80	1.42	.63	.68	1.41 1/7 D
第三層	3.91	1.51 1/6 D	73.63	9.43	1.37	0.60	0.63	1.35 1/7 D
第四層	3.91	1.36 1/7 D	73.63	9.43	1.22	0.62	0.63	.95 1/10 D
第五層	3.65	1.34 1/7 D	64.46	8.77	1.20	0.64	0.61	1.07 1/8 D
第六層	3.48	1.34 1/7 D	58.42	8.4	1.20	0.62	0.65	1.02 1/8 D
第七層	3.36	1.32 1/6 D	59.46	7.96	1.18	0.56	0.64	0.95 1/8 D
第八層	3.10	1.23 1/6 D	49.35	7.77	1.09	0.60	0.64	0.87 1/9 D
第九層	2.92	1.11 1/6 D	41.10	7.05	0.77	0.58	0.62	1.11 1/6 D
第十層	2.73	1.07 1/6 D	36.07	6.59	0.93	0.58	0.64	1.25 1/5 D
第十一層	2.51	0.94 1/6 D	30.51	6.15	0.80	0.53	0.63	1.28 1/5 D
第十二層	2.40	0.98 1/6 D	27.85	5.8	0.84	0.48	0.61	1.11 1/5 D

第十三層	平均	最大 / 最小	定數
2.30	≒3.19	4.17 / 2.30	$d \fallingdotseq 17^{cm}$ 等差級數
0.97 1/6 D	≒1.265	1.7 / 9.4	$d \fallingdotseq 5\text{-}7^{cm}$ 等差級數
25.42	≒53.79	86.81 / 25.42	
5.55	≒7.91	10.24 / 5.55	
0.83	≒1.133	1.65 / 0.80	
0.52	≒0.617	0.64 / 0.48	
0.61		0.61	
1.02 1/5 D		c.87	

考鐵塔之構成尺度，其最使吾人注意者，厥爲其傾斜度及遞減度，誠以傾斜度係決定其安定度之規矩，而遞減度乃決定其美術造形之準繩也。茲查鐵塔之傾斜度，較之鐵筋混凝土烟囱之一般傾斜度 1/75 及磚造烟囱之一般傾斜度 1/24 其比例更巨，固無不表現其安定度之大。又其外墻厚爲 1/5D，1/6D，1/7D，1/8D，1/9D，1/10D，其最薄處爲 0.87m 亦可見毫無危險性之可言。至其各層遞減度，每邊之寬（八角形）約爲公差十七公分之等差級數，（按調查結果計算其公差，每難算出，以當時施工技術困難，及年代之悠遠，當然差誤難免，故以上公差，係在繁瑣中概算出來者也）爲數甚小，然其最上層之直徑，尚不及塔高十分之一，致其外形恰成筍狀，愈見其孤立性之顯著也。此外如門高最大爲一·六五公尺，最小爲〇·八公尺，恰爲普通人高之一

與〇・五之比，一則爲出入時之伸舒，一則爲登高屈躬之畏縮，要皆設計合宜。尙有門寬爲 64cm 48cm 及登巷寬 70cm 61cm. 均無太過不及之弊。祇梯級之比例，Rise 較 Trade 更大，頗嫌不得其當，而平坐挑出亦嫌稍短，此殆爲高度寬度所拘束，及磚造建築物本身之缺陷使然，莫可如何者也。

鐵塔之安定度之考察

鐵塔形成筍狀，高矗天空，在吾人經驗邏輯觀念中，確呈一極不安定狀態，如日人伊藤氏等，曾以近代造形學批評該塔爲不安定，然而歷劫如此其多，閱歲如此其久，尙未見絲毫傾塌，豈眞有鬼神呵護耶，要亦爲力之分配得當耳。夫力之爲物，原無神異奇秘之可言，倘得數理上之均衡，任何形狀，均超越吾人凡庸觀念而垂久不壞，然則鐵塔中力之均衡，殆亦有可觀者存焉。惜箸者學識淺陋，益以公務羈身，未能作深切之考察，藉以闡發吾祖先創造力之偉大爲憾。茲僅就其所遇災異及其自重，作一試察。考鐵塔所遇災異，爲河決，水患，雨害，風災，地震，而其中以風與地震之橫衝力爲最大，蓋水力雨害僅影響其基礎，較之塔重爲力甚微　無足輕重者也。以下略論其自重及風力地震之關係；

（二）塔身自重　考塔身雖非一完全截頭八角錐體，然以平坐及出檐之突出，補其登巷之中空，爲計算簡便計，茲姑以截頭角錐概算之；

（甲）塔身體積

A_l =底面積　　A_t =頂面積

$$V=\frac{H}{3}\left(A_l+A_t+\sqrt{A_l\times A_t}\right)$$

$$=\frac{58}{3}\left(86\cdot81+26\cdot42+\sqrt{86\cdot81+26\cdot42}\right)$$

$$=19\cdot33(112\cdot23+47)$$

$$\doteq 3077.9156\ m^3$$

$$\doteq 3078 m^3$$

（乙）塔身自重　考塔之構成材料，雖有金屬灰色磚，琉璃磚，琉璃版之異，然其大部分爲灰色磚，故平均每立方公尺之重，暫以一千九百二十公斤計算之。

$$W=V\times1920$$

$=3678\times1920$

$\doteq5902760^{kg}$

$\doteq5903$公噸

$\therefore$ 直壓力 $=\dfrac{W}{A_1}=\dfrac{5902760}{868100}\doteq7\cdot21^{kg}/cm^2$

(二)風災影響　茲根據既往風害程度記載，估計其風速程度約在 15 m./sec.～30m./sec. 之間。

(甲)風壓力度

(A)　$P=0\cdot13\times(v)^2$

$=0\cdot13\times(15)^2$

$=0\cdot13\times225$

$=29\cdot25kg/m^2$

(B) $P_2=0\cdot13\times(30)^2$

$=0\cdot13\times90$

$= 117^{kg}/m^2$

(乙)塔身全風壓　考塔身爲八角形角錐體，其所受風壓，雖有表面摩擦及門窗透流關係之出入，然以平均概略計算，姑以截頭八角錐計算之。又查八角形所受風壓，常以風向之當稜與否而異，按

則風壓＝0.823pd

則風壓＝0.828pd

茲以其值與 1×pd 所差爲微，仍以梯形表面計算之。

D_t －頂直徑　　　　D_b －底直徑

(A)　$P_1 = \left(\frac{D_b + D_t}{2}\right) H \times p$

$= \left(\frac{10 \cdot 24 + 5 \cdot 55}{2}\right) 58 \times 29 \cdot 25$

$= 7.89 \times 58 \times 29 \cdot 25$

$$\fallingdotseq 13385.285^{kg}$$

(B) $P_2 = \left(\frac{10.24+5.55}{2}\right)58\times117$

$$=7.89\times58\times117$$

$$=53541.54^{kg}$$

(C) P 之集中位置 h

$$h=\frac{H}{3}\left(\frac{2D_t+D_b}{D_b+D_t}\right)$$

$$=19.33\left(\frac{11.1+10.24}{15.79}\right)$$

$$=19.33\times1.345$$

$$\fallingdotseq 25.99885$$

$$\fallingdotseq 26^{m}$$

(D)風壓所生之塔身撓曲轉矩

(I) $MWP_1 = P_I h$

$$= 13385 \cdot 285 \times 26$$

$$= 348017 \cdot 41^{kg.m.}$$

(II) $MWP_2 = P_2 h$

$$= 53541 \cdot 54 \times 26$$

$$= 1392080 \cdot 04^{kg.m.}$$

(三)地震影響　茲根據既往地震記載，估計開封震度約在十分之一以下（水平震度），其上下震度，則約在二十分之一以下。

$k \angle 0 \cdot 1$（水平震度）

$k \angle 0 \cdot 05$（上下震度）

又塔之重心位置，以截頭八角錐體計算，則爲每面梯形重心線之相交點，故其重心位置如下：

l_t ＝頂每邊寬　　　　l_b ＝底每邊寬

$$L = \frac{(H-4)}{8}\left(\frac{2l_t + l_b}{l_t + l_b}\right)$$

$$=\frac{58-4}{3}\left(\frac{2\times2\cdot3+4\cdot15}{2\cdot3+4\cdot15}\right)$$

$$=18\left(\frac{8\cdot75}{6\cdot45}\right)$$

$$=18\times1\cdot356$$

$$=24\cdot408^{m}$$

$$\therefore y=24\cdot408\times\mathrm{Cos}(80°10')$$

$$=24\cdot2614792^{m}$$

$$\doteqdot24\cdot26^{m}$$

故其地震所生之塔身撓曲轉矩 M_E 如次；

$$M_E=k.W.y$$

$$=0\cdot1\times5902760\times24\cdot26$$

$$=14320095\cdot76^{kg.m.}$$

茲綜觀以上三項影響結果，其直壓力度爲七公斤餘，較之轉造物之應壓力度二十二公斤爲小，故無足輕重。再就風壓影響及地震影響觀之，$M_E \vee M_P$ 則可見地震影響較風災

33418

影響爲大。又以開封位居大陸之中原，颶風鮮見，故風速在 30m/sec.以上者，可謂絕無僅有。至地震則因震脈之延伏，昔日震度之小者，難保他日無震度大者之驟至，故以下專就地震影響，考察塔身之安定度及耐久生命如何，茲就塔底斷面，考察其內面之應力度狀況。

查此斷面之應力度，係爲由水平震度所生之撓曲轉矩，及由斷面以上部分重量，及上下震度所生撓曲轉矩之和，故其算式爲

$$P_x = \frac{M_x}{I} + \frac{W}{A}(1 \pm k_1) = W\left(\frac{kyx}{I} + \frac{1 \pm k_1}{A}\right)$$

水平震度 $k = 0.1$，上下震度 $k_1 = 0.05$ 之時

$$I = 0.55D^4 = 60476000000 \text{ c.m.}^4$$

最大應壓力度 $P_{x1} = W\left(\frac{ky.x}{I} + \frac{1+k_1}{A}\right)$

$$= 5902760\left(\frac{0.1 \times 24.26 \times 512}{60476000000} + \frac{1.05}{868100}\right)$$

$$= 5902760(0.00000002058 + 0.00000120953)$$

$$=0{\cdot}1211836628+7{\cdot}1395658028$$

$$=7{\cdot}26\,{}^{kg}/_{c.m.^2}$$

最小應壓力度 $P_{-x1}=W\left(\frac{-kyx}{I}+\frac{1-k_1}{A}\right)$

$$=-6{\cdot}14\,{}^{kg}/_{c.m.^2}$$

茲再推求鐵塔最下層在地震時最大震度下之應力狀況，

$k=0{\cdot}5$　　$k_1=0{\cdot}3$

$$P_{x1}=W\left(\frac{kyx}{I}+\frac{1+k_1}{A}\right)$$

$$=5902760\left(\frac{0{\cdot}5\times24{\cdot}26\times512}{60476000000}+\frac{1+0{\cdot}3}{868100}\right)$$

$$=0{\cdot}606+8{\cdot}854$$

$$=9{\cdot}46\,{}^{kg}/_{c.m.^2}$$

$$P_{-x1}=-4{,}534\,{}^{kg}/_{c.m.^2}$$

按所估灰色磚應壓强度爲 22kg/m.² 琉璃磚應壓强度爲 80kg/m.² 而在震度十分之五時.

所發生之最大應壓力度，每平方公分僅為九公斤餘，故外層雖無琉璃磚，亦尚堪支持而有餘，蓋距灰色磚之彈性限度尚遠故也。然則鐵塔雖遭地震數次，獨自凝然高聳者又奚足怪哉。至若十分之一以下之應剪力度

$$f_s = \frac{kw}{DI} \times G \qquad G = 0.109 \times D^3$$

$$= \frac{0.1 \times 5902760 \times 117040000}{1024 \times 6047600000}$$

$$= 1.11 \ {}^{kg}/_{c.m.^2}$$

此數極微，且此應力度係中軸之最大應剪力度，由中軸漸移向外層處之應剪力度，為數近零，故即使內部有剪斷之虞，而外部尚能安然無慮，此鐵塔之安定度，蓋已超凡庸造形觀念，而得各方面力之鈞衡，悠然無恙者也。

故宮文淵閣樓面修理計劃

蔡方蔭　劉敦楨　梁思成

曩者故宮紫禁城角樓年久傾圮，經本社派員會同各關係機關修理，實爲本社修理古建築初次經驗。其修理多在傾斜部分之復整，及塗其罅茨，於建築物之結構及實用方面，問題較爲簡單。今秋十月，故宮博物院總務處長俞星樞先生復以文淵閣樓面之凹陷見告，囑爲檢查，以便修理。查文淵閣東西五間，西梢間之西，復設樓梯一間，共計大小六間。其下層中央三間，闢爲大廳，上層五間庋藏四庫全書，係仿寗波范氏天一閣制度。社長朱先生偕同劉敦楨梁思成前往勘查，則見（一）各層書架之上部向前傾倚，大有顚撲之勢，（二）上層地板中部向下凹陷，（三）各層內外柱及牆壁，大體完整，無傾斜崩陷之現象，而（一）項現象尤爲明顯。故宮當局因（一）種情況之危險，已早期將四庫全書全部取下，另用木箱裝貯，存入別庫。但驟然觀察，則（一）實似（二）之自然結果，二者似有因果關係，而（二）之補救，實爲修理之主要問題，固無疑義也。

故宮文淵閣

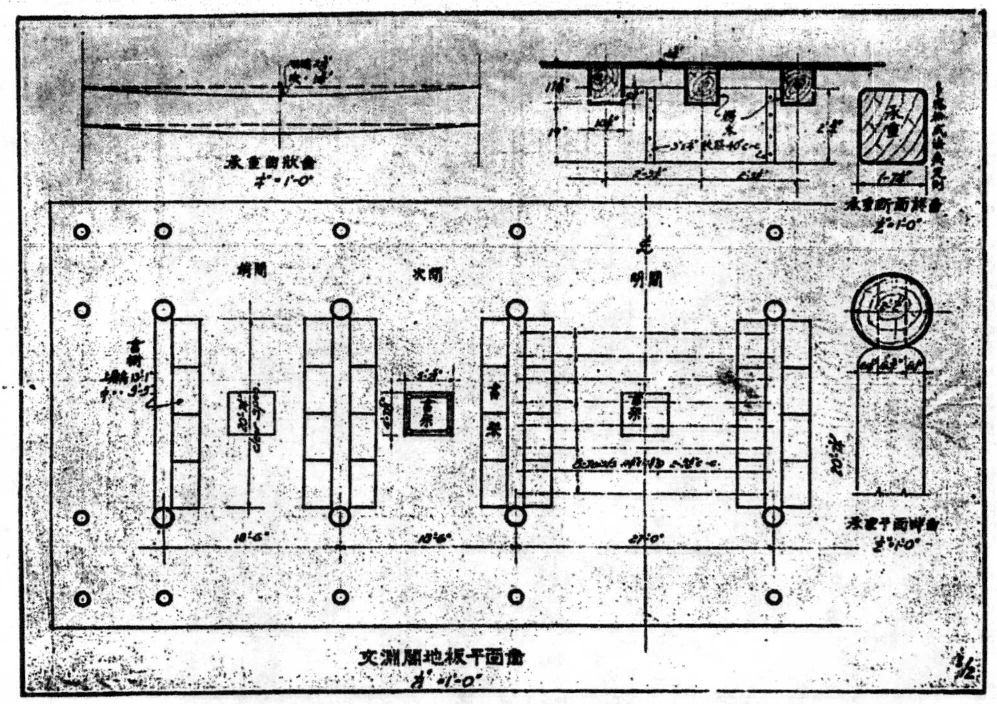

第一圖　文淵閣地板平面圖

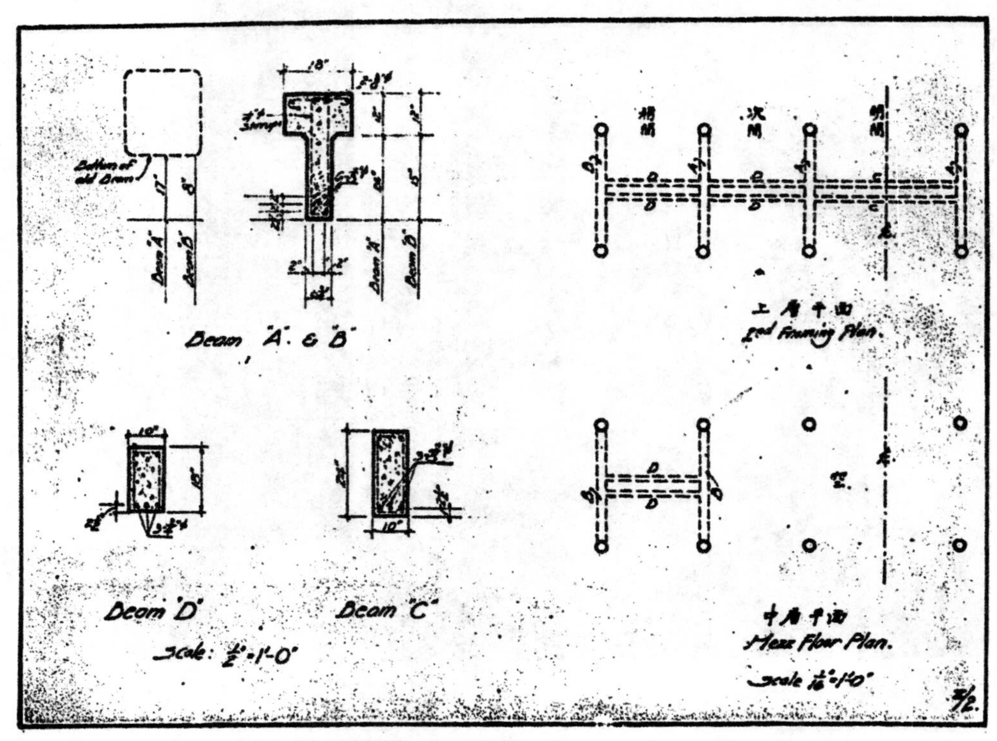

第二圖　文淵閣水泥梁計畫

因外部觀察之不足恃，故認爲有拆卸樓板，檢查柁梁楞木之必要。遂經拆除二層次間天頂，以查三層地板下之結構，經余等再度檢查。其實況如次；

（一）樓板　厚 2 3/4"（第一圖）

（二）龍骨　東西向排列，高 11 3/4"，寬 10 1/4"，中心距離二呎二吋半。各龍骨間無十字木（Bridgging）聯絡。除中央大書架下之龍骨向下垂曲一吋又八分之一吋外，餘無彎曲情狀。至龍骨中有一二裂縫較長者，係材料本身缺點，與荷重無關。

（三）大柁　承重大柁係南北向排列，南北二金柱間之空檔距離爲二十呎七吋半，即柁身淨長二十呎七吋半。高 2'-3/4"，寬 1'-7-1/4"。柁與柱之接榫處寬 6 3/4。柁身非整材，係包鑲拼合而成。明間之柁，下垂 2 3/8"，次間者 1 1/8"。蓋明間面闊二十七呎，較次梢諸間面闊十八呎半，荷載面積幾增加三分之一，故其彎曲度亦較大。然此數字亦非十分精確，以調查時適架上書籍全部移藏庫房，減輕荷重不少，否則其彎曲度（Deflection）當更超越上述數字。接拚合之梁，其載重力遠不逮整塊巨材，且依拚合接榫之方法，與木數多寡，及木之種類性質，其載重力至不一律。此次雖未拆毀各柁，詳究其拚合狀況，但就外表觀之，其施工殊潦草。而鐵箍僅厚四分之一吋，寬三吋，每隔三呎四吋置一條，致各桁之中部皆向下垂曲，爲樓面下陷之主要原因。

(四)書架　書架之傾斜，非由於地板之凹陷，乃因書架皆倚木板隔斷墻放置，而此項板墻面皆用蔴刀灰塗抹。蔴刀灰以內之泥質，因乾燥後收縮之故，與木板分離，逐漸墜下，百餘年來，此項泥土遂大部積於板墻脚部，而將書架擠斜，於楞木地板之凹陷實無關係。

其驗算之結果；

(一)龍骨　書架係楠木製，重量較杉松二者爲巨，但四庫全書爲宣紙抄本，每立方呎僅重二十六磅，不及洋紙書籍之重，且架大書小，空間甚多，爲計算便利計，暫以書架之體積爲標準，即包括書架書籍架內空間三者於內，平均每立方呎之重量，假定爲二十六磅。其樓板龍骨桁樑等皆係黃松，每立方呎之死荷載爲四十四磅，樓面之活荷載，每一平方呎定爲四十磅，則明間中央大書架下之龍骨；

龍骨淨長 $l=25'-4\frac{3}{4}''=25.394\ 25'$

平均荷載(Uniformly load)

樓板死荷載 $=1' \times 2'-3\frac{1}{2}'' \times 2\frac{3}{4}'' \times 44^{lbs} \doteq 23^{lbs}$ / per linear ft

龍骨死荷載 $=1' \times 11\frac{3}{4}'' \times 10\frac{1}{4}'' \times 44^{lbs} \doteq 38^{lbs}$ / per linear ft

樓面活荷載 $=1' \times 2'-3\frac{1}{2}'' \times 40^{lbs} \doteq 92^{lbs}$ / per linear ft

共計 $=153^{lbs}$ /Per linear ft

撓曲轉矩 $M_1 = \frac{wl^2}{8} \times 12'' = \frac{153^{lbs} \times 25.39425^2 \times 12''}{8} = 129600''^{lbs}$

中央集中荷載(Concentrated load at center)

書架 $=2'-3\frac{1}{2}'' \times 5'-\frac{5}{8}'' \times 13' \times 26^{lbs} = 3910^{lbs}$

撓曲轉矩 $M_2 = \frac{wl}{4} \times 12'' = \frac{3910^{lbs} \times 25.39425' \times 12''}{4} = 298000''^{lbs}$

兩端集中荷載(Concentrated load at bath ends)

書架 $=2'-3\frac{1}{2}'' \times 2.4' \times 13' \times 26^{lbs} = 1860^{lbs}$

撓曲轉矩 $M_3 = Pa = 1860^{lbs} \times 1.2' \times 12'' = 26800''^{lbs}$

故　總撓曲轉矩 $M = M_1 + M_2 + M_3 = 454400''^{lbs}$

龍骨之荷載力 $S = M \times \frac{6}{bd^2} = \frac{454400 \times 6}{10\frac{1}{4}'' \times 11\frac{3}{4}''^2} \doteq 1942^{lbs}/\square'' > 1200^{lbs}/\square''$

按黃松之安全應張力度，每平方吋爲一千二百磅，此則超出二分之一，宜其中部發生彎曲之病。但前述黃松應張力度，尚有安全率（Factor of safety）不在估計之列，故此項龍骨雖中部下垂，而卒無折毀危險者，職是故也。至於明間南北二側之龍骨，無中央書架之集中荷載，其每平方吋之荷載力在一千二百磅以內，故十分安全。其算式如次；

總撓曲轉矩 $M = M_1 + M_3 = 129600 + 26800 = 156400''\text{lbs}$

龍骨荷載力 $= \dfrac{6M}{bd^2} = \dfrac{6\times156400}{10\frac{1}{4}''\times11\frac{3}{4}''^2} = 668^{\text{lbs}}/\square'' < 1200^{\text{lbs}}/\square''$

（二）大梲　明次梢各間大梲，以明間面闊較巨，所載重量最大，茲驗算明間大梲之荷載力如次。梲上間壁之死荷載，每平方呎定爲廿磅，餘同前。

梲長 $= 20'\text{-}7\frac{1}{4}'' = 20.6225'$

平均荷載

樓板死荷載 $= 20.6225'\times22.75'\times2\frac{3}{4}''\times44^{\text{lbs}} = 2530^{\text{lbs}}$

龍骨死荷載 $= 9\times22.75'\times11\frac{3}{4}''\times10\frac{3}{4}''\times44^{\text{lbs}} = 2530^{\text{lbs}}$

梲本身死荷載 $= 20.6225'\times1'\text{-}7\frac{1}{4}''\times2'\text{-}\frac{3}{4}''\times44^{\text{lbs}} = 2900^{\text{lbs}}$

間壁死荷載 $= 20.6225'\times13'\times20^{\text{lbs}} = 5300^{\text{lbs}}$

靠壁之書架 $=20.6225' \times 4.8' \times 13' \times 26^{lbs} = 33430^{lbs}$

樓面活荷載 $=20.6225 \times 22.75' \times 40^{lbs} = 9960^{lbs}$

共計 $=62950^{lbs}$

撓曲轉矩 $M_1 = \frac{Wl}{8} = \frac{62950^{lbs} \times 20.6225' \times 12''}{8} = 1997400''^{lbs}$

中央集中荷載

中央書架 $=4'\text{-}7\frac{5}{8}'' \times 5'\text{-}\frac{5}{8}'' \times 13' \times 26^{lbs} = 8120^{lbs}$

撓曲轉矩 $M_2 = \frac{Wl}{4} = \frac{8120^{lbs} \times 20.6225' \times 12''}{4} = 502400''^{lbs}$

總撓曲轉矩 $M = M_1 + M_2 = 2499800''^{lbs}$

大柁荷載力 $= \frac{6M}{bd^2} = \frac{4 \times 2499800}{1'\text{-}7\frac{1}{4}'' \times 2'\text{-}\frac{3}{4}''} = 1214^{lbs}/\square''$

以上計算，係依照現存大柁之斷面積爲之，其荷載力略與黃松安全應張力度相等。然現有之柁係拚合而成，非整塊巨材，其應張力度，至多祗能認爲整塊黃松之半。換言之，每平方吋之荷載宜在六百磅以內。然現有大柁，每平方吋承受一千二百餘磅之荷載，超過容許(Allowable)荷載力約一倍，宜其柁身向下彎曲，發生樓面下陷之現象也。至於柁之鐵箍過少，與兩端接榫過狹，且無雀替補助，皆不失爲次要原因。

綜上勘查驗算之結果，中央書架下之龍骨，及南北向大柁所受荷載，皆較容許荷載力更大，自宜設法早日掉換新料，代替業已垂曲之舊材。掉換之法，不外用(甲)木柁，(乙)工字鋼梁，(丙) Trussed Girder，(丁) Tie-rods ，(戊)鋼筋水泥梁數種。惟按修理舊建築物之原則，在美術方面，應以保存原有外觀爲第一要義。在結構方面，當求不損傷修理範圍外之部分，以免引起意外危險，尤以木造建築物最須注意此點。故選擇修理方法，當以簡便而無危險性者爲標準。而上列各修理法；

(甲)木柁　雖不難覓購巨材，然木材究屬有機物，其乾節腐節裂縫等，須加精密檢查，良材十不獲一二。其尤困難者，無如接榫之不易。蓋金柱上部直徑約二呎，新柁兩端插入柱內，其榫最少須爲直徑之半，即每端須插入一呎，始臻穩固。但修理時以不驚動柱架爲主要條件，當然不能因新柁接榫之故，移動柱身，實際上亦絲毫不能移動。故木柁之榫，一端插入金柱內，其另一端勢非鑿去金柱一部分，始能裝入柱內，其違反上項修理原則，不能採用可知。若於柁兩端之下，添方形建柱，承受柁端，未始非補救之一策，但柁兩端之榫，仍不及全都插入柱身內之穩固。且建柱須以鐵箍固定於金柱之側，不僅外觀不佳，金柱須重加油飾，亦不合算。

(乙)工字鋼梁　就材料本身論，其優點固較木枋爲多，但其兩端不能完全插入柱身內，與木枋同一情狀。且工字鋼梁之上下 Flange 頗闊，爲容納 Flange 計，勢非鑿毀柱身不可。而梁兩端插入金柱處，因所載荷重甚大，不能僅以水泥填塞了事，須用螺絲多具與金柱聯絡，始能安穩。但現有金柱亦係包鑲，爲勢絕難增鑿多數之螺絲孔，增其危險，故此法亦不適用。至於市場上不易求購此項材料，尤其餘事。

(丙) Trussed Girden，再次則求不掉換現有之木枋　僅於枋下加斜鋼條，構成 Trussed girder，增加其應張力度，或於枋上之間壁處，就現枋之上，加構 Truss。但枋柱均係包鑲，不僅鋼條螺絲等鑿孔不易，Truss 兩端尤無交代，均非宜於此項修理工作。同時 Trussed girden 下部之斜鋼條，露出過大，有礙觀瞻，亦非修理古物所宜採用。

(丁) Tie-rods 將現有垂曲之枋，用鋼繩及鋼桿吊於上部屋架大枋下，無論後者不能勝此重量，即使勝任，下部包鑲之枋，亦不宜多開孔洞。若於金柱之頂，另構 Truss 代替屋架之大枋，則 Truss 兩端之斜分力，恐將金柱向外側推出，危險更甚。

(戊)鋼筋水泥梁　其施工視前述數種較爲簡便合用。修理時將舊桁拆下後，即裝置殼子板(From)板內安配鋼條，灌入水泥，其與柱身接榫，毫無困難可言，施工時亦無震動柱架之危險，而水泥本身非如木桁易受氣候影響，發生腐蝕破裂及蟲傷諸弊，更爲一勞永逸。僅柱之榫口須預塗防腐劑，如 Coal-tar 或 Creosote 之類，免水泥未乾時，木柱吸收水泥內之水分，發生腐蝕耳。

就以上各種修理方法觀之，當以鋼筋水泥最爲適當。故擬將上層明次梢各間大桁六根，一律易爲丁字型鋼筋水泥梁，兩端附以雀替。(第二圖) 蓋丁字型較矩形切斷面之梁，更爲經濟合算，且可利用上部 Flange 承載龍骨，一舉兩得，無逾於此。同時下部 Web 之寬，可照原有舊桁榫口之寬度，不必增鑿，致損柱身，僅榫口之下部加鑿尺許，容納 Web 及雀替。如桁身過高，露出天花之外，可用木材包鑲，上施彩畫，雀替之形，亦期與普通形式符合。至於中央大書架下之龍骨二根，亦改爲矩形鋼筋水泥龍骨，此項龍骨除承載書架外，並可聯絡各桁不使孤立。(第二圖)其餘南北二側龍骨及樓板之尺寸，均可仍舊，不必更換。

左右梢間之中層皮書處，其樓板亦稍凹陷，自宜同時掉換鋼筋水泥梁及鋼筋水泥龍骨。

（第二圖）

修理時須將梁上之間壁，及樓板龍骨大梁等，一律拆下。同時宜將其餘梁架，臨時用木柱支撐，俾金柱所受荷載，較平時減少，並使工作期間內，不因震動發生危險。其樓板拆下後，恐毀損過半，不能再用，可乘此機會換用企口板。各間壁拆後，亦須重添新料，僅龍骨多數仍可照舊使用耳。

上述修理計劃，已由本社向故宮方面詳爲報告。將來如經採納施行，則施工之經過及結果，當在本刊繼續發表。

琉璃釉之化學分析

葉慈　著
瞿祖豫　譯

一九二七至一九二八年東方陶瓦學會(The Oriental Cer amic Society)報告中，有英國葉慈博士(Dr. W. Perceval Yetts)中國屋瓦考(Notes on Chinese Roof-Tiles)專刊一冊。首段論中國陶瓦之起源，與瓦當文字。次述文字以外之花紋，如青龍白虎朱雀玄武四神，羅舉典籍所載，詳加疏論。末段題琉璃瓦，(Glazed Tiles)載布蘭德理博士(Dr. H. J. Plenderleith)化驗琉璃釉之結果，以科學方法比較清官窰琉璃釉之材料成分，與宋李氏營造法式琉璃做法大體符應。並分析德國萬勒苛克博士(Dr. Albert Von Le Coq)得自東部土耳其斯坦之琉璃磚，證此法傳自西方，可與我國史乘所載互相發明。其云深綠色光澤之釉，變成紅褐色，尤疑爲紅色窰變，非受氣候影響改變者。至於我國琉璃製法，歷來匠師視爲奇貨，祕不示人，一二篤志之士，卽欲潛心研求，苦無門徑，斯業迄無進展，未始非積習使然。茲篇所舉化學成分，不僅爲留心古器物者之參考，且足供此項工業改良進步之助。因節譯原文末段如次，爲閱者易於明瞭內容計，改題爲琉璃釉之化學分析。

中國人將屋瓦加釉，始於何時，據余所知，尚無確切之年代，然吾人於中國古籍中可覓得關於古代釉瓦之佐證，古瓦或可顯露，蓋無疑問，同時吾人推想琉璃瓦在漢代即已發明，似無不可。八世紀詩家杜甫，描寫前一世紀建於四川之亭閣，有「碧瓦丹櫟」之句，(Quoted by Demiéville, Bull. de l'Ecole française d'Extrême-Orient, XXV (1925), 260)；勞福爾博士(Dr. Laufer)更有涉及唐代之引證。(Beginnings of Porcelain in China, 146)至關於琉璃瓦之詳細研究，別載於名「營造法式」之建築專箸。此書於西曆一〇七〇年北宋都於汴京（即今之開封）時，宋帝勅將作監(Inspector of the Board of Works)根據古代之傳說，及保存政府案卷中之資料，編纂建築方式之專書也。書成於一〇九一年，即名「營造法式」。後六年，李誡（字明仲）以將作少監職受命校訂該書，於一一〇三年蕆事，重行刊印。當汴京於一一二六年被女眞韃靼掠取時，書之泰半，必被焚燬。後宋廷重建於南方，該書遂於一一四五年刊行再版。其以後之歷史，則稍較複雜，但余於拙箸最近（一九二五年）翻印初版（一一〇三年）之一文中，已略述之。(Bull. Sshool Oriental Studies, IV (192

7); 473-492）另一較早之照像石印翻板，發刊於一九二〇年，德密維理君（M. P. Deméville (op. cit; 213-264)）爲之作一有價值之書後。以下所譯關於琉璃瓦之一節，余頗受其惠也。

製琉璃瓦之則例等；

「本質爲黃丹（或即錫之黃紅銹）洛河石末及銅末以水混合磨之，（冬季用熱水，）……化成釉藥之黃丹的提煉及烘焙方法，係將黑錫（或即錫）及盆硝（或即鈉硫酸）等加於金屬之盤內，使熱一日之久，變成粗漿，移開使冷，更研篩成末，越日又烘之於有蓋之器內，使熱，第三日烘畢」（營造法式一九二五版第十五章第八頁）註一，

次章述說此兩初步手續所用之成分；

「每三磅黃丹用三盎斯（常衡一磅十六分之一）銅末，一磅洛河石末，……」「關於用提煉及烘焙方法，製作黃丹原料中之黑錫，其量乃十倍於所當用之黃丹。」（不足一磅之零數尚不計算）

「每磅黑錫用蜜駝僧（即鉛養）．〇二九盎斯，硫磺〇八八盎斯，盆硝．二五八盎斯，樹枝二磅又十一盎斯。」

「烘後所存之質色含十分之一黃丹。」（營造法式二十七章十一．十二頁）註二，

以上將斤譯爲常衡一磅，不過大概相等，難免些微之差也。

以現在之目的而論，上面引述數段文字之價值，在能將各種名詞正確譯出。若括弧中之證同，據德密維禮(M. Demiéville)在其註釋中聲明，係出於各種書册者。雖然，吾人不能信爲足以表明宋書中名詞之眞意義。是時中國人化學知識極薄弱，當然每一時期均有變更。余因深信許多有價値之資料，即係製瓦人世代相傳之方法。遂於前兩年中寄與在華友人若干問題，以冀此論據能得中國製瓦工廠之對證。經哈維諾君(Mr. E. Butts Howell.)之介紹，承卡林船長(Captain W. F. Collins)展轉覓得北京附近門頭溝瓦廠所用原料樣子七種。其中三種之官定名詞，載於宋書，即洛河石末，銅末，黑錫，是也。惟名稱雖云符合，不能證明構造之相同，但經此一番考察，較爲近乎實際之證明，而非過於理想者矣。其餘四種，係已製成粉末以備作釉之用，名目則因燒時所出之顏色而各異。余並感激布蘭德理博士爲余分析本文附錄所載關於營造法式條欵之模樣與解說。

因布蘭德理博士之發見而顯出之重大事實，即晚近標樣爲各種養質配色而成之鉛釉，其基形與營造法式所列舉之十二世紀琉璃瓦標準原料相同。營造法式中各特點，係重敘古時傳說，亦無疑義。據列卡君(Mr. H. W. Nichols)之分析，更與漢代之琉璃本質無異。(Beginings of Porcelain, 93) 此種基形，僅需三種成分；如矽養二，鉛之合質，及顏料之合質，故極簡單。惟因此遂成爲鉛酸矽鹽，或玻璃，可鎔化之性極低。又因其伸展力過强，頗易於剝蝕及碎裂也。

陶瓦學者對於追索中國琉璃至外國本源之理論，多已嫻熟，此題至終爲勞福爾博士所研究（Beginnings of Porcelain, 120-47.）近來余於柏林得見萬勒哥克博士於東方土耳其斯坦携回之燦爛收集品中，有數種大磚之塊，上有一層深綠色而極光澤之釉，但其若干小部分，已變成紅褐色矣。因思將此琉璃分析，或可藉以解決目前問題，即此種技藝係由西方傳至東方者之可能的關鍵，於是乞其惠一殘片，當經萬博士允予所請，並承布蘭德理博士詳爲分析如附錄圖表。此種樣子之來源，係在塔里木河（Tarim River）東部支流附近之 Tumshuq. 萬博士指明此磚爲西歷三百年之物，且於來函中敘述關於旅行時遇見琉璃器之有價値的解釋。彼云：「此爲顯明之事實，吾人愈東行，該物愈少，在 Tumshuq, 及 Su-bashi-langar, 兩最古殖民地，極爲普遍，在 Kyzil 及 Kumtura, 雖不若上兩地之多，亦頗尋常，喀什葛爾 Karashar 又較少，至吐魯番（Turfan）沙漠田之古殖民地，則更寥寥，故余對於琉璃來自西方實無疑也。」

布蘭德理博士於由西方至東方途中，所分析之出自中亞三世紀之琉璃，正與列卡君所解述之「漢瓦鉢瓶綠色之發光琉璃」相脗合，（loc. cit:93）雖砂養及鉛銹之成分，適成反比例，即漢代物百分率爲砂養「二九·九一」，鉛銹「六五·四五」，然彼此之要素則相似也。茲將布蘭德理博士之分析報告，登錄如次，以爲此文之結論。

布蘭德理博士之分析報告；

(甲)門頭溝樣子之分析：

(一)洛河石末卽一種染成之淡紅色粉

砂養 Silica.	百分之九六·八一
礬土及鐵銹 Alumina and Oxide of Iron.	百分之一·二七
石灰 Lime.	百分之〇·五〇
鉛銹 Oxide of Lead.	百分之一·三九
鎂銹 Magnesia.	極少
鹼 Alkalis.	無
	總計 九九·九七

(二)銅末卽一種含微紫微紅細粗之混合粉。就其質分析之，可顯出有紫銅，且其中多數成銅銹形狀。

(三)黑錫卽一種略帶橄欖色之粉，其中有砂養·礬土·及錆。

	鈉 Na	厚岸草 K	鎂 Mg	鈣 Ca	鋁 Al	鐵 Fe	錳 Mn	紫銅 Cu	鉛 Pb	砂 Si
(四)黃釉 Yellow glaze	×	—	—	×	×	×	—	—	×	×
(五)藍綠釉 Greenish-blue glaze	×	×	—	×	—	—	—	×	×	×
(六)藍釉 Blue glaze	×	×	×	×	×	—	—	×	×	×
(七)赤褐釉 Aubergine glaze	×	×	—	×	×	×	×	—	×	×

註　×代表有，—代表無。

此表極堪注目之點，卽各種釉均含有若干鉛質；藍色由紫銅而成，無錆與鎳。黃色爲鐵鉛．鋁之砂酸鹽混合而成。赤褐色亦含此混合體，但以錳爲基礎。

余曾將數種多孔瓦，上以釉藥，並因品質之不同，而異其色，故得觀察黃色之由橘色轉綠，及紫色轉成極美觀之金褐色也。

(乙) Tumshuq 様子之分析：

砂養 Silica, SiO_2　　百分之四三．九九

鉛養 Lead oxide, pbo　　百分之二八．六〇

銅養 Copper oxide, Cuo　　百分之一．〇七

鐵養 Iron oxide, Fe_2O_3	百分之	一·六八
礬養 Alumina, Al_2O_3	百分之	三·〇一
鈣養 Lime, Cao	百分之	四·七七
鎂養 Magnesia, MgO	少許	
鈉養 Soda, Na_2O, and Potash, K_2O	無估計	
	總計	八四·一二

此種分析係將以鉛玻璃之加銅鐵銹而變色者爲根據，故上列樣子中第四與第七之形像相同。

(丙)關於「營造法式」之我見；

(一)前頁所引各段，述及如何由砂養，銅養，及第三種質黃丹造成綠釉，此第三種原質，又係以極少量之鉛養，硫磺及鈉酸鹽炒一種礦質名黑錫者而成。

(二)余以爲黑錫顯明爲余所研究之樣子中之特殊質體，似乎黑錫在此分類中，應自然發現鎔化點極低而包含鉛或鍊之鑛質，如同硝酸鹽或炭酸鹽。

(三)盆硝卽鈉酸鹽之功用，非至用以促成一種黏質時，不易看出，雖此質極少量在混合質中效力甚小，但能用之移動黑錫中小量之鋇與鈣。惜關於此種藉緩注及撇浮沫之法以移動難溶解之質，並無引證耳。

(四)關於少量原質，在烘焙之混合物中，其精密之數量無從得其要點。甚至當烘焙大量約百餘斤者，因必要再分爲若干極正確之小量時，所加〇．〇二九盎斯，或百分之〇．二鉛養於已包含許多鉛質之礦物內．其原因亦尙無明白之解釋。

註一　營造法式卷十五琉璃瓦作法

凡造瑠璃瓦等之制，藥以黃丹洛河石和銅末，用水調勻，(冬月以湯)甋瓦於背面，鴟獸之類，於安卓露明處，(青棍同)並徧澆刷，瓪瓦於仰面內中心。(重脣瓪瓦仍於背上澆大頭，其線道條子瓦澆脣一壁，)

凡合瑠璃藥所用黃丹闕炒造之制，以黑錫盆硝等入鑊煎一日，爲粗屑出候冷，擣羅作末，次日再炒塼蓋罨，第三日炒成。

註二　營造法式卷二十七造瑠璃瓦並事件

藥料每一大料用黃丹二百四十三斤，(折大料二百二十五斤，中料二百二十二斤，小料二百九斤四兩，)每黃丹三斤，用銅末三兩，洛河石末一斤。

用藥每一口鴟獸事件及條子綫道之類，以用藥處通計尺寸折大料，

大料長一尺四寸，瓻瓦七兩二錢三分六厘長一尺六寸瓻瓦減五分

中料長一尺二寸，瓻瓦六兩六錢一分六毫六絲六忽長一尺四寸瓻瓦減五分

小料長一尺，瓻瓦六兩一錢二分四厘三毫三絲二忽長一尺二寸瓻瓦減五分

藥料所用黃丹闕用黑錫炒造，其錫以黃丹十分加一分。即所加之數斤以下不計每黑錫一斤，用蜜駝僧二分九厘，硫黃八分八厘，盆硝二錢五分八厘，柴二斤一十一兩，炒成收黃丹十分之數。

平郊建築雜錄

梁思成
林徽音

北平四郊近二三百年間建築遺物極多，偶爾郊遊，觸目都是饒有趣味的古建。其中遼金元古物雖然也有，但是大部分還是明清的遺構；有的是煊赫的「名勝」，有的是消沉的「痕跡」；有的按期受成群的世界遊歷團的讚揚，有的只偶爾受詩人們的憑弔，或畫家的欣賞。

這些美的所在，在建築審美者的眼裏，都能引起特異的感覺，在「詩意」和「畫意」之外，還使他感到一種「建築意」的愉快。這也許是個狂妄的說法——但是，甚麼叫做「建築意」？我們很可以找出一個比較近理的定義或解釋來。

頑石會不會點頭，我們不敢有所爭辯，那問題怕要牽涉到物理學家，但經過大匠之手澤，年代之磋磨，有一些石頭的確是會蘊含生氣的。天然的材料經人的聰明建造，再受時間的洗禮，成美術與歷史地理之和，使它不能不引起賞鑑者一種特殊的性靈的融會，神志的感觸，這話或者可以算是說得通。

無論那一個巍峨的古城樓，或一角傾頹的殿基的靈魂裏，無形中都在訴說，乃至於歌唱，時間上漫不可信的變遷；由溫雅的兒女佳話，到流血成渠的殺戮。他們所給的「意」的確是「詩」與「畫」的。但是建築師要鄭重鄭重的聲明，那裏面還有超出這「詩」「畫」以外的意存在。眼睛在接觸人的智力和生活所產生的一個結構，在光影恰恰可人中，和諧的輪廓，披着風露所賜與的層層生動的色彩；潛意識裏更有「眼看他起高樓，眼看他樓塌了」憑弔興衰的感慨；偶然更發現一片，只要一片，極精緻的彫紋，一位不知名匠師的手筆，請問那時銳感，即不叫他做「建築意」，我們也得要臨時給他製造個同樣狂妄的名詞，是不？

建築審美可不能勢利的。大名喧赫，尤其是有乾隆御筆碑石來讚揚的，並不一定便是寶貝；不見經傳，湮沒在人跡罕到的亂草中間的，更不一定不是一位無名英雄。以貌取人或者不可，「以貌取建」却是個好態度。北平近郊可經人以貌取舍的古建築實不在少數。攝影圖錄之後，或考證它的來歷，或由村老傳說中推測他的過往——可以成一個建築師爲古物打抱不平的事業，和比較有意思的夏假消遣。而他的報酬便是那無窮的建築意的收獲。

一　臥佛寺的平面

說起受帝國主義的壓迫，再沒有比臥佛寺委曲的了。臥佛寺的住持智寬和尙，前年偶同我們談天，用『嘆息痛恨於桓靈』的口氣告訴我，他的先師老和尙，如何如何的與青年會訂了合同，以每年一百元的租金，把寺的大部分租借了二十年，如同膠州灣，遼東半島的條約一樣。

其實這都怪那佛一覺睡幾百年不醒，到了這危難的關頭，還不起來給老和尙當頭棒喝，使他早早覺悟，組織個佛教青年會西山消夏團。雖未必可使佛法感化了摩登青年，至少可藉以繁榮了壽安山……，不錯，那山叫壽安山……，又何至等到今年五臺山些少的補助，纔能修葺開始殘破的廟宇呢！

我們也不必怪老和尙，也不必怪青年會……其實還應該感謝青年會。要是沒有青年會，今天有幾個人會知道臥佛寺那樣一個山窩子裏的去處。在北方——尤其是北平——

上學的人，大半都到過臥佛寺。一到夏天，各地學生們，男的，女的，誰不願意來消消夏，爬山，游水，騎驢，多麼優哉遊哉。據說每年夏令會總成全了許多愛人兒們的心願，想不到睡覺的釋迦牟尼，還能在夢中代行月下老人的職務，也眞是佛法無邊了。

從玉泉山到香山的馬路，快近北辛村的地方，有條岔路忽然轉北上坡的，正是引導你到臥佛寺的大道。寺是向南，一帶山屏障似的圍住寺的北面，所以寺後有一部分漸高，一直上了山腳。在最前面，迎着來人的，是寺的第一道牌樓，那還在一條柏蔭夾道的前頭。當初這牌樓是什麼模樣，我們大概還能想象，前人做的事雖不一定都比我們強，却是關於這牌樓大概無論如何他們要比我們大方得多。現有的這座只說他不順眼已算十分客氣，不知那一位和尚化來的酸緣，在破碎的基上，豎了四根小柱子，上面橫釘了幾塊板，就叫它做牌樓。這算是經濟萎衰的直接表現，還是宗教力漸弱的間接表現？一時我還不能答覆。

順着兩行古柏的馬道上去，驟然間到了上邊，纔看見另外的鮮明的一座琉璃牌樓在眼前。漢白玉的須彌座，三個漢白玉的圓門洞，黃綠琉璃的柱子，橫額，斗拱，簷瓦。如果你相信一個建築師的自言自語，『那是乾嘉間的作法』。至於日下舊聞考所記寺前爲門的如來寶塔，却已不知去向了。

琉璃牌樓之內，有一道白石橋，由半月形的小池上過去（見臥佛寺橋圖錄）。池的北面和橋的旁邊，都有精緻的石欄干，現在只餘北面一半，南面的已改成洋灰抹砌欄干。這池據說是「放生池」，裏面的魚，都是「放」的。佛寺前的池，本是佛寺的一部分，用不着我們小題大作的講。但是池上有橋，現在雖處處可見，但它的來由却不見得十分古遠。在許多寺池上，沒有橋的却較占多數。至於池的半月形，也是個較近的做法，古代的池大半都是方的。池的用　多是放生，養魚。但是劉士能先生告訴我們說南京附近有一處律宗的寺，利用山中溪水爲月牙池，和尙們每齋都跪在池邊吃，風雪無阻，吃完在池中洗碗。幸而臥佛寺的和尙們並不如律宗的苦行，不然放生池不唯不能放生，怕還要變成髒水坑了。

與橋正相對的是山門。山門之外，左右兩旁，是鐘鼓樓，從前已很破爛，今年忽然大大的修整起來。連角梁下失去的銅鐸，也用二十一號的白鉛鐵鋅上，油上紅綠顏色，如同東安市場的國貨玩具一樣的鮮明。

山門平時是不開的，走路的人都從山門旁邊的門道出入。入門之後，迎面是一座天王殿，裏面供的是四天王——就是四大金剛——東西梢間各兩位對面侍立，明間面南的是光肚笑嘻嘻的阿彌陀佛，面北合十站着的是韋馱。

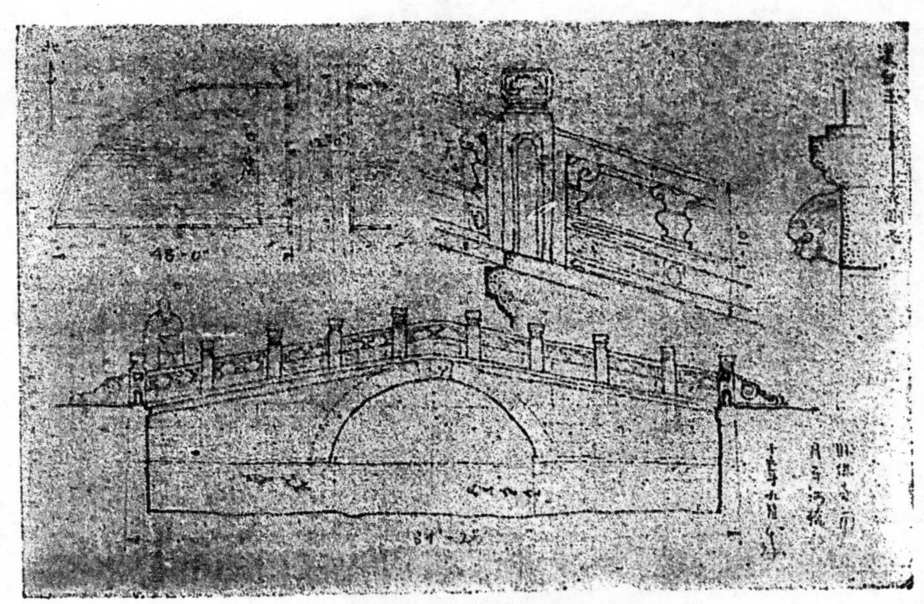

臥佛寺橋圖錄

再進去是正殿，前面是月台，月台上（在秋收的時候）鋪着金黃色的老玉米，像是專替舊殿着色。正殿五間，供三位喇嘛式的佛像。據說正殿本來也有臥佛一軀，雍正還看見過，是旃檀佛像，唐太宗貞觀年間的東西。却是到了乾隆年間，這位佛大概睡醒了，不知何時上那兒去了。只剩了後殿那一位，一直睡到如今，還沒有醒。

從前面牌樓一直到後殿，都是建立在一條中綫上的。這個在寺的平面上並不算稀奇，罕異的却是由山門之左右，有遊廊向東西，再折而向北，其間雖有方丈客室和正殿的東西配殿，但是一氣連接，直到最後面又折而東西，回到後殿左右。這一週的廊，東西（連山門或後殿算上）十九間，南北（連方丈配殿算上）四十間，成一個大長方形。中間雖立着天王殿和正殿，却不像普通的廟殿，將全寺用「四合頭」式前後分成幾進，這是少有的。在這點上，本刊上期劉士能先生在智化寺調查記中說：「唐宋以來有伽藍七堂之稱。惟各宗略有異同，而同在一宗，復因地域環境，互有增省……」現在臥佛寺中院，除去最後的後殿外，前面各堂爲數適七，雖不敢說這是七堂之例，但可藉此略窺制度耳。（見臥佛寺中院平面圖）

這種平面布置，在唐宋時代很是平常，敦煌壁畫裏的伽藍都是如此布置，在日本各地也有飛鳥平安時代這種的遺例。在北平一帶（別處如何未得詳究），却只剩這一處唐式平面了。所以人人熟識的臥佛寺，經過許多人用帆布床「臥」過的臥佛寺遊廊，是還有一點新的理由，值得遊人將來重加注意的。

臥佛寺各部殿宇的立面（外觀）和斷面（內部結構）卻都是清式中極規矩的結構，用不着細講。至於殿前偉麗的娑羅寶樹，和樹下消夏的青年們所給與你的是什麼複雜的感覺，那是各人的人生觀問題，建築師可以不必參加意見。事實極明顯的，如東院幾進宜於消夏乘凉；西院的觀音堂總有人租住；堂前的方池——舊籍中無數記錄的方池——現在已成了游泳池，更不必贅述或加任何的註解。

「凝神映性」的池水，用來作鍛鍊身體之用，在青年會道德觀之下，自成道理——沒有康健的身體，焉能有康健的精神？——或許！或許！但怕池中的微生物雜菌不甚懂事。

池的四週原有精美的白石欄干，已拆下疊成台階，做游人下池的路。不知趣的，容易傷感的建築師，看了又一陣心酸。其實這不算稀奇，中世紀的教皇們不是把古羅馬時代的廟宇當石礦用：採取那石頭去修「上帝的房子」嗎？這台階——欄干——或也不過是將原來離經叛道「崇拜偶像者」的迷信廢物，拿去爲上帝人道盡義務。「保存古物」，在許多人聽去當是一句迂腐的廢話。「這年頭！這年頭！」每個時代都有些人在沒奈何時

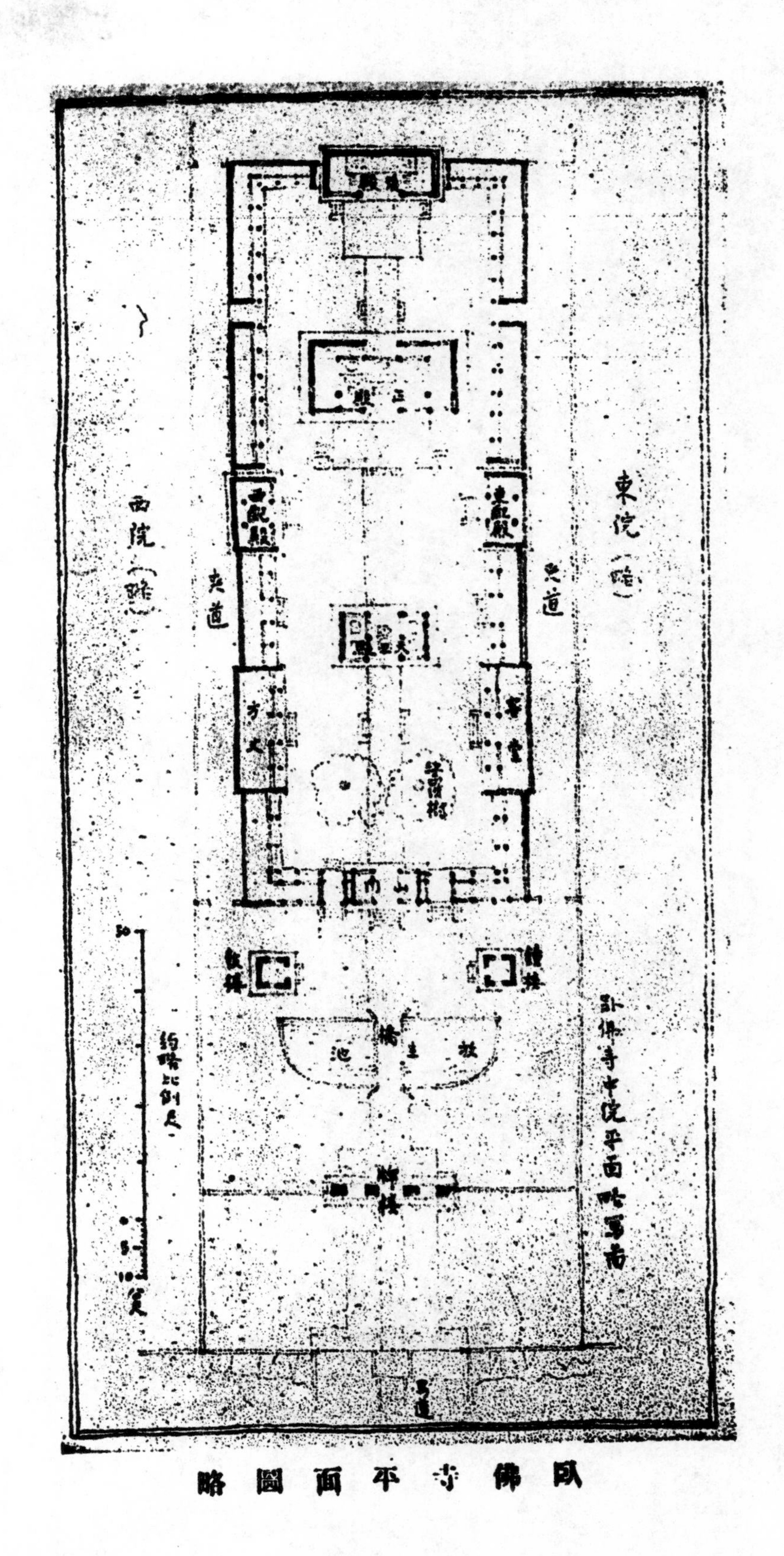

臥佛寺平面圖略

，喊着這句話出出氣。

二　法海寺門與原先的居庸關

法海寺在香山之南，香山通八大處馬路的西邊不遠。一個很小的山寺，誰也不會上那裏去遊覽的。寺的本身在山坡上，寺門却在寺前一里多遠山坡底下。坐汽車走過那一帶的人，怕絕對不會看見法海寺門一類無關輕重的東西的。騎驢或走路的人，也很難得注意到在山谿碎石堆裏那一點小建築物。尤其是由遠處看，它的顏色和背景非常相似。因此看見過法海寺門的人我敢相信一定不多。

特別留意到這寺門的人，却必定有。因爲這寺門的形式是與尋常的極不相同；有圓栱門洞的城樓模樣，上邊却頂着一座喇嘛式的塔——一個縮小的北海白塔（法海寺圖）。這奇特的形式，不是中國建築裏所常見。

這圓栱門洞是石砌的。東面門額上題着「勅賜法海禪寺」，旁邊陪着一行「順治十七年夏月吉日」的小字。西面額上題着三種文字　其中看得懂的中文是「唵巴得摩烏室尼渴畢廝列吽發吒」，其他兩種或是滿蒙各佔其一個。走路到這門下，疲乏之餘，讀完這一行題字也就覺得輕鬆許多！

門洞裏還有隱約的畫壁，頂上一部分居然還勉强剩出一點顏色來。由門洞西望，不遠便是一座石橋，微拱的架過一道山溝，接着一條山道直通到山坡上寺的本身。

門上那座塔的平面略似十字形而較複雜。立面分多層，中間束腰石色較白，刻着生猛的浮彫獅子。在束腰上枋以上，各層重疊像階級，每級每面有三尊佛像。每尊佛像帶着背光，成一浮彫薄片，周圍有極精緻的琉璃邊框。像臉不帶色釉，眉目口鼻均伶俐秀美，全臉大不及寸餘。座上便是塔的圓肚，塔肚四面四個淺龕，中間坐着浮彫造像，刻工甚俊。龕邊亦有細刻。更上是相輪(或稱刹)，刹座刻作蓮瓣，外廓微作盆形，底下還有小方十字座。最頂尖上有仰月的教徽。仰月徽去夏還完好，今秋已掉下。據鄉人說是八月間大風雨吹掉的，這塔的破壞於是又進了一步。

這座小小帶塔的寺門，除門洞上面一圈磚欄干外，完全是石造的。這在中國又是個少有的例。現在塔座上斜長着一棵出勁的柏樹，爲塔門增了不少的蒼姿，更像是做他的年代的保證。爲塔門保存計，這種古樹似要移去的。憐惜古建的人到了這裏眞是徬徨不知所措；好在在古物保存如許不週到的中國，這憂慮未免神經過敏！

法海寺門特點却並不在上述諸點，石造及其年代等等，主要的却是他的式樣與原先

法海寺 塔門

法海寺門上塔

的居庸關相類似。從前居庸關上本有一座塔的，但因傾頹已久，無從考其形狀。不想在平郊竟有這樣一個發現。雖然在日下舊聞考裏法海寺只佔了兩行不重要的位置；一句輕淡的「門上有小塔」，在研究居庸關原狀的立脚點看來，却要算個重要的材料了。

三　杏子口的三個石佛龕

由八大處向香山走，出來不過三四里，馬路便由一處山口裏開過。在山口路轉第一個大灣，向下直趨的地方，馬路旁邊，微僂的山坡上，有兩座小小的石亭。其實也無所謂石亭，簡直就是兩座小石佛龕。兩座石龕的大小稍稍不同，而他們的背面却同是不客氣的向着馬路。因爲他們的前面全是向南，朝着另一個山口——那原來的杏子口。

在沒有馬路的時代，這地方才不愧稱做山口。在深入三四十尺的山溝中，一道唯一的蜿蜒險狹的出路；兩旁對峙着兩堆山，一出口則豁然開朗一片平原田壤，海似的平鋪着，遠處浮出同孤島一般的玉泉山，托住山塔。這杏子口的確有小規模的「一夫當關，萬夫莫敵」的特異形勢。兩石佛龕既據住北坡的頂上，對面南坡上也立着一座北向的，相似的石龕，朝着這山口。由石峽底下的杏子口望上看，這三座石龕分峙兩崖，雖然很小，却頂着一種超然的莊嚴，鑲在碧澄澄的天空裏，給辛苦的行人一種神異的快感和美感。

現時的馬路是在北坡兩龕背後繞着過去，直趨下山。因其逼近兩龕，所以馳車過此地的人，絕對要看到這兩個特別的石亭子的。但是同時因爲這山路危趨的形勢，無論是由香山西行，還是從八大處東去，誰都不願冒險停住快駛的汽車去細看這麼幾個石佛龕子。於是多數的過路車客，全都遏制住好奇愛古的心，衝過去便算了。

假若作者是個細看過這石龕的人，那是因爲他是例外，遏止不住他的好奇愛古的心，在衝過便算了不知多少次以後發誓要停下來看一次的。那一次也就不算過路，却是帶着照像機去專誠拜謁；且將車駛過那危險的山路停下，又步行到龕前後去瞻仰手采的。

在龕前，高高的往下望着那刻着幾百年車轍的杏子口石路，看一個小泥人大小的農人挑着擔過去，又一個帶朵鬢花的老婆子，夾着黃色包袱，灣着背慢慢的踱過來，才能明白這三座石龕本來的使命。如果這石龕能夠說話，他們或不能告訴得完他們所看過經過杏子口底下的圖畫——那時一串駱駝正在一個跟着一個的，穿出杏子口轉下一個斜坡。

北坡上這兩座佛龕是並立在一個小台基上，它們的結構都是由幾片青石片合成——

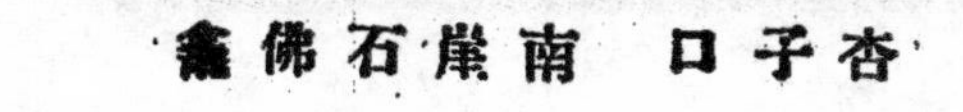

杏子口 南崖石佛龕

杏子口 北崖石佛龕

（每面牆是一整片，南面有門洞，屋頂每層檐一片）。西邊那座龕較大，平面約一公尺餘見方，高約二公尺。重檐，上層檐四角微微翹起，值得注意。東面牆上有歷代的刻字，跑着的馬，人臉的正面等等（見圖）。其中有幾個年月人名，較古的有『承安五年四月廿三日到此』，和至元九年六月十五日□□□賈智記』。承安是金章宗年號，五年是公元一二〇〇。至元九年是元世祖的年號，元順帝的至元到六年就改元了，所以是公元一二七二。這小小的佛龕，至遲也是金代遺物，居然在杏子口受了七百多年以上的風雨，依然存在。當時巍然頂在杏子口北崖上的神氣，現在被煞風景的馬路貶到盤坐路旁的謙抑；但它們的老資格却並不因此減損，那種倚老賣老的倔强，差不多是傲慢冥頑了。西面牆上有古拙的畫——佛像和馬——那佛像的樣子，驟看竟像美洲土人的 Totam-Pole（見圖）。

龕內有一尊無頭趺坐的佛像，雖像身已裂，但是流麗的衣褶紋，還有『南宋期』的遺風。

台基上東邊的一座較小，只有單檐，牆上也沒字畫。龕內有小小無頭像一軀，大概是清代補作的。這兩座都有蒼綠的顏色。

台基前面有寬二公尺長四公尺餘的月台，上面的面積勉强可以叩拜佛像。

南崖上只有一座佛龕，大小與北崖上小的那座一樣。三面做牆的石片，已成純厚的深黃色，像純美的烟葉。西面刻着雙鈎的『南』字，南面『無』字，東面『佛』字，都是徑約八公寸。北面開門，裏面的佛像已經失了。

這三座小龕，雖不能說是眞正的建築遺物，也可以說是與建築有關的小品。不止詩意畫意都很充足，『建築意』更是豐富，實在値得停車一覽。至於走下山坡到原來的峪口裏望上眞眞瞻仰這三龕本來莊嚴峻立的形勢，更是値得。

關於北平掌故的書裏，還未曾發現有關於這三座石佛龕的記載。好在對於他們年代的審定，因有牆上的刻字，已沒有什麼難題。所可惜的是他們渺茫的歷史無從參考出來，爲我們的研究增些趣味。

（未完）

西龕東面刻字

西龕西面刻畫

大壯室筆記（續）

劉敦楨

西漢陵寢

三代以前無墓祭，王者之葬，封樹而已。周禮春官冢人，先王之葬居中……以爵等爲丘封之度，與其樹數，其始僅云墓，左傳殽有二陵，其南陵夏后皋之墓也，春秋以降，因山丘高大，曰邱，楚昭王昭邱，趙武靈王靈邱，曰陵，史記趙世家，肅侯十五年起壽陵，秦本紀惠文王葬公陵，又悼武王永陵，孝文王壽陵，其例不一，要皆有墳無寢。自始皇治驪山，穿三泉，下銅以致槨，上崇山墳，史記秦始皇本紀，及漢書劉向傳，秉事死如生之義，又建寢園，朱孔陽歷代陵寢備考，游館，漢書劉向傳，象人君之居，前有朝，後有寢，周城二重，輿地備考，陵內城周五里，外城周十二里；故陵寢之名始於秦。西漢因襲秦制，其天子即位之明年，將作大匠營陵，見後漢書禮儀志注引漢舊儀略，又漢書武帝紀建元二年置茂陵邑，即登極次年，與此符合，起園邑，繚以城垣，漢書高后紀，誠長陵注引黃圖云，長陵城周七里一百八十步，又景帝紀五年作陽陵邑，及武帝紀置茂陵條，徙丞相將軍列侯吏二千石及郡國高貲富豪實之，漢書地理志，漢興，徙齊諸田楚昭屈景及諸功臣家於長陵，又武帝紀元朔二年，徙郡國豪傑及貲三百萬以上於茂陵，及同紀太始元年，宣帝紀本始元年，元康元年諸條，爲造宅第，漢書宣帝紀，本始二年春，以水衡錢爲平陵徙民起宅第，應劭曰，水衡與少府皆天子私藏，賜田錢，漢書景帝紀五年夏，募民徙陽陵，賜錢二十萬，武帝紀建元三年賜徙茂陵者戶錢二十萬，田二頃，設官寺，見三輔皇圖長陵條，發近郡卒，置將軍尉侯見後漢書禮儀志注引皇覽，寵大與郡邑無殊三輔皇圖引三輔舊事，武帝於槐里茂鄉，徙戶一萬六千置茂陵，漢書成帝紀鴻嘉二年，徙郡國豪傑貲五百萬以上五千戶於昌陵，孟堅謂爲三選七遷，充奉陵邑，欲以彊幹弱枝者是也。陵地用地七頃。其壙曰方中，占地一頃，深十三丈，後漢書禮儀志注引漢舊儀略，築爲方城。見前注引皇覽玄室曰明中，高一丈七尺，見前注引三輔皇圖納梓宮於內。棺外累黃腸題湊，設四通羨門，容大車六馬，見前注，與近世地宮之制稍異，清延昌惠陵工程全案稱同治惠陵自明樓下方城隧道北上，至啞叭院，院北壁中央有琉璃影壁，壁後即地宮隧道，次頭層門，次明堂，次二層門，次穿堂，次三層門，門內爲金券，設石寶床五，中床安梓宮於上，白石寶床北口至方城南口，深二十三丈四尺二寸，皆南向門，豈西漢宮闕寢廟下逮丞相府咸四向闢門，明中亦有四門之設，殊爲莫解。門內錯渾雜物扞漆繒綺金寶米穀車馬虎豹禽獸，見後漢書禮儀志注引皇覽，武帝饗年久長，尤多藏金錢財物，又瘞鳥獸魚鼈凡百有九十類，至不復容，赤眉之亂，取陵中物不能減半，其奢靡當爲漢諸陵冠。見漢書貢禹傳及晉書索綝傳，最近中央研究院發掘河南濬縣周墓，有車馬戈矛斧戟諸物，其馬坑亘者有馬骸六十餘具，足徵古代殉葬之風甚盛，其外有陟車石，外方立，後漢書禮儀志注引漢舊儀略，陟登也，疑羨門之限甚高，按近代陵寢羨門後，有大圓石二，下鑿溝，成坡狀，門閉則石循溝滑下塞戶後，限受圓石及石扉之重，故高亘逾常，故限外設石，便大行載車之升降，惟方立不明，未諳何指。有劍戶，戶設夜龍莫邪劍，伏弩，設伏火，後漢書禮儀志注引漢舊儀略伏弩之說與始皇驪山同，史記始皇本紀，令匠作機弩矢，有所穿近者輒射之，依驪山之例言，宜爲方中之中羨門，史記秦始皇本紀，已藏閉中羨，下外羨門，盡閉工匠藏者無復出，伏火亦見定陶丁后冢，漢書外戚傳，王莽發丁后冢，火出炎四五丈，吏卒以水沃滅，迺得入，燒燔椁中器物，第事涉誕怪，但難徵實。又有便房，自來釋者不一其說，劉敞謂爲梓宮題湊間物，宋祁曰小柏室，服虔云藏中之便坐，見漢書霍光傳注，據便房之義言，似以服說爲近。惟方中遂闕，爲室非一，其分位迄無可考。案後漢書禮儀志大喪禮，「皇帝進跪臨羨道房戶，西向，手下贈，投鴻洞中，三東園匠奉封入藏房中，」注引續漢書曰，「明帝崩，司徒鮑昱典喪事，葬日，三公入安梓宮，還至羨道半，逢上欲下，昱前叩頭言，禮，天下鴻洞以贈，所以重郊廟也，陛下奈何冒危險，不以義割哀，」則鴻洞之上有房，天子所以憑戶投贈，鮑昱諫章帝欲下之所也，後漢書禮儀志大喪禮，東園武士奉下車，司徒跪曰，請就下房，都導東園武士奉車入房，洞次爲羨道，再次復有房，東園匠藏贈於是，以便坐非正室，不應居羨道之北，明中之前，宜在其左右或後部，故疑此房爲明中外室之一，若清陵地宮之有明堂也。見前注惠陵工程全案，明中諸室之結構，漢書賈山傳謂秦驪山合采金石，冶銅錮其內，文帝亦有石槨之嘆，漢書張釋之傳，文帝顧謂羣臣曰，嗟乎，以北山石爲槨，用紵絮斮陳漆其間，豈可動哉，又後漢書明帝紀，帝初作壽陵，制令流水而已，石槨廣一丈二尺，長二丈五尺，槨猶如是，方中諸室，必以石構無疑。惟羨道明中之上，如樂浪諸墓覆以半圓形發券（Arch），及水平層挑物線之穹窿（Corbelled Parabolic Vault），抑以鬪八式之梁，重疊其上，如高勾麗古墳之狀，則非俟掘，不能窮其究竟也。

方中之上，累土爲墳曰方上。漢書趙廣漢傳，新豐杜建爲京兆掾，護作平陵方上，孟康曰，壙上也，三輔皇圖謂高帝長陵東西廣一百二十步，高十三丈，景帝陽陵方百二十步，高十丈，以較日人關野貞及法人色伽蘭調查者，差違殊甚。關野伊東塚本三氏合箸之支那建築上卷解說，惠帝安陵東西百九十一尺，南北百八十六尺，高約四十尺，景帝陽陵每邊寬二百三十尺，高四十六尺，元帝渭陵東西七百二十五尺，南北七百九十五尺，高九十尺，又馮承鈞譯色伽蘭中國西部考古記，昭帝平陵每邊寬二百公尺，宣帝杜陵長一百六十公尺，寬一百五十公尺，惟諸陵平面，除高祖長陵與薄太后南陵作六角形外，餘爲方形，或近於方形，方上之名，當基於此。（第一圖）墳

第二圖 渭陵（自支那建築重錄）

第一圖 西漢諸陵平面圖（自支那建築史重錄）

安陵

陽陵

杜陵

渭陵

第四圖 東漢魯王墓石像（自支那建築重錄）

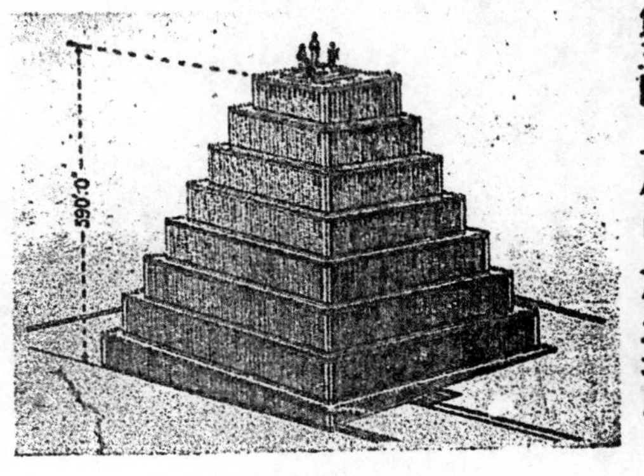

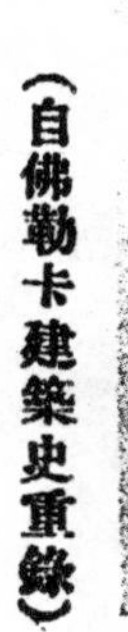

第三圖 古代巴比倫之塔廟（自佛勒卡建築史重錄）

之外觀，爲截頭平項之方錐體，略似埃及金字塔而截去其上部，就中元帝渭陵視金字塔面積尤大，有方臺三重，項東西廣二百二十尺，南北袤百九十五尺，其上更有低壇二級。（第一圖、第二圖）按周秦遺蹟如成王陵及始皇陵，平面胥作方形，成王陵東西二百七十尺，南北二百六十三尺，高約五十尺，始皇陵每邊長一千零三十尺，文王陵亦近於方形，文王陵東西三百七十五尺，南北三百二十尺，頂東西一百五十尺，南北一百四十五尺，高約六十尺，始皇陵之外觀，且爲方臺二層，則漢諸陵採用周秦舊型，當無疑義。以上見支那建築解說上卷及伊東忠太之支那建築史，又色伽蘭調查始皇陵，每邊長三百五十公尺，高六十公尺，陵土之體積約五十萬立方公尺，爲世界最巨之墳，其流風所被，遠及四裔，如高勾麗時代將軍墳，與樂浪張撫夷墓，僉爲方形，前者以巨石作七級方壇，尤爲最顯著之例。（將軍墳在奉天安輯縣好大王碑側，張撫夷曾爲帶方郡太守，帶方郡即樂浪郡南部，公孫康時置，後隸於魏，晉愍帝建興中併於高勾麗，見關野貞朝鮮美術史，）考爾雅『丘一成爲敦丘，再成爲陶丘，再成銳上爲融丘，三成爲崑崙丘，』注謂『成，層也，』江東呼土高堆爲敦。』嚴元照引詩『至於頓邱，』字異音同，見嚴氏爾雅匡名，足證敦丘卽頓邱，亦卽今江浙俗稱之墩。又依前述昭丘靈丘言，丘者墳也，古作北，見爾雅匡名引釋文從一從北，一，地也，北，象層疊之狀，位於地上，與秦漢諸陵外觀一致。故丘卽陵，爾雅所云數等之丘，乃古代陵墓之形體，許氏說文訓北爲二人相背之形，似未窮詰丘之實狀也。至於丘三層爲崑崙丘，見水經注河源條，水經注崑崙之山三級，下曰樊桐，一名板松，二曰玄圃，一名閬風，上曰增城，一名天庭，其說雜揉漢人浮詞，淮南子墬形訓，掘崑崙墟以下地，中有增城九重，……縣圃涼風樊桐在崑崙閶闔之中，又見嚴忌哀時命及劉向九嘆 而導源遠在周季，史記大宛傳，禹本紀言河出崑崙，禹貢織皮崑崙，離騷朝發軔於蒼梧兮，夕余至於縣圃，又邅吾道乎崑崙兮，路脩遠以周流， 自來稗史雜家每樂道之，山海經崑崙之墟方八百里，穆天子傳天子升於崑崙之丘，以觀黃帝之宮， 顧古人崑崙二字，大抵汎指極西而言，禹貢孔疏昆侖在荒服之外，流沙之內，史記夏本紀注，昆侖在臨羌西，又云敦煌廣至縣有昆侖障， 其緣飾附會之說，概不可信。史記大宛傳，今自張騫使大夏之後，窮河源，惡睹本紀所謂崑崙者乎， 所足異者，古代巴比倫之塔廟(Ziggurate)，亦為方形層疊之狀，（第三圖）以較秦漢諸陵，不無類似，而周禮壇壝之制，周禮司儀為壇三成，疏曰，言丘上更有一丘相重累者， 其性質用途形體，俱與塔廟不乏會通之點。此豈出之偶合，不能謂丘壇之形，卽與西陲諸邦有關，抑東西交通不始於漢武之通西域，穆滿羣玉之遊，初非讕語耶。附記於此，以供留心古制者之推求焉。

方上之外形，略如前述，其復土之際，每雜用沙 漢書田延年傳，大司農取民牛車三萬兩，為僦載沙便橋下，送致方上， 及炭葦諸物，前傳茂陵富人焦氏賈氏，以數千萬陰積貯炭葦諸下里物，昭帝大行時，方上事暴起，用度未辦，延年奏言商賈或豫收方上不祥器物，冀其疾用，欲以求利，非臣民所當為，請沒入縣官，孟康曰，死者歸蒿里，葬地下，故曰下里， 此數者依物性釋之，炭質吸水，夾置土中，能防水之下浸。葦亦避濕物，用以實壙，見周禮。周禮地官稻人，喪紀，共其葦事，鄭注葦以闉壙，禦濕之物， 沙以和泥與石灰，供壙壁外三合土，及內部塗飾之用，見朝鮮古墓。朝鮮美術史，而愚尤疑方上累土，必以夯築爲之。蓋秦漢諸陵高巨逾恒，土性下潰，非堅築無以凝固。但土作首重洩水，版築之垣，版底每置碎磚石，或稻葦，其上舖沙實土，所以利宣洩也。近歲北平研究院發掘燕故都臺基，土內猶存殘葦，以工程構造論，臺與方上同爲累土，周漢相去未遠，其法宜無殊致。且平陵運沙牛車三萬輛，炭葦之價至數千萬錢，數量之鉅，至可驚駭，非僅以填塞羨門羨道，又可想像而得也。

史稱驪山樹草木以象山，見史記秦始皇本紀西漢高祖母陵及東漢諸陵亦有陵樹，後漢書陰皇后紀，上陵日，降甘露於陵樹，又同書吳延傳，高帝母昭靈后園陵在小黃，有陵樹，度關中諸陵當亦如之。惟色伽蘭謂茂陵以大石被覆，今猶見其碎片，豈與高勾麗將軍墳同一構造耶。方上之外，繚以周垣，漢書王莽傳，以墨色污渭陵延陵周垣，爲門四出，三輔黃圖爲殿垣門四出，門距方上百尺至百四十尺不等，支那建築上卷解說，惠帝安陵四面有雙闕遺址，距方上約百尺，景帝陽陵約百四十尺，門有闕，漢書五行志，永光四年，孝宣杜陵園東闕南方災，永始元年，戾后園南闕災，四年，孝文霸陵東闕南方災，又色伽蘭中國西部考古記，武帝茂陵四周方垣中，各開一門，各門神道之口，建有石闕，成帝延陵外垣今尚可見，垣外皆有雙堆，疑爲闕址，又見支那建築上卷解說所載安陵陽陵，（第一圖）色氏謂爲石造，以霍光傳推之，當爲三出式。漢書霍光傳，顯改光時所自造塋制，起三出闕，築神道，今按武氏闕嵩山三闕及川中梓潼綿州諸闕皆二出，顯奢僭逾制，史臣特書之，故疑三出爲陵制，非人臣所有，闕外神道列石像，見中國西部考古記茂陵條，依東漢魯王墓石人言，像皆題名，象生前之儀衛，（第四圖）金石索魯王墓前二石人，在曲阜張屈莊，乾隆間阮元按試曲阜，移置儒學內矍相圃，一高漢尺一丈一寸許，題漢故樂安太守麃君亭長，今仆，一高漢尺九尺三寸許，題府門之卒，西漢金石記謂和帝永元七年，改千乘郡爲樂安，定爲東漢石刻，唐昭陵六駿像，其颯露紫一軀，刻邱行恭拔箭狀，殆其遺制。又有麒麟・辟邪・象・馬之屬，圖書集成陵寢部引封氏見聞記，秦漢以來帝王陵前，有石麒麟石辟邪石象石馬之屬，人臣墓前有石羊石虎石人石柱，又西京雜記青梧觀前有石麒麟二枚，刻其脅爲文字，是秦始皇驪山墓上物，頭高一丈三尺，石馬見霍去病冢，南齊書豫章文獻王嶷傳，上數幸嶷第，宋長寧陵隧道出第前，……乃徙其表闕麒麟於東崗上，麒麟及闕形勢甚巧，惟麒麟辟邪二者之狀不明，史籍每稱六朝陵墓有麒麟，今存者皆附翼之獅（Winged lion）與東漢雅州高頤墓一致，未能謂翼獅即麒麟，更不能斷漢陵之麒麟辟邪亦如是也。闕外有司馬門，漢書五行志，園陵小於朝庭，闕在司馬門中，又成帝紀永始元年詔，作治五年，中陵司馬殿門內尚未加工，四向皆然。漢制後宮自五官以下，皆陪葬門外，漢書外戚傳，五官以下葬司馬門外，服虔曰，陵上司馬門之外也，而勳臣每葬東司馬門左近。後漢書明帝紀，永平二年遣使以中牢祀蕭何霍光，帝過式其墓，注引東觀漢記曰，蕭何墓在長陵東司馬門道北百步，霍光墓在茂陵東司馬門道南四里，又同書和帝紀注，曹參冢在長陵旁道北，近蕭何冢，其將軍尉侯諸官寺，據東漢之例，疑在陵之東園，後漢書禮儀志注，寢殿園省在東園，吏舍又在其北，前注，寺吏舍在殿北，故陵監所止曰東署焉。後漢書桓帝紀，延熹六年四康陵月東署火，陵監即陵食監，又云食官令，見同書百官志，後漢書禮儀志，謂『古宗廟前制廟，後制寢。廟以藏主，祭以四時。寢有衣冠几杖象生之具，以薦新物。始皇出寢，起於墓側，漢因而弗改，故陵上稱寢殿。』然漢諸陵自寢殿外，復有廟，其制蓋侈於秦矣。漢書玄成傳，自高祖下盡帝與太上皇悼皇考各自居陵旁立廟，其寢爲陵之正殿，設鐘虡，有東西階廂及堂，堂設神坐見下注，殆與前殿同制。後漢書禮儀志上陵禮，大鴻臚設九賓隨立寢殿前，鐘鳴，……乘輿自東廂下，太常導出，西向拜止，旋升阼階，拜神坐，退坐東廂，西向，殿內又有房室，蓋漢制日祭於寢，四上食，三輔黃圖卷五，宮人隨鼓漏，理被枕，具盥水，陳莊具，見後漢書明帝紀注引漢官儀及同書祭祀志宗廟條，無房室則無以設牀帳後漢書陰皇后紀，帝從席前伏御牀，視太后鏡奩中物，感動悲泣，令易脂澤裝具，理被枕耳。有便殿，漢書高后紀城長陵注，引三輔黃圖，便殿掖庭皆在其中；武帝紀，建元六年高園便殿火，內有堂，時祭於是，漢書玄成傳，園中各有寢便殿，時祭於便殿，有室，藏乘輿衣物，漢書王莽傳，杜陵便殿乘輿虎文衣廢藏在室匣中者，出自樹立外堂上，又有更衣別室，疑亦在殿內。後漢書明帝紀，遺詔無起寢廟，藏主於光烈皇后更衣別室，此二者位置，史無明文，但始皇之寢在墓側，見前東漢諸寢在東園，明帝尤節約，遺詔祇於陵東北作廡，後漢書明帝紀注，引東觀漢記，廡長三丈五尺，外爲小廚，似漢世寢殿多在陵東也。其後宮貴人奉陵者爲數至夥，漢書禹貢傳，諸陵園女亡子者，宜悉遣，獨杜陵宮人諸自，誠可哀憐也，又後漢書鄧皇后紀，詔諸園貴人，其宮人有宗室同族，若羸老不任使者，令園監實覈上名，自御北宮增喜觀閣問之，恣其去留，即日遣免者五六百人，皆居掖庭，見三輔皇圖，宜在寢便殿之後或其附近。惟果園鹿苑見三輔皇圖惠帝安陵條，鶴館，漢書元帝紀，初元三年茂陵白鶴館災，未審何屬。而諸陵之廟，有闕漢書五行志武帝鴻嘉三年孝景廟北闕災，及殿門漢書平帝元始五年，高皇帝原廟殿門災，哀帝元壽元年，孝元廟殿門銅龜蛇舖首鳴，正殿，漢書昭帝元鳳四年，孝文廟正殿災，規模頗宏巨，玄成傳謂在陵旁，則非若東漢石殿位於方上之前甚明。依事實言，垣與方上之間面積頗狹，亦難容納，見前引支那建築上卷解說，惟寢廟二者並列陵東側，抑分踞陵之左右，悉無考焉。

東漢陵寢

東漢諸陵在今洛陽附近，典籍所載，大抵追倣西京舊法，惟自新莽地皇間，迄於建武中季，兵革相尋，幾達廿載，光武起身行間，察民間疾苦，知天下之疲耗，步文帝後塵，務求儉約，省薄陵墳，廢郭邑之制，裁令流水而已。見後漢書光武帝紀，其後章帝欲爲原陵顯節陵立縣邑未果，見後漢書東平憲王蒼傳，終漢之世，遂以爲法。其墳皆方形，大小不等，後漢書禮儀志注引古今注，光武帝原陵方三百二十三步，高六丈六尺，明帝顯節陵方三百步，高八丈，章帝敬陵方三百步，高六丈二尺，和帝慎陵方三百八十步，高十丈，殤帝康陵方二百八步，高五丈五尺，安帝恭陵周二百六十步，高十五丈，順帝憲陵方三百步，高八丈四尺，冲帝懷陵方百八十三步，高四丈六尺，質帝靜陵方百三十六步，高五丈五尺，桓帝宣陵及靈帝文陵各方三百步，高十二丈，獻帝禪陵不起墳、就中殤冲二帝在位日淺，附葬慎陵憲陵塋內，見後漢書安帝紀注，及李固傳，體制較卑。方上之形，以孝德皇甘陵言，亦爲層疊之狀，疑與西漢諸陵無異。水經注卷五，漢安帝父孝德皇以太子被廢爲王，薨於此，乃葬其地，尊陵曰甘陵，陵在瀆北 丘墳高巨，雖中經發壞，猶若層陵矣，方上之外，唯光武原陵爲垣門四出，餘陵無垣，代以行馬，內設鐘簴，建石殿。見後漢書禮儀志注引古今注，按石殿卽石室，位於方上前；漢世士大夫墓多如是，山東肥城孝山堂石室及水經注司馬遷子夏諸石室，不遑枚擧，北魏文明太皇太后陵亦然，水經注卷十三㶟水條，方山有文明太皇太后陵，陵之東北有高祖陵，二陵之南有永固堂，堂之四周階雉列樹，階欄檻及扉戶梁壁椽瓦悉文石也，檐前四柱，採洛陽之八風谷黑石爲之，雕鏤隱起，以金銀間雲矩，有若錦焉，堂之內外四側，結兩石趺，張靑石屛風，以文石爲緣，竝隱起忠孝之容，題刻貞順之名，廟前鐫石爲碑獸碑石至佳，左右列柏，四周迷禽闇日，院外西側有思遠靈圖，圖之西有齋堂，南門表二石闕，又北魏書孝文帝太和五年，建永固石室於方山，立碑於石室之庭，自太和五年起工，凡八年始成云。殆後世享殿稜恩殿之權輿也。其寢殿園省在東園，疑卽陵之東側，北爲寺吏舍，後漢書禮儀志注引古今注，史稱恭陵有百丈廡，當亦屬園寢之內，後漢書順帝陽嘉元年，恭陵百丈廡災，但原懷靜三陵寢殿，在垣行馬內，因疑為廟，其制較簡，而憲陵更舍獨在寢殿東，與他陵異，似因地制宜，因時辨用，不拘一格也。後漢書禮儀志注引古今注，其垣與行馬各具四闕，後漢書桓帝紀，延熹五年恭陵東闕火，及司馬門，見古今注，原陵又有長壽門，後漢書桓帝紀，延熹四年原陵長壽門火，依史文「災」字之義詮釋，門闕當為木構，但後者與西漢諸陵不合，頗疑有誤。地宮之制，後漢書亦稱方中，宜與西漢大體髣髴，今約略可知者，僅獻帝禪陵最陋，其前堂方一丈八尺，後堂方一丈五尺，角廣五尺耳。見古今注，

（未完）

伯希和先生關於燉煌建築的一封信

梁思成

伯希和先生 Paul Pelliot 燉煌圖錄 Les Grottes de Touen-Houang 第七圖上有照片一張，題曰「初遊千佛洞」(Premiére Visite au Ts'ien-fo-tong)（第一圖）。這照片的上左方，有木質建築一角，是窟前的檐廊；雖只一角，却可以看出簡單雄大的斗拱，八角形的柱，抹灰的墻，闌額下用短立柱分成三格的橫披，方條的楞木豎列的窗，窗下用矮柱支着的窗檻，拱間的小窗，無一不表示唐代的特徵。我們只須將它與燉煌壁畫，嵩山淨藏禪師塔（參看本刊三卷一期第一〇四頁第十八圖），和日本現存平安白鳳遺物比較，便可定它在形制上的地位。

圖錄第二七六圖的第一三〇窟內部（第二圖），則可以看出梁架的結構：兩根大梁（乳栿），由當心間柱頭鋪作伸入窟崖上，梁上有兩個駝峯，駝峯上有斗，斗上則爲劄牽。劄牽與泥道拱(？)相交，托住上面兩縫方子，方子上是椽子。由下縫方子處，有斜柱向前下斜伸。自轉角鋪作之上至乳栿之中段，則有遞角梁；這兩梁接榫處如何交代，卻看不清楚。而梁上的彩畫　則隱約可辨　似忍冬唐草之類。原照片雖不甚清楚，但各部結構大概已很瞭然。圖錄中與此類似之照片還有幾張，都顯然表示唐建的形制。

因爲這些照片或不完全或欠清晰，所以我於今年五月間去函請教於伯先生，問他(一)有無第七圖所見檐廊之全部照片或第二七六圖更清晰的照片，(二)有無關於這幾處木建的史料；(三)求他許我在文中翻印他的照片。八月間接到先生七月三十日自巴黎發的覆信，惠然不憚繁屑的指導我們，以極可珍貴的資料見賜。原信說，

……我當然極願意將我的材料供你研究中國建築之用。我付與你翻印第七圖及第二七六圖之權。關於第百三十窟的照片，不幸我只有第二七六圖一張，它內部的結構是唐式建築重要的實例。第七圖檐廊的照片也只有那一張。不過我可以供給你兩點資料，你一定認爲有趣味的。

(一)　第百三十窟外檐的廊本身差不多完整無毀。他兩條梁上還有文字如下：

維大宋太平興國五年歲次庚辰二月甲辰朔廿二日乙丑勑歸義軍節度瓜沙等州觀察處置管內營押蕃落等使

第一圖　初遊千佛洞

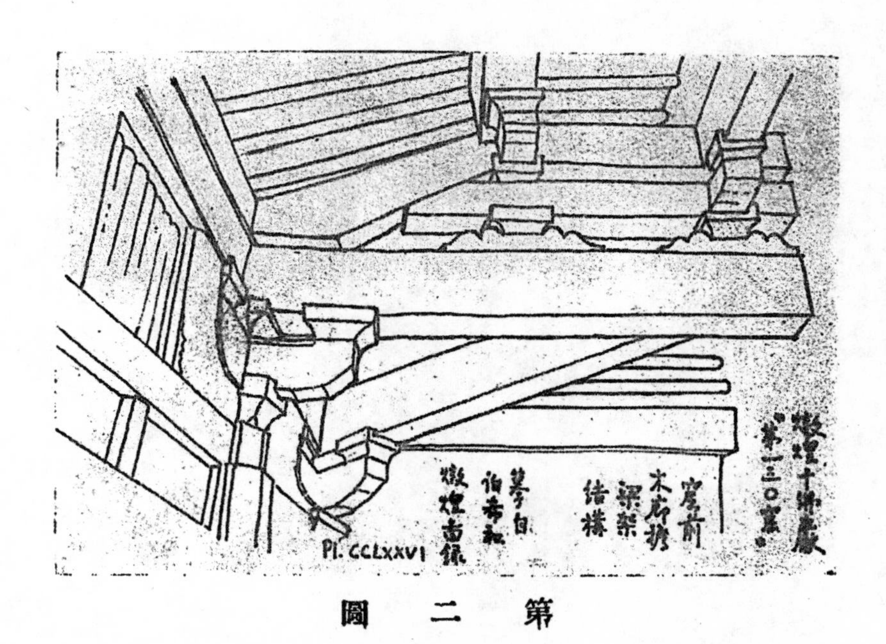

第二圖

特進檢校太傅同中書門囗李章事譙郡開國公食邑一阡伍佰戶食實封七佰戶曹延祿之世叔建此窟檐紀

？？

歸義軍節度內觀察從知紫亭縣令兼衙前都押銀青光祿大夫檢校刑部尚書兼御史大夫上柱國閻員淸

這個檐廊的年代所以是公元九八〇年。

(二) 第一二〇A窟外檐廊也是差不多完整，其中一梁有文字如下：

維大宋開寶九年歲次丙子正月戊辰朔七日甲戌　勑歸義軍節度瓜沙等州觀察　處置管內營押蕃落等使特進檢校太傅兼中書令譙郡開國公食邑一千五百戶食實封三百戶曹延恭之世叔建紀

這一處檐廊的年代所以是九七六。

我們的同志常盤和關野認爲中國木建築沒有確實比一〇三八更古的，在一九三一年通報第二三一及四一三頁上我已將此點討論。上列文字若以爲可用，你也可以發表。

……我希望今年冬天在北平可以與你見面。……

信中所指常盤關野之說，是指他們共著支那佛教史蹟所載大同下華嚴寺薄伽教藏而言，見原書評解第二册第五九至六一頁。伯先生在通報一九三一年第二二一頁書評中介紹該書，文中有一段說：

「……照他們的說法，中國木建築可考之最古年代當爲一〇三八，但我們在燉煌有一處檐廊，較此更古數十年。……」

我最近考證薊縣獨樂寺（九八四）和寶坻廣濟寺（一〇二五）也都比華嚴寺古，一〇三八之說已不成立。獨樂寺遼構在時代上雖屬北宋，而在形制上都比宋式——營造法式的宋式——更早，而較近於我們所知道的唐式的。獨樂寺而外，更有數處約略同時的木構，都可以爲我這武斷的斷語做佐證。但是這些遺物，多已部分的改變了本來面目，尤其是墻壁裝修彩畫之更改，使我們所得的印象與原物所給予的大大不同。而能使我們知道唐式原形的，在有別處發現以前，只好賴這幾個小小的檐廊。

關於第一二〇A窟的建造者曹延恭，伯先生在通報同年第四一三頁，書目提要論述魏利斯坦因敦煌出土畫錄(A. Waley: A Catalogue of Paintings Recovered from Tun-huang by Sir Aurel Stein, K. C. I. E.)中說，

『魏利先生在此處，根據東洋學報第一二三頁，指明斯坦因稿說曹元忠在九七四年曾做此地地方行政官。王國維所說曹元忠死至遲在九六八年之前（參看通報一九二九年，一三四頁），在推論上有幾點錯誤。而斯坦因在同稿中又說曹元忠之職於九七五年已爲曹延恭所代，宋史所說曹元忠任職至九八〇年而卒之說也是錯了。斯坦因稿關於此點的見解我可以助證，因爲在第一二〇A窟梁上有文確實的記述九七六年曹延恭之任職。』

關於敦煌曹氏的考據，王靜安先生之說見於觀堂集林卷十六曹夫人繪觀音菩薩像跋而伯先生文乃介紹海寧王忠慤公遺書（通報印作「畫」疑誤？），跋原文說，

……末署『乾德六年，歲次戊辰，五月癸未，朔十五日丁酉題記』。按乾德六年即開寶元年，是歲以十一月癸卯冬至改元，故五月尚稱乾德六年。據記文此像乃慈母娘子爲男司空新婦小娘子難月而作。難月蓋謂產難之月。慈母娘子爲歸義軍節度使曹元忠之妻，男司空則延恭也。時元忠已卒，延恭以節度行軍司馬知留後事，故其結銜中有『校司空』字樣。司空三公之初階，自曹義金以檢校司空爲歸義軍節度使，元忠加至檢校太傅。時元忠初卒，延恭知留後事，未受朝命，所稱檢校司空，實自署也。後延祿知留後事時，亦假此官。宋史，資治通鑑長編均謂元忠卒於太平興國五年。上虞羅叔言參事作沙州曹氏年表，始據英倫所藏開寶八年歸義軍節度使曹延恭施物疏，謂元忠已先卒。今觀此畫，知開寶元年延恭已知留後事。又記中於慈母娘子男司空外，兼及小娘子女，小娘子郎君等，而無一語及元忠，知元忠已卒矣。又日本西本願寺藏大般若波羅密經卷

二百七十四末有寫經記署乾德四年五月，乃元忠子延晟所造，記中有「大王邈謗，寶位堅於邱山」等語，大王亦指元忠，是此時元忠尙存。然則元忠之卒當在乾德四年五月之後，六年五月之前；或在乾德五年矣。……

而宋史卷四百九十外國列傳六，則謂

沙州本漢燉煌故地，唐天寶末，陷于西戎。大中五年，張義潮以州歸順，詔建沙州爲歸義軍，以義潮爲節度使，領河沙，甘肅，伊西等州觀察營田處置使。……朱梁時，張氏之後絕，州人推長史曹義金爲帥。義金卒，子元忠嗣。周顯德二年來貢，授本軍節度檢校太尉同中書門下平章事，鑄印賜之。建隆三年加兼中書令。子延恭爲瓜州防禦史。興國五年，元忠卒，子延祿遣人來貢，贈元忠「燉煌郡王」；授延祿本軍節度，弟延晟爲瓜州刺史，延瑞爲衙內都虞侯。延平四年，封延祿爲譙郡王。……

這許多曹氏考據，也許支節到題外，但爲讀者便利計，所以抄錄出來供參考。

「言歸正傳」：燉煌窟外幾個檐廊，我們已準確的知道，在年代上是北宋初年；它的建造者是當時世襲的歸義軍節度使曹延恭，延祿兄弟。像他們的父親曹元忠一樣，他們都是佛敎的虔信者，由羅叔言燉煌石室遺書中我們就可考出多處造像寫經的記錄。

至於形制，我們可以無疑的定爲唐式，除上文所說與遺物的比較外，現在千佛洞無數的洞口外，差不多每個都有許多的大窟窿，原來棟梁插入的舊孔痕迹，可以證明原先差不多每個洞口都有一座檐廊，和現在所見的這一兩個一樣。並且我們可以想像到，這兩三座宋初所建，絕不會脫離了當時尙存多數唐式而另立形制的。而且每個時代文化上的變遷，率多起自文化政治的中心，經過長久的時間，影響方能傳到遠處。照我個人推測，北宋初年中原的建築，在形制上較近唐式，營造法式的「官訂式」，至北宋末葉方纔成熟。敦煌遠在邊陲，當時所奉爲法則的，當然是唐代規矩。所以我當初以它爲唐式建築實例的假定，得伯先生的覆信，更可成立。

先生說今年冬天在北平相見，現在他眞的來了。並且還給了我們許多可貴的指導。現在得了先生的允許，將這信公布於本期彙刊，聊表歡迎之意。

本社紀事

緘中華教育文化基金董事會報告社務實況

敬啟者，本社自本歲七月中旬，遷移中山公園新社址以來，照預定工作程序，賡續進行，於茲半載。鄙人鑒於年來社會要求，及

貴會睠睞之重，務求社務刷新，澈貫初衷，故本年度執始之際，首設幹事會，釐定社約，規劃社務進行大綱，以奠永遠基礎，業聘定周寄梅葉玉甫孟玉雙袁守和陶蘭泉陳援菴華通齋周作民錢新之徐新六裘子元諸先生爲本社第一屆幹事會幹事。根據第一次幹事會會議議決案，向本市市黨部及教育部，依文化團體組織法，申請立案，均荷批准立案。其餘社內組織，亦力求適應環境，充實內容，增進工作之效能，所有法式文獻二組工作，均經聘定專員擔任，經費一項，除經常門由

貴會補助費支給，另案報告外，其臨時門額外編輯翻譯及旅行調查出版事務購置諸項，本年度上半期共約支出六千元左右，在茲國事蜩螗，百業凋零，集欵本屬不易，幸賴海內賢達，熱心贊助，俾本社社務進行，能如預定計劃，未致中輟，曷勝欣慰。茲當二十一年度上半期照章編送報告之際，理合附帶聲明。此致

中華教育文化基金董事會

附工作報告一份

中國營造學社社長朱啟鈐啟

二十一年度上半期工作報告

(甲) 實物調查

(一)寶坻廣濟寺三大士殿

寶坻廣濟寺三大士殿，爲遼太平五年建，經梁思成君發現，於六月中旬實測完畢。歸後旋繼研究，其報告業已脫稿，於彙刊三卷四期發表。

(二)北平智化寺

北平智化寺建於明中葉，二十年夏劉敦楨君率中央大學建築工程系助教學生，曾爲一度之實測。本歲劉君加入本社後，更爲精密之調查。其結果業於本社彙刊三卷三期發表。

(三)杭州六和塔之彫刻

六和塔爲宋代遺物，其外部木質部分，雖經後世重修，但內心磚石部分，則爲宋代原構。其彫刻之圖案布局，完全依據營造法式做法，實爲研究宋代建築彫飾之絕好資料。現由本社社員盧樹森君撮影摹拓，以供研究。

(乙) 古建築之修葺計劃

(一)北平故宮文淵閣

故宮博物院因文淵閣樓面凹陷，書架傾斜，囑本社代擬修理計劃，經梁思成劉敦楨及清華大學土木工程教授蔡方蔭先生再四勘查。除將凹陷原因及修理計劃函復該院外，並在本社彙刊三卷四期發表。

(二)北平內城東南角樓

北平內城四角樓，現存者祇東南一角，庚子聯軍入京時，轉角處屋頂受彈破壞，民國初年鄙人於警察總監及內務總長任內，計劃修葺，以欵絀祇用鉛鐵板將破頂蓋覆，二十年來，風雨侵蝕，梁柱之坍塌部分日益增多，而屋頂之破穿部分亦日益加大。今秋北平市政當局，決計恢復原狀，以維古物，囑由本社代擬修理計劃，現已開始測量勘查矣。

(三)故宮南薰殿

南薰殿位於紫禁城西南隅，爲收藏歷代帝王像處。因年久失修，大部破爛。古物陳列所現擬修復舊觀，緘商本社擬具圖樣及說明書，現已大體就緒。

(丙)　古籍之整理

(一)工程做法則例

淸工部工程做法則例補圖，爲本社一年來主要工作之一，圖稿經多次增改，現改正稿亦將完畢，半年後當可脫稿。其完畢者有爲首大木數卷。

(二)營造法式

營造法式爲我國建築最古之顯書，其編法雖甚精嚴，惜仍有不明瞭處，其製圖雖甚完備，但嫌欠準確，學者難之。前經鄙人與陶蘭泉先生校正重刊，近社員梁思成君援據近日發現之實例佐証，經長時間之研究，其中不易解處，得以明瞭者頗多。梁君正將研究結果，作營造法式新釋，預定於明春三月，本社彙刊四卷一期中公諸同好。其琉璃彩畫則由劉敦楨君整理注釋，一併付刊。

(三)姚氏營造法原之整理

我國營造顯述，如宋李氏營造法式及清欽定工部工程做法，皆詳於宮殿　未及民間通俗建築。蘇州姚氏補雲舊執教鞭於江蘇蘇州工業專門學校建築系，本祖傳秘冊，編營造法原一書，以惠後學。姚君近以此書見貽，內敍住宅祠廟佛塔駁岸及室內裝拆量木計園諸法甚詳，足補殆官書，補前二書之不足。現由鄙人著手分晰整理，改定圖釋，以備刊行。

(四)刊行梓人遺制

元薛景石梓人遺制一書，敍述車輅機具多種，竹見錄焦竑經籍志，近世除文廷式筆記自永樂大典節錄一部分外，未見單行本行世。本社前懇國立北平圖書館館長袁守和先生向英倫博物院攝取大典原本像片副本三十四面，經鄙人與劉敦楨君校注，於本社彙刊第三卷第四期發表。

(五)圖書編目

本社所藏圖籍，經鄙人十餘年搜羅，及海內外同志之贊助，爲數正復不少。惟書籍凌亂，未經編列，於參考檢查，頗爲不便。爰登聘北平圖書館編纂謝國楨君爲本社編目，並擬編中國營造圖籍提要，以利學子。

(丁)　史料文獻之搜集

(一)明北京宮苑圖攷

本社社員闞心如君前編明北京宮苑圖考一書，竭數載之力，博搜羣書，勘查實蹟，成書約十萬言。近由文獻組抄錄明實錄，從事補充，並調查明南京宮闕制度，以資參證。

(二)哲匠錄

哲匠錄經社員梁啟雄君增改校訂，已在本社彙刊三卷一期起陸續刊載。現營造一卷，正在搜集清代哲匠傳記，行將完畢。卷二當可繼續校編。

（三）中國建築史料

中國建築史料大綱，前由社員瞿兌之君擔任工作，已將兩漢以前編竣。現瞿君就河北省府職，未定稿改由梁啟雄君繼續收集，改稱建築史料。搜集初步方法，則改用引得式，以省抄錄之時間與精力。然後再編引正文，爲次步工作。

（戊）雜項

（一）參加芝加哥博覽會

參加芝加哥博覽會科學組賽品徵集委員會北平分會，函邀本社參加出品，原擬送陳各項模型，發揚吾國文化美術，第因各物龐大，運輸維艱，祇將圓明園盛時鳥瞰照片，獨樂寺實測圖，清工程做法補圖及彙刊等送往該會參加。

（二）組織北平學術團體聯合展覽會

本歲十月上旬，北平圖書館，故宮博物院．古物陳列所．歷史博物館．天文博物館．中央研究院．古物保委會．及本社等，發起組織北平學術團體聯合展覽會，以所收票價，救濟東北避難同胞。本社出品寄陳於歷史博物館，計爲薊縣獨樂寺．寶坻廣濟寺．北平智化寺之實測圖與照片，清工部工程做法補圖一二卷，圓明園鳥瞰圖數種。

永樂大典本

梓人遺制

朱啟鈐校刊

33495

永樂大典卷之一萬八千二百四十五 十八漾

匠

匠氏諸書十四

梓人遺制工師之用遠矣唐虞以上共工氏其職也三代而後屬之冬官分命能者以掌其事而世守之以給有司之求及是官廢人各能其能而以售於人因之不變也古攻木之工七輪輿弓廬匠車梓今合而為二而弓不與焉匠為大梓為小輪輿車廬王氏云為之大者以審曲面勢為良小者以雕文刻鏤為工去古益遠古之制所存無幾考工一篇漢儒攟摭殘缺僅記其梗槩而其文佶屈又非工人所能喻也後雖繼有作者以示其法或詳其大而畧其小屬大變故又復罕遺而業是工者唯道謀是用而莫知適從日姜氏得梓人攻造法而刻之矣亦復擁略未備有是石者夙習是業而有智思其所制作不失古法而間出新意囊斷餘暇求器圖之所自起參以時制而為之圖取數凡一百一十條疑者闕焉每一器必離析其體而縷數之分則各有其名合則共成一器規矩尺度各疏其下使攻木者攬焉所得可十九矣既成來謁文以序其事夫工人之為器以利

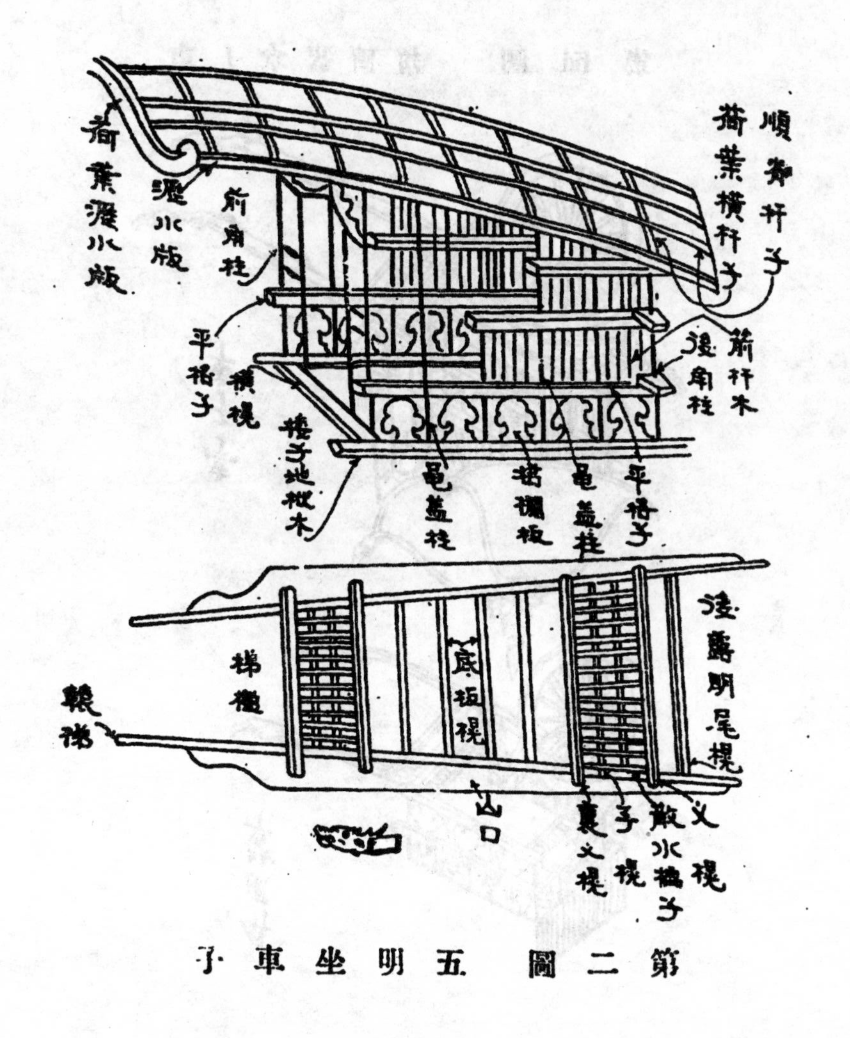

第二圖 五明坐車子

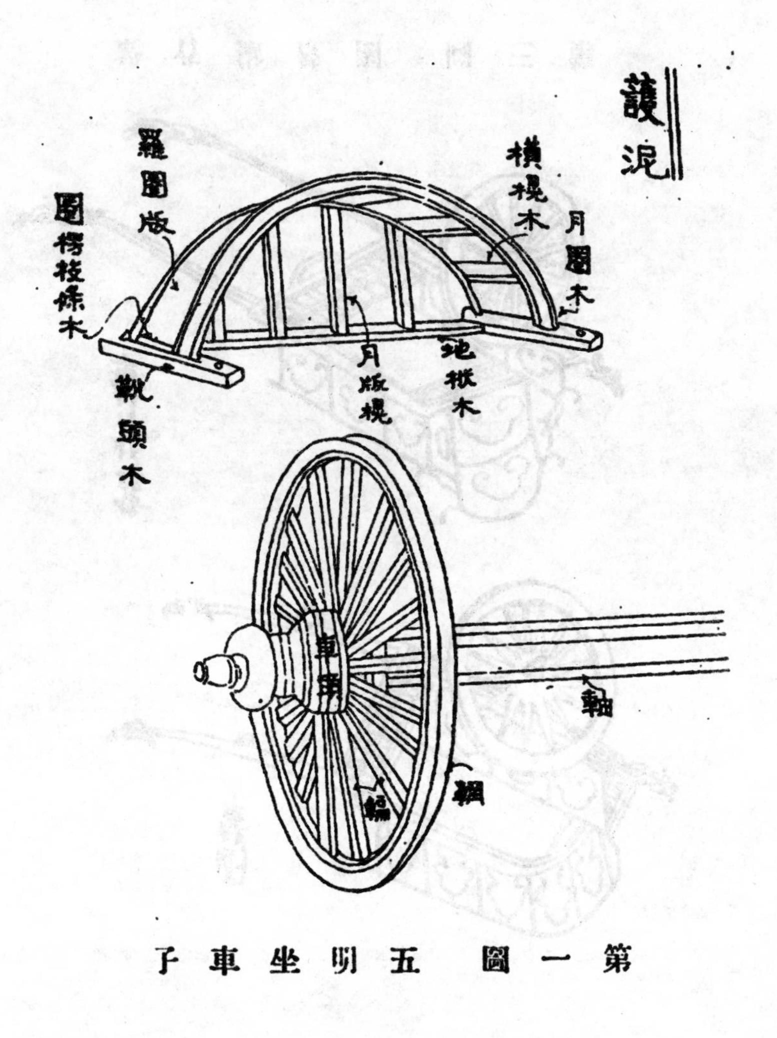

第一圖 五明坐車子

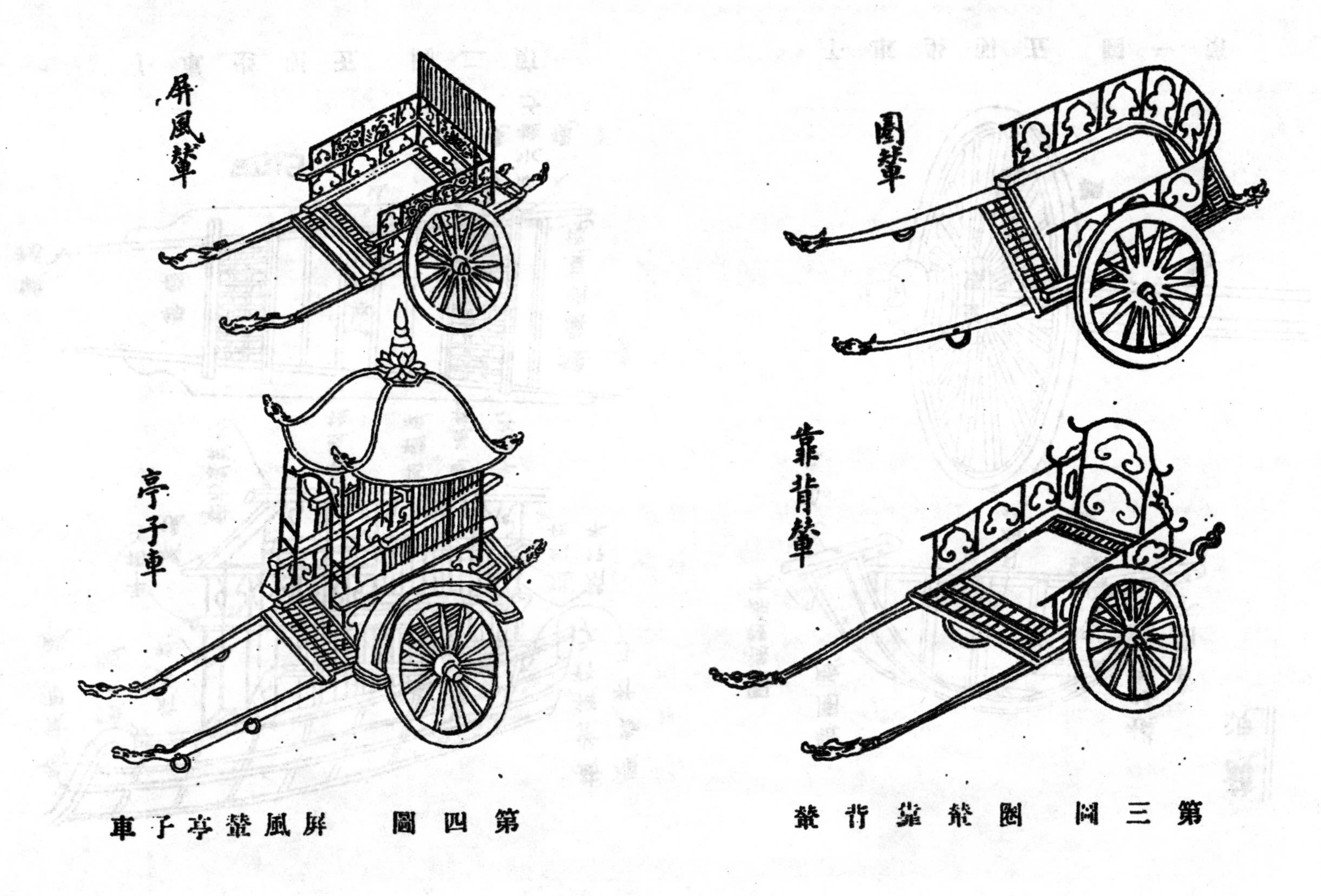

第三圖　圓輦　靠背輦

第四圖　屏風輦　亭子車

(更正 樘誤檔)

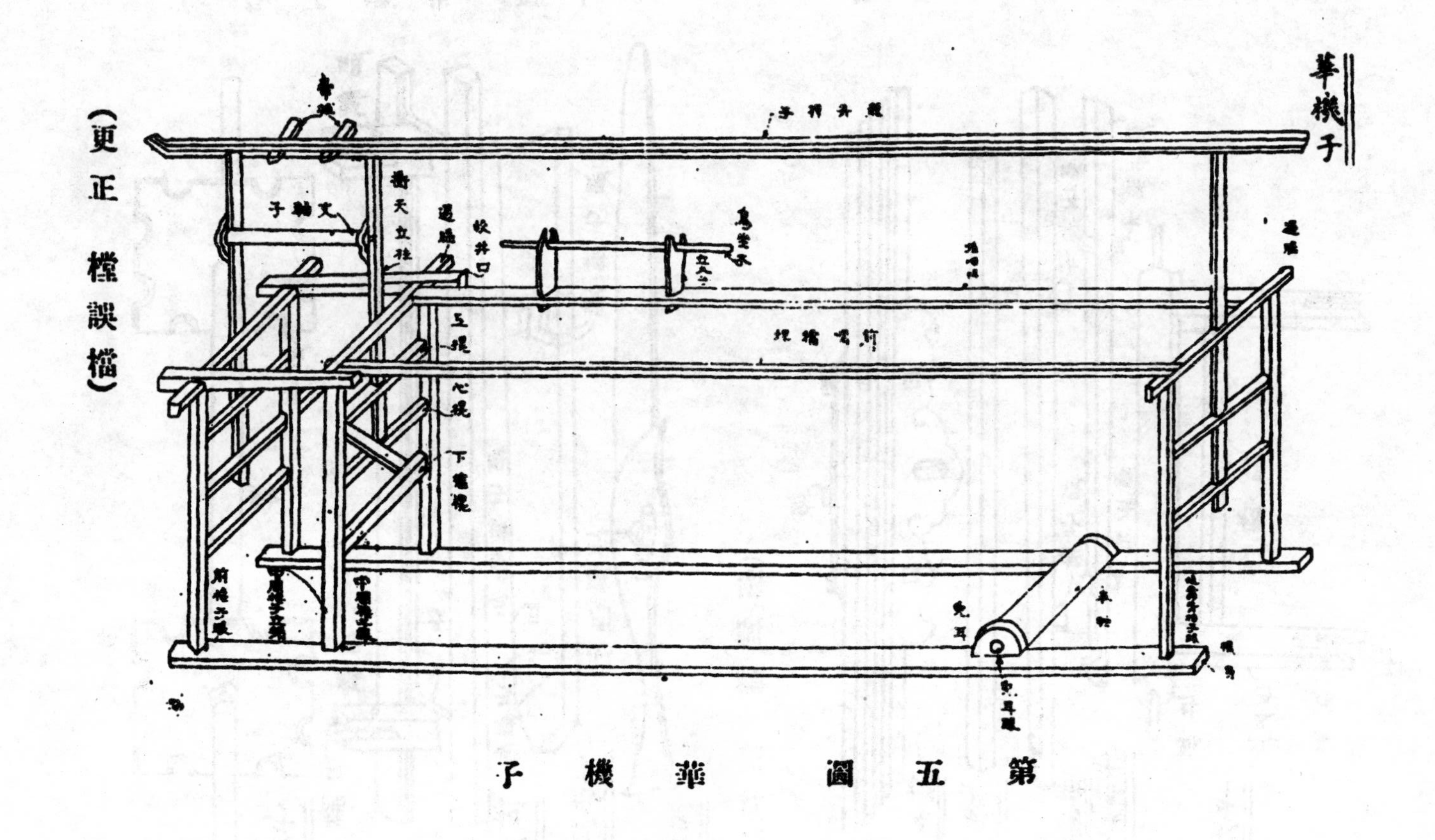

第五圖　華機子

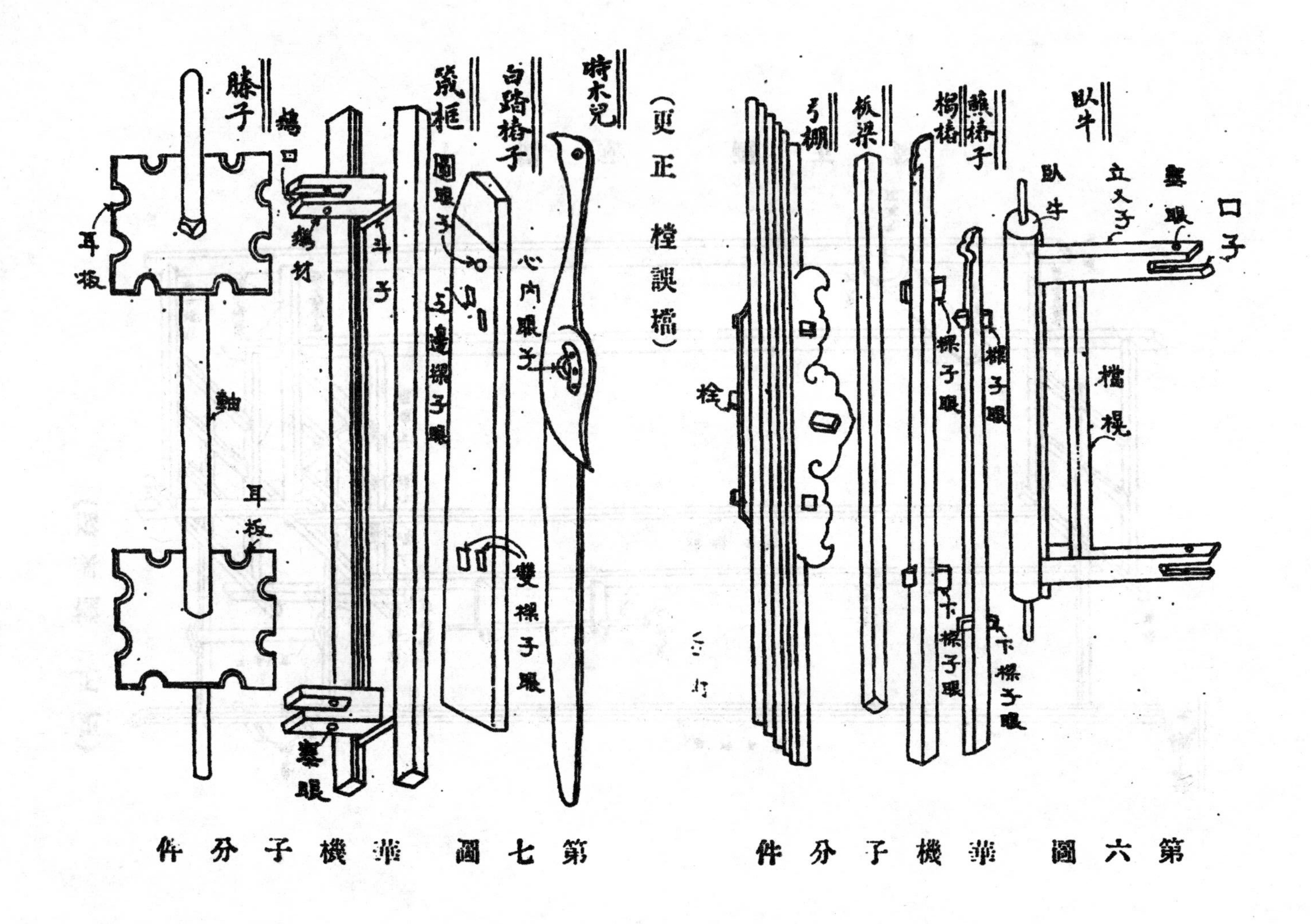

第六圖 華機子分件

第七圖 華機子分件

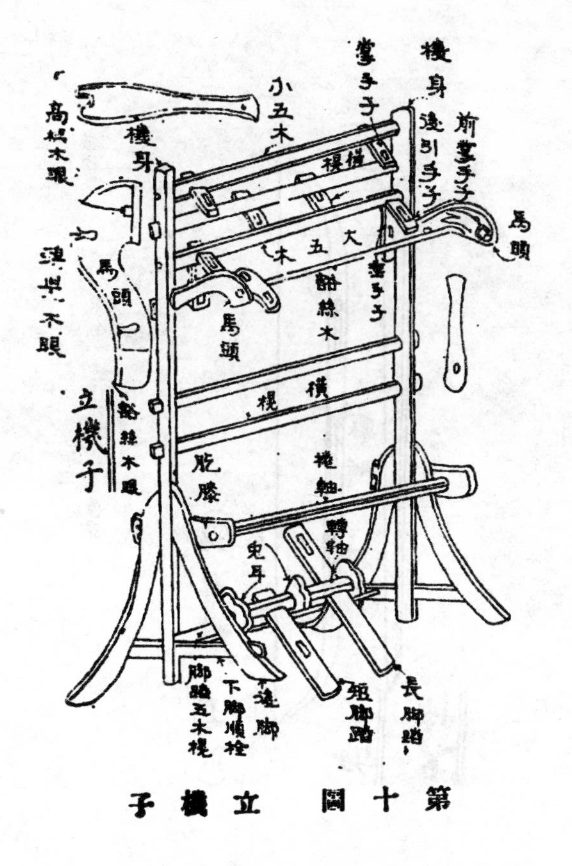

第十圖 立機子

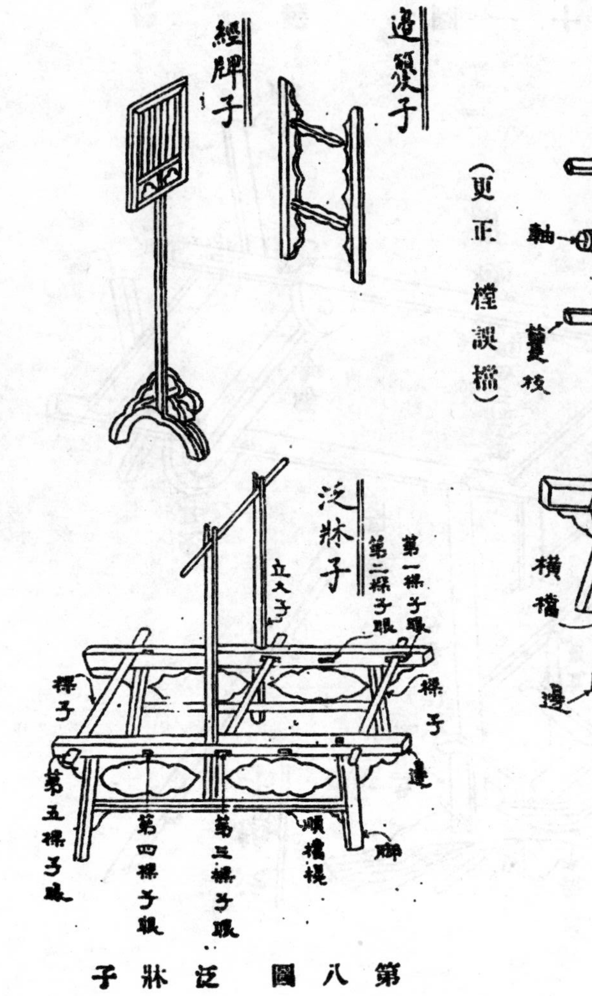

第八圖 泛牀子

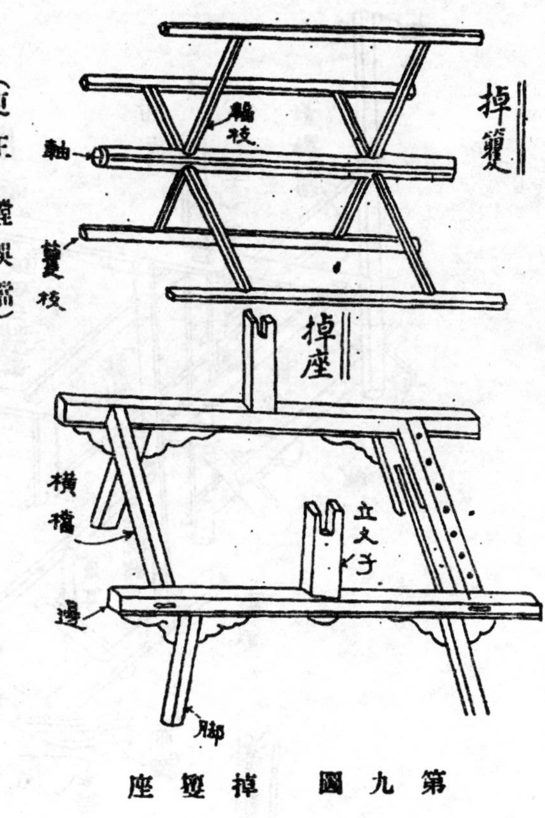

第九圖 掉篗座

33502

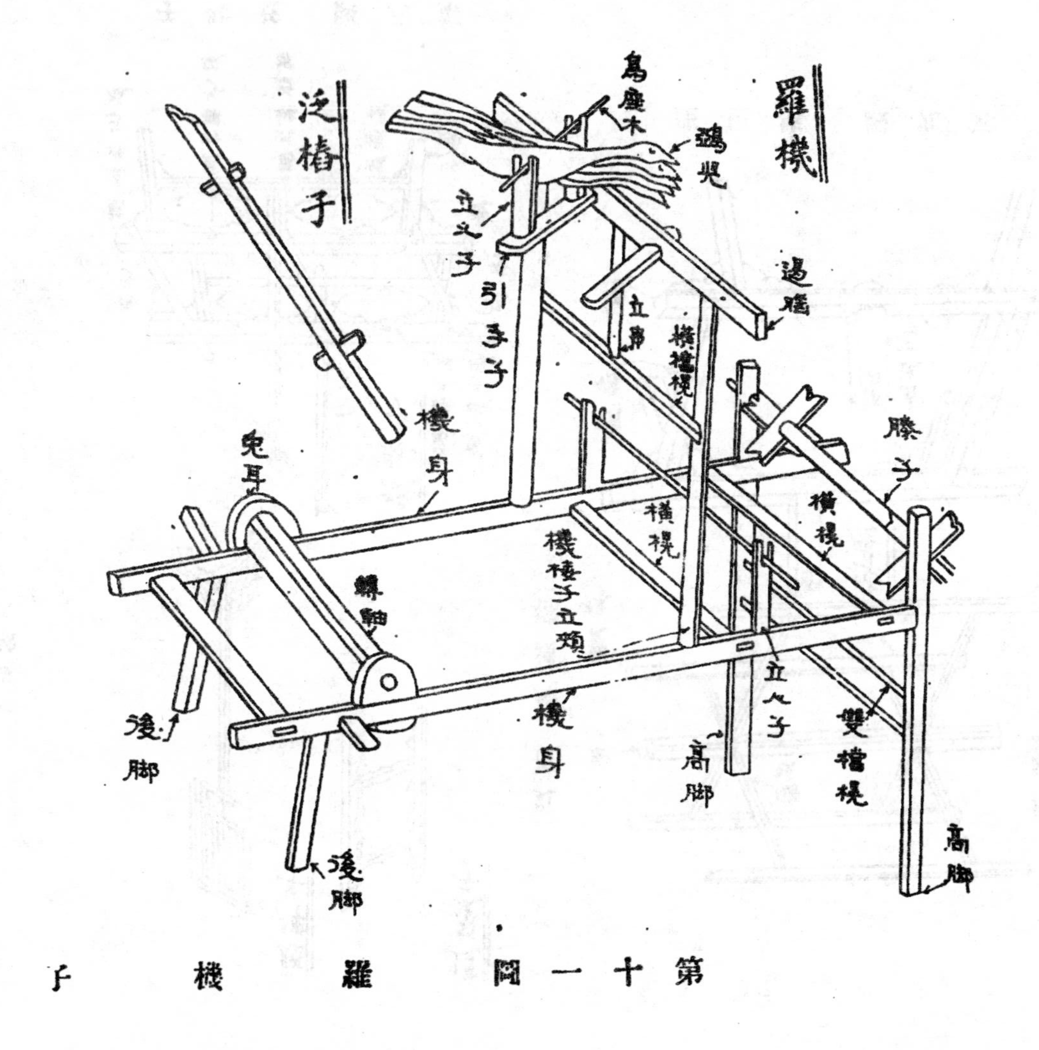

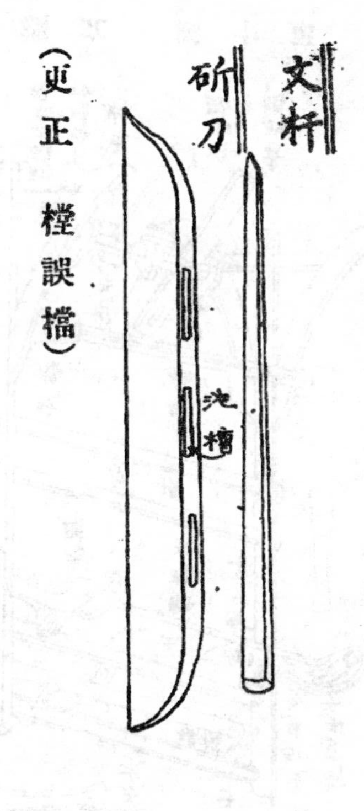

第十一圖 羅機 下

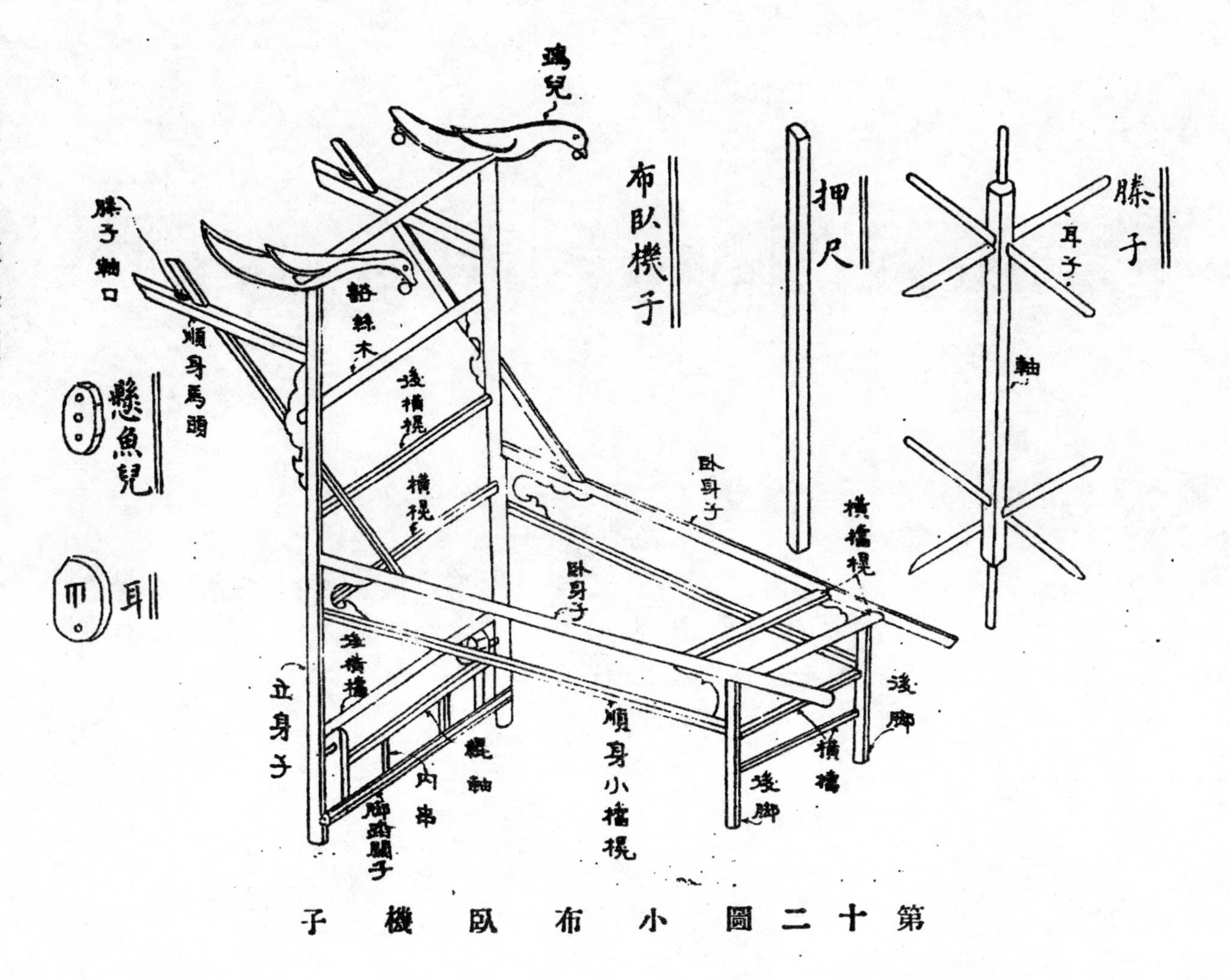
(更正 樘誤檔)
懸魚兒
耳
滕子軸口
順身馬頭
鵶兒
豁絲木
後橫榥
橫榥
布臥機子
押尺
滕子
耳子
軸
臥身子
橫檔榥
臥身子
後橫檔
立身子
順身小檔榥
後脚
橫檔
後脚
內串
纜軸
脚踏鬮子

第十二圖 小布臥機子

永樂大典卷之一萬八千二百四十五 十八漾

匠 匠氏諸書十四

梓人遺制

弁言

古者審曲面勢，飭材辨器，以給日用者謂之工，然先民創物之始，共工董治百工，決無後世分業之顯，畛域之嚴也。周禮考工營國經野，自城墻迄於溝洫，皆匠人職掌，非獨宮室一門。而匠與輿弓輪廬車梓數者同隸攻木一類，其規矩準繩下及分件名稱，器用種類，往往類出一臼，就中車匠二者，關係尤切。蓋太古之世，自穴居野處進爲遊牧生活，必因車爲居，利遷徙往來無常處，及易遊牧爲耕耘，營構家室，始有匠人之職。若藩·若箱，若蓋·若軒·若旌柱·若轅門，皆導源車輅，未能忘情舊習，其迹至爲顯著。故按名釋物，定其音訓，推其嬗蛻之故，窮其締造之源，顯之外又必旁及羣藝，求其貫通融會，始無遺憾。職是之故，本社成立伊始，徵求故籍，首舉薛氏此書。薛氏元中統間人，其事蹟漫無可考。僅據段序知以碧斷餘暇，求器圖所起，參酌時制，而爲此書，非訓詁之儒，徒鶩架空之論者。其書著錄焦竑經籍志，近世除文廷式筆記自永樂大典撮錄五明坐車子一節外，未見單行本行世。嗣由國立北平圖書館館刊，知英倫 C. H. Brewill-Tayer 氏所藏永樂大典卷一萬八千二百四十五，收有此書一卷。經北平圖書館館長袁守和先生，向倫敦英倫博物館撮取原書影片，并承以副本見貽，計三十有四面　屬永樂大典十八漾匠氏十四。前有中統四年癸亥段成己序，稱書中取數凡一百一十條。今按影片所收五明坐車子・華機子・泛牀子・掉籰座・立機子・羅機子・小布臥機子七項，其用材分件共一百十一條，與段序略同，豈原書止此數者，段氏所稱指後者言耶。其書敍次贍雅，圖釋詳明，可窺一代製作情狀，並由段序知有姜刻梓人攻造法一書，與此書先後同期，足覘胡元創國之初，百藝繁興，顯書續出，其勝狀逈出吾人意表。爰將舊藏影片整理付刊，並與劉君士能校注，俾易理解。意者此書除大典本外，尚有刊本抄本，流落人間，藉此羔雁，得復舊觀，尤啟鈐企盼不已者也。

建國二十一年十二月朱啟鈐識

原序

工師之用遠矣。唐虞以上，共工氏其職也。三代而後，屬之冬官，分命能者以掌其事，而世守之，以給有司之求。及是官廢，人各能其能，而以售於人，因之不變也。古攻木之工七：輪輿弓廬匠車梓，今合而爲二，而弓不與焉。匠爲大，梓爲小，輪輿車廬，王氏互爲之，大者以審曲面勢爲良，小者以雕文刻鏤爲工。去古益遠，古之制所存無幾，考工一篇，漢儒攟摭殘缺，僅記其梗槩，而其文佶屈，又非工人所能喻也。後雖繼有作者，以示其法，或詳其大而略其小，屬大變故，又復罕遺。而業是工者，唯道謀是用，而莫知適從。日者姜氏得梓人攻造法而刻之矣，亦復觕略未備。有景石者夙習是業，而有智思，其所制作不失古法，而間出新意，礱斷餘暇，求器圖之所自起，參以時制而爲之圖，取數凡一百一十條，疑者闕焉。每一器必離析其體而縷數之，分則各有其名，合則共成一器，規矩尺度，各疏其下，使攻木者攬焉，所得可十九矣。既成來謁文以序其事。夫工人之爲器，以利言也。技苟有以過人，唯恐人之我若而分其利，常人之情也。觀景石之法，分布曉析，不啻面命提耳而誨之者，其用心爲何如，故予嘉其勞而樂爲道之。景石薛姓，字叔矩，河中萬泉人。中統癸亥十二月既望稷亭段成已題其端云。

梓人遺制

元　萬泉薛景石叔矩著

紫江朱啟鈐桂辛校注

新寧劉敦楨士能圖釋

五明坐車子

敘事

易繫辭云，黃帝服牛乘馬，引重致遠，蓋取諸隨。

釋名曰，黃帝造舟車，故曰軒轅氏。世本云，奚仲造車，謂廣其制度耳。周禮春官，巾車掌公車之政令云云服車五乘，去聲孤乘夏篆，卿乘夏縵，大夫乘墨車，士乘棧車，庶人乘役車。棧車，不革輓而漆之，役車方箱，可載任器以共役，輓晚共拱

周禮冬官考工記云，國有六職，百工與去聲居一焉。百工司空事官之屬，於天地四時之職，亦處其一也。或坐而論道，謂之王公。天子諸侯作而行之，謂之士大夫。審曲面勢，以飭五材，以辨民器，謂之百工。五材各有工，百衆言之也，通四方之珍異以資之，謂之商旅。飭力以長地財，謂之農夫

。治絲麻以成之謂之婦功。云云知者創物，巧者述之守之，世謂之工。（父子世以相教）百工之事，皆聖人之作也。爍金以爲刃，凝土以爲器，作車以行陸，作舟以行水，此皆聖人之所作也。天有時，地有氣，材有美，工有巧，合此四者，然後可以爲良。（時，寒溫也，氣，剛柔也，良，善也，云云）凡攻木之工七，攻金之工六，攻皮之工五，設色之工五，刮摩之工五，搏埴之工二。攻木之工，輪輿弓廬匠車梓。云云 有虞氏上陶，（舜質，貴陶器，甒，大瓦棺也，）夏后氏上匠，（禹治洪水，民降丘宅土，卑宮室，而尊匠也。）殷人上梓，（湯放桀，疾禮樂之壞而尊梓，）周人上輿，（武王伐紂，疾上下失其服飾而尊輿，）故一器而工聚焉者，車爲多。車有六等之數，皆兵車也。云云 凡察車之道，必自（從也），載於地者始也，是故察車自輪始。（先視輪也，）凡察車之道，欲其樸屬而微至。（樸屬，堅固貌，微至，謂輪着地少，謂其圓甚，着地微則易轉，）不樸屬，無以完久也。不微至，無以爲戚（音疾）速也。輪已崇，則人不能登也。輪已庳，則於馬終古登阤也。（終古，猶云常也，阤，阪也，輪庳則難引也，）故兵車之輪六尺有六寸，田車之輪六尺有三寸，乘車之輪六尺有六寸。（此以馬大小爲節也，）六尺有六寸之輪，軹（音只）崇三尺有三寸也。加軫（音診）與轐（音卜）焉，四尺也，人長八尺，登下以爲節。故車有輪，有輿，有輈，各設其人。

輪人爲輪，斬三材必以其時。（三材，爲轂輻牙也，時，謂材在陽，中冬斬之，在陰，則中夏斬之，今世轂用雜榆，輻以檀，牙以橿，）三才既具，巧者和之。轂也者，以爲利轉也，輻也者，以爲直指也。牙也者，以爲固抱也。輪

敝三材不失職謂之完。敝盡也，

輪人爲蓋，云云 上欲尊而宇欲卑，則吐水疾而霤遠。蓋主爲雨設也，蓋已崇則難爲門也，蓋已庳是蔽目也，是故蓋崇十尺。十尺其中正也，蓋十尺，宇二尺，而人長八尺，卑於此蔽人目，良蓋弗冒弗紘，殷畝而馳，不隊，直類反，謂之國工隊，落也，善蓋者，以横馳於隴上，無衣若無弦，而弓不落也，

輿人爲車，云云 圜者中規，方者中矩，立者中縣，衡者中水，直者如生焉，繼者如附焉。治材居材，如此乃善也，如生，如木從地生，如附，如附枝之弘殺也，凡居材，大與小無幷，大倚小則摧，引之則絕。幷，偏邪相就也，用力之時，其大幷於小者，小者強不堪則摧也，其小幷於大者，小者力不堪，則絕也，棧車欲弇，士乘棧車，飾車欲侈。大夫以上乘者，

輈人爲輈，輈，車轅也，輈有三度，軸有三理。國馬之輈，深四尺有七寸。國馬、謂種馬，戎馮馬，高八尺，兵車軹崇三尺三寸，加軫與轐七寸，又並此輈深，則衡高八尺七寸也，除馬之高，則餘七寸爲衡頸之間也，田馬之輈，深四尺，駑馬之輈，深三尺三寸。軸有三理，一者以爲㣲也，無節目也，二者以爲久也，堅刃也，三者以爲利也滑密云云，是故輈欲頎典。頎音懇，典音殄，頎典，堅刃貌，輈深則折，淺則負。揉之大深傷其力，馬倚之則折也，揉之淺，則馬善負之，輈注則利準，利準則久，和則安。準則水，注則利水，謂轅脊上兩注令水去

利也，一云注則利，謂輈之楺者形如注星則利也，準則久，謂輈之在輿下者，平如準則能久也，和則安，注與準者和，人乘之則安，云云行數千里，馬不契需，契，作爰，需，非畏，謂不傷蹄，不需道理，終歲御，衣衽不敝衽裳也，此唯輈之和也。軫之方也，以象地也蓋之圜也，以象天也，輪輻三十，以象日月也，蓋弓二十有八，以象星也。

周選輿服雜事曰，五輅兩箱之後，皆用玳瑁鵾翅。鵾，大鳥名，其羽開，口利故口箱象之，

石崇奴券曰，作車以大良白槐之輻，茱萸之輞。

後梁甄玄成車賦云，鑄金磨玉之麗，凝土剡木之奇，體衆術而特妙，未若作車而載馳爾。其車也，名稱合於星辰，員方象乎天地。夏言以庸之煕，周曰聚馬之器。制度不以陋移，規矩不以飾昇，古今貴其同軌，華夷獲其兼利。

後漢李尤小車銘云，圜蓋象天，方輿則地，輪法陰陽，動不相離。

車之制自上古有之，其制多品，今之農所用者即役車耳。其官寮所乘者即俗云五明車，又云駝車，以其用駝載之，故云駝車，亦奚車之遺也。奚仲作車，故云奚車，朔方尚云奚車，

用材

(第一二三四圖)

造坐車子之制，先以脚圓徑之高爲祖，然後可視梯檻長廣得所，脚高三尺至六尺，每一尺脚，三尺梯，有餘寸，積而爲法。

【按】脚卽輪，北方猶呼輪爲車脚。

車頭長九寸至一尺五寸，徑七寸至一尺二寸。

【按】車頭卽轂，其外圍受輻，內容軸，考工記謂三分其轂長，二在外，一在內者是也。

輻長隨脚之高徑，廣一寸五分至二寸六分，厚一寸至一寸六分

【按】輻卽輪轑。

造輞法，取圓徑之半爲祖，便見輞長短。如是十四輻造者，七分去一，每得六分，上却加三分。十六輻造者，四分去一分，每得三分，却加一分八釐。十八輻造者，三分去一，每加同前。如是勾三輞造者，料杖便是輞之長，名爲六料子輞。牙頭各加在外。輞厚一寸，則廣一寸五分，謂之四六輞。減其廣，加其厚，隨此加減。

【按】輞古作牙，亦作渠，輪外圍也。考工記「六分其輪崇，以其一爲之牙圍，」未言其長，後儒釋經，概守舊說，僅阮元車制圖解疑牙圍爲輞高之誤，其說是矣，顧亦無隻字涉及輞之長度。此書依據實際製作，以輪徑之半與輻數多寡，定輞長短寬厚，解說詳晰，足補諸書之缺，彌足珍貴。其法以輪徑之半爲祖。十四輻者，七分其半徑，取其六。今假定輪徑六尺，輪圍十八尺八寸四分九釐

六毫，其半徑七分之六，爲二尺五寸七分一釐六毫，再加餘數十分之三，卽爲輞長。以除輪圍，適得七輞，卽每輞安裝二輻，與今制同，信古人之不厚誣也。其加餘數之法，係以大木推山方法，詮釋原文，不期符合若此，又可證大小木原則，實無殊致。其算式如次：

輪徑＝6尺

半徑＝3尺

輪圍＝18.8496尺

七分之六半徑＝$3^{尺}\times 6/7 = 2.5716^{尺}$

餘數十分之三＝$(3-2.5716)\times\frac{3}{10}=0.12858^{尺}$

輞長＝$2.5716+0.12858=2.7^{尺}$

輞數＝$\frac{18.8496}{2.7}=7$

十六輻造者，四分其半徑，取其三，再加餘數百分之十八。今仍定輪徑六尺，依前法計算，輞長二尺三寸八分，輞數八，亦每輞得二輻焉。但十八輻造者，原文「三分去一」下，應却加一分，始符九輞之數，疑有脫簡。

勾三輞乃載重之車，輞與輻皆六，以天然彎曲之料爲輞，故曰六料子輞。料杖疑爲料材之誤。

牙卽輞，牙頭卽輞兩端之榫，上述算式僅及輞長，故云牙頭在外。輞厚寬四六之比，與營造法式梁之切面同。（營造法式卷五大木作制度，凡梁之大小，各隨其廣，分爲三分，以二分爲厚，廣卽梁高，與此同。）

以上言輪。

梯檻取前項脚圓徑之高，隨脚高一尺，轅梯共長三尺有餘寸，安軸處廣三寸半至六寸。山口厚一寸五分至二寸二分，山口外前梢於鵝項，後梢於尾梘，積而爲法。

【按】梯檻前狹後廣，山口夾轅梯外側，故云前梢於鵝頭，後梢於尾梘。梢，狹削之謂。

詩云大車如檻，疑梯檻爲梯檻之誤，待考。

乂梘二條或四條，長隨梯檻廣之外徑，廣二寸至一分，厚寸五分至一寸九分，上平地出心線壓白破混，夾卯擯向外。

子梘二條或四條，隨大乂梘之長廣，與前大乂梘同厚一寸至一寸二分，兩邊各斜破混向下，上壓白，各開口嵌散水櫺子，櫺子兩頭鑿入大乂梘之內。

【按】叉棍二組分置梯檻前後，每組間裝子棍，其上安散水欞子，如圖所示。原文『叉棍廣二寸至一分』一語疑有脫誤。

底版棍四條至六條，長隨叉棍，廣一寸六分至二寸，厚一寸至一寸一分。

【按】底版棍在梯檻中部，上擱底版。

後露明尾棍長隨梯之內，方廣一寸二分至一寸六分，從心梢向兩頭，六瓣破混。俗謂之奴婢木，

【按】後露明尾棍半壓於轅梯上，故中高梢低，今制略同。

以上言梯檻。

底版長隨兩頭裏叉棍，廣隨兩梯之內，厚五分至六分。

耳版隨梯檻之外兩壁棍，上廣三寸至五寸，厚六分至一寸，前加廣與後頭方停，或梢五分八分。

【按】底版之廣隨兩梯轅內徑，故梯轅及山口之上，另鋪耳版，耳版，謂在兩側也。又梯檻前狹後廣，故耳版前部加闊，俾與後停成方，上安地栿木，詳後。

以上言梯檻之版。

樓子地栿木，隨梯檻大小用之，材方廣一寸八分至二寸二分，厚則減廣之厚，長隨

前後子叉棍之外，廣則與耳版兩邊上同齊，或減五分向裏至六分，兩下破瓣壓邊線。橫棍夾卯櫼向外。

【按】地栿木卽古之左右軫，置耳版上，其上立柱。橫棍卽前後軫。

立柱一十二條至一十八條，徑方廣一寸至一寸二分，圓混梢向上。前頭兩角立柱，高三尺五寸至四尺二寸。後頭兩角立柱，比前角立柱每高一尺，則減低二寸有餘。心內立柱加高謂之龜蓋柱。

【按】車蓋前高後低，所以利霤之後流，古軒車却後遺制也。中部微起，故云龜蓋柱

平格子，長隨地栿木之長，廣隨兩頭橫之外，材廣一寸八分至二寸，厚八分至一寸二分，兩下通混俗呼口口

【按】以上言車身之架。

荷葉橫杆子又謂之月梁子，徑方廣一寸至一寸二分。剟剟在外

【按】荷葉橫杆子用以承托車盖順脊杆子，其中部隨盖形，向上微曲，故又稱月梁子。

順脊杆子五條，隨樓子前後之長，徑方廣與荷葉杆子同。

瀝水版隨兩檐邊枅子之長，廣二寸二分四分，厚五分。

荷葉瀝水版，隨荷葉橫桿子之長，徑廣厚隨瀝水版同。

【按】瀝水版即車檐之風雨板，在車蓋左右，「廣二寸二分四分」一語，疑有誤。

荷葉瀝水版在前後。以上言車蓋。

水版（俗謂之裙欄板，）長廣隨立柱平格下用之版，厚四分至五分，四周各入池槽下鑿入地栿木之內，上下方一尺。

箭杆木（又謂之明鹵木，）後口格上下串透圓混，徑廣五分。

【按】箭杆木係車左右直欞，在裙欄版後平格子上。口疑爲平。

以上言車身左右裝拆。

護泥隨車脚圓徑之外，離二寸二分至一寸五分，廣七寸至八寸。下順者地栿木，兩頭橫者靴頭木，（又謂之八字木）徑方廣一寸六分至二寸。地栿木上下立者月版槐，槐之外月版，版前露明者月圈木，月圈上橫槐木，槐上羅圈版鑿入靴頭木之內，羅圈版上兩邊各壓圈楞枝條木。

托木槐二條，（俗謂之槐簝木，）長隨梯櫳樌之外，上坐護泥靴頭木，外同集徑，廣一寸八分至二寸四分，厚八分至一寸二分。

【按】托木梘用以固定護泥，在靴頭木下，原圖缺。「集」字疑有誤。

以上言護泥。

車軸長六尺五寸至七尺五寸，方廣四寸至四寸八分。

呆木三條，俗謂之三脚木，高隨前後轅之平，圓徑一寸至一寸二分。

【按】呆木支撑轅梯，停車時用之，故高與轅等。

叉杆二條，或四條，是柱樓子前虛檐，圓徑一寸至一寸四分。

【按】車盖前部引出頗長，疑以叉杆固定之，原圖遺漏。

後圈叉子俗謂之狗窩，長廣隨樓子後兩角立柱之廣，高一尺二寸至一尺四寸。

【按】後圈叉子卽車箱後橫欄，與左右平格子同一意義，其長隨後角柱間距離而定，參看圖輦圖。

辟惡圈於樓子門前用度，下是地栿木，上是立椿子，內用水版，四周各入池槽，上安口圈木，長隨前月版，廣隨樓子前兩角立柱，高一尺二寸至一尺三寸。

【按】辟惡圈卽車前之闌，口圈木卽軾，前月板卽軓。原文「辟惡圈於樓子門前用度」一語，疑爲「辟惡圈於樓子門前用之。」

結頭一箇，長隨前轅鵝項鉤之長，廣二寸至二寸五分。

凡坐車子制度內，脚高一尺，則樓子門立柱外向前虛檐引出八寸五分至一尺。其後檐隨脊枅子之長，如脊枅子長一尺，則向後檐立柱外引出一寸至一寸二分，增一尺更加減則亦如之。長一丈引出一尺至一尺二寸，兩壁檐減後檐之一半。

【按】此段言車盖挑出比例。

其車子有數等，或是平圈，或是靠背輂子平頂樓子上攢荷亭子，大小不同，隨此加減。

【按】附圖除五明坐車子外，有平輂，靠背輂，屏風輂，亭子車四等，此段靠背輂子下疑脫去屏風輂一等。

功限

坐車子一輛，脚樓子梯檻護泥雜物等相合完備皆全，高三尺脚者四十功，高四尺者五十四功，五尺者八十七功。

敍事

華機子

淮南子云，伯余之初作衣也，緂麻索縷，手經指挂，其成猶網羅，後世爲之機杼，

33519

勝複以便其用，此伯余之始也。伯余，黃帝臣，江文通古別離云，紈扇如明月，出自機中素。江淹唐房玄齡授秦王府記室，居十年，軍符府檄，或駐馬即辦，文約理盡，初不署藁。高祖曰，若人機織，是宜委任，每爲吾兒陳事，千里猶對語。

拾遺記，吳王趙夫人巧妙無比，人謂吳宮三絕，機絕，鍼絕，絲絕。其機非伯余作，止是手經指挂而已，後人因而廣之，以成機杼。傳云，麻冕禮也，今也純儉，麻冕，布冠，純，絲也，吾從衆。純布亦自古有，故知機杼亦起於上古。今人工巧，其機不等，自各有法式，今略敘機之總名耳。

用材

（第五六七圖）

造機子之制，長八尺至八尺六寸，上至龍脊杆子，下至機身，共高八尺至八尺六寸，橫廣榥外三尺六寸。

機身徑廣三寸，厚二寸六分，先從機身頭上向裏量八寸，畫前樓子眼，前樓子眼合心至中間樓子眼合心二尺二寸，中間樓子眼合心至兎耳眼合心四尺二寸，兎耳眼合心至後靠背樓子眼合心一尺二寸，內樓子眼各長一寸六分，隨材加減，兎耳眼長四寸。

【按】此言機身卯眼，定前中後樓子諸件之位置。

機樓扇子立頰長五尺二寸，廣隨機身之厚，徑厚一寸六分。從下除機身內卯向上量一尺六寸，畫下榿榥眼，下榥眼上量七寸，心榥眼。心榥上量七寸，是上榥眼。（榥眼長一寸六分，）上榥上一尺二寸是遏腦，（內榥長隨廣徑，廣隨立頰之厚，厚一寸六分，）遏腦木長四尺四寸，廣四寸，厚隨樓子立頰之厚。上順絞井口，（又謂之井口木，）廣厚同遏腦。

【按】榿榥原本作檫榥，依字義及營造法式似應作榿，以下檫皆改榿。」

衝天立柱長三尺四寸，（下卯在外，）厚隨遏腦之厚，廣二寸，下卯栓透遏腦心下兩榥。遏腦向上隨立柱量四寸，安文軸子，軸子圓徑一寸至一寸二分，長隨樓子之廣。龍脊杆子長隨機身之長，厚隨衝天立柱之方廣。樓子合心，向脊杆子上分心各離三寸，安搴拔二個。

【按】以上言中間樓子。

機子心扇心榥合心，每壁各量一尺二寸安引手。（引手各長一尺五寸，兆是六箇眼子，）遏腦上絞口向裏兩下各量七寸，是前順榿榥後順棖。栓透前後樓子遏腦，從心扇遏腦上，向後順棖上量四寸，安立叉子一箇，立叉向後又量二尺，更安一箇，各長五寸。上是鳥坐木，內穿特木兒。

【按】立叉子原本作立人子，依附圖形狀似應作叉，以下皆改叉。

卷軸長隨兩機身橫之外，徑三寸四分，兎耳隨機身之後徑，廣四寸，上訛角。

【按】以上總叙機之骨架。

臥牛子長三尺六寸，隨機身橫之廣徑，廣六寸，厚五寸。自立义子，至臥牛底面襯上，通高三尺，徑廣三寸，厚二寸六分。立义子頭上向下量五寸開口子。二分中取一分立口，口子合心橫鑽塞眼，上安立杆。立杆長八尺，立义子開口與箴框鵝口廣同。臥牛上隨立义子向上量三寸，安樀梘一條，廣二寸。

【按】塞眼原本作寨眼，依字義似應作塞，以下寨皆改塞。

箴框用雜硬木植，長三尺六寸，廣二寸四分，厚一寸二分，內安斗子。其斗子內二尺八寸明邃，高五分，箴口上下離八分至一寸。斗子上是鵝材，長三寸六分，方廣二寸，開口深二寸四分，橫鑽塞眼子。

特木兒長三尺四寸，版廣二寸四分，厚八分。從頭上眼子至心翅眼子量九寸五分，是心內眼子。圓七分，心內眼子至後尾眼子二尺一寸，樓子合心。上釘環兒，

弓棚架，子版長一尺二寸，廣三寸，厚一寸。用栓三條，內安弓釘，釘上爲用，弓材長六尺二寸，廣一寸，厚六分。

搊椿子用雜硬木植造，材長二尺五寸，小頭廣一寸，厚六分，大頭廣一寸二分至一寸四分，

厚八分至二寸。從小頭上向下量三寸四分，畫楪子眼，長一寸有餘，楪子眼下一尺二寸明，外是下楪子眼，橫楪子長二尺六寸四分，廣一寸，厚四分，椿子內二尺四寸明。

計六扇一十二條，

蘸椿子長一尺八寸，小頭廣八分，厚六分，大頭廣一寸二分，厚八分。小頭向下量三寸二分畫楪子眼，向下一尺二寸外下楪子眼，廣與搊同。楪子各長二尺八寸，內二尺四寸，

拔楪長隨兩引手之廣，長二尺八寸，徑方廣一寸，計六條鑽眼子與引手同。

白踏椿子長二尺六寸，上廣二寸，厚六分，下廣二寸二分，厚八分。從頭上向下量三寸二分，心內鑽圓眼子。再從頭上向下量四寸二分，邊上鑿楪子眼一箇。楪子眼各長一寸一分，上眼子下楞齊，向下更畫楪子眼一箇。下眼下量九寸四分外，下是雙楪子眼。從下倒向上量二寸八分合心，又鑽圓眼子一箇。

楪子長二尺八寸，廣一寸一分，厚四分。

滕子軸長三尺八寸，方廣二寸，兩耳內二尺四寸明，耳版厚一寸四分至一寸六分，方廣一尺至一尺二寸。

【按】華機子即花機子，各分件用途，依所織之物而異，如織紗用白踏，素物用梭子是已。其滕子箴框二物最為普遍，立機子及小布臥機子亦用之。惟原圖未

載機架與分件配合情狀，不明其使用方法何似耳。

𦄵亦作縢，音勝，唐韻織物縢也，略如紡車，詳附圖。

凡機子制度內，或織紗，則用白踏，或素物，只用梭子，如是織華子什物全用，其機子不等，隨此加減。

【按】梭子原本作捲子，依字義似應作梭，以下改正。

功限

機身機樓子共各七功。

臥牛子一箇一功。

篾框一副全一功五分。

特木兒六箇八分功。

弓棚架一功二分。

擗蘸各一副一十二扇，全造三功二分。

拔椺六條四分功。

𦄵子一箇一功二分。

立竿二條三分五釐功。

解割在外。

泛床子

用材（第八圖）

造泛床子之制，上至立叉子頭，下至泛床子地，共高二尺一寸三分，兩邊長與高同。

邊框：俗謂之長二尺一寸三分，廣一寸六分，厚八分。先從邊頭上量一寸，邊上留三分，向裏畫第一箇樑子眼。樑子眼長二寸三分，第一箇樑子眼外空二寸二分，畫第二箇樑子眼。眼長一寸八分，第二箇樑子眼外空三寸，畫第三箇樑子眼。眼子長一寸，此眼外楞上側面，鑿立叉子眼。立叉子眼長八分，廣五分，第三箇樑子眼外空三寸三分，畫第四箇樑子眼。眼長一寸八分，第四箇樑子眼外空一寸四分，畫第五箇樑子眼。眼長二寸三分 前後樑子眼長則不同，各廣三分。

【按】此言兩框卯眼，定梁子及立叉子位置。

脚子樓上高九寸二分，廣一寸三分，厚同邊脚，除上卯向下量三寸，畫順樘棍眼。

立叉子邊向上高一尺二寸，廣與邊同厚八分，上開口子深五分，下卯栓透樘棍。

順樘棍隨脚順之長，廣隨脚之厚，厚一寸三分。

櫟子長二尺六寸，廣一寸，厚二分五釐。用三條雜硬木植，

凡泛床子，是華機子內白踏擲蘸椿子打縧線上使用，隨此準用。

功限

一箇全造完備一功五分。

如有牙口二功

掉籰座

（第九圖）

用材

造掉籰之制，長三尺，廣二尺一寸，上下高六寸，兩榥已裏一尺三寸明，心內安立叉子。

邊長三尺，廣二寸，厚一寸五分。

橫兩樘長二尺一寸，廣一寸五分，厚一寸二分。

脚縵上高六寸，廣厚與邊同。立叉子下除卯向上高七寸，上開口子深一寸，廣厚同邊。

籰軸長隨兩耳之內徑，方廣二寸四分，從軸心每壁各量七寸，外安輻四枝。或六枝減短。

輻枝長一尺六寸，廣一寸二分，厚一寸。枝

籰枝長一尺七寸，廣一寸二分，厚一寸。

凡掉籰是打紵絲線經上使用，隨此制度加減。

功限

掉籰一箇全造完備一功一分。

如是上有線子牙口造者三功五分。

立機子

用材（第十圖）

造機子之制，機身長五尺五寸至八寸，徑廣二寸四分，厚二寸，橫廣三尺二寸。外襯

先從機身頭上向下量攤卯眼，上留二寸，向下畫小五木眼。（眼子方口八分，）小五木眼下空一寸六分橫榥眼（眼長一寸八分），橫榥眼下空一寸六分大五木眼（眼方圓一寸），大五木眼下順身前面下量二寸外馬頭眼（眼長二寸），馬頭下二尺八寸，機肐膝眼（眼長二寸五分），機肐膝上，馬頭下身子合心橫榥眼（或雙用單用眼一寸八分），肐膝眼下量六寸，前後順栓眼（眼長二寸），順栓眼下，前腳柱下留七寸，後腳眼下留四寸（前長後短）。身子後下腳栓上離一寸，是腳踏五木榥眼

眼長二寸，心內上安兎耳，各離六寸。前脚長二尺四寸。後脚減短二寸，。

【按】此言機身卯眼，定各分件位置。

馬頭長二尺二寸，廣六寸，厚一寸至一寸二分，機身前引出一尺七寸。研盤在內，除機身內卯向前量二寸二分，鑿豁絲木眼。方圓八分，主豁絲木眼斜向上量八寸鑿高樑木眼。同前，高樑木眼斜向下五寸二分鵶兒木眼。都主眼子畫，

【按】以上言馬頭。

大五木長隨兩機身外楞齊。徑方廣二寸二分，兩頭除機身內卯向裏量一寸，畫前掌手子眼，下是垂手子眼。相栓五木後，除兩下卯量向裏合心，却向外各量三寸，外畫後頭引手子眼。眼子各長一寸八分，

掌手子通長九寸，廣一寸八分，厚一寸二分。除卯量三寸四分，橫鑽塞眼，順鑿子口。口子各長二寸四分，

垂手子長一尺二寸六分，廣厚同前。除卯七寸四分，鑽塞眼，開口子，與掌手子同。

後引手子長廣厚開口子與前同，除卯量七寸六分。鑽眼子，

【按】以上言大五木及其分件。

小五木隨大五木之長，廣一寸六分至一寸八分，厚一寸二分。掌手眼與大五木同，長加六分。

機身兩脚。

機肐膝長一尺五寸，厚一寸二分。機身向前量六寸，外畫捲軸眼。（方圓一寸，）後卯栓透捲軸長隨機肐膝外之齊徑方廣二寸，上開水槽。（長二尺二寸，）掌膝木長一尺六寸，廣二寸，厚八分，上開口子深一寸五分，下除一寸鑽塞眼，隨上下掌手子取其方午。

高櫟木豁絲木約縉木三條，隨兩馬頭內之長徑廣一寸六分，各圓混。

鵶兒木長九寸，方廣二寸三分。心向兩壁各量三寸四分，鑽塞眼，各從心殺向兩頭梢得一寸六分，順開口長二寸四分。

曲肐肘子長二尺二寸，廣一寸六分，心內厚八分。從心分停除眼子外（眼子圓八分，）前量七寸，後量八寸，鑽塞眼前安鵶兒木上，後安垂手子上。

懸魚兒長一尺，廣一寸八分，厚八分。下除圓眼子，離六寸鑽塞眼，安於鵶兒木上

長脚踏長二尺四寸，廣二寸，厚一寸四分。從後頭向前量二寸二分，口子內合心横鑽塞眼，塞眼口順長二寸四分塞眼向前量六寸，轉軸眼圓八分。

短脚踏長一尺八寸，廣厚長脚同，從轉軸眼向前量五寸，横鑽塞眼，開口子與長

脚同。

兎耳長六寸，廣二寸四分，厚一寸。心內一箇厚二寸。下除卯向上量一寸六分，是轉軸眼。

下脚長二尺二寸至二尺四寸，栓上兩機身之上。

膝子軸長三尺六寸，方廣二寸。或圓八楞，造膝耳徑，長一尺，廣三寸，厚一寸二分。膝耳內二尺二寸明。

布絹箴框長二尺四寸，廣一寸四分至一寸六分，厚六分。內鑿池槽長二尺一寸四分明，塞筳眼在內。塞眼各長五分。

梭子長一尺三寸至四寸，中心廣一寸五分，厚一寸二分。開口子長六寸五分至七寸，心內廣鑿得一寸明，兩頭梢得五分，中心鑽蚍蜉眼兒。

【按】約繒木．鴟兒木．曲胣肘子．懸魚兒．膝子，箴框．梭子諸件，原圖簡略，未審配合情形何似。

凡機子制度內，或就身做脚，或下栓短脚，或馬頭上安高樑豁絲木，或掌膝木下安羅牀棍曲木，其豁絲木，所以不同，就此加減。

功限

機身機棍各一功。

大五木小五木二功三分。

脚踏五木幷捲軸一功二分。

馬頭曲肞肘子二項八分功。

懸魚兒鵶兒木八分功。

滕子箴框一功八分。

解割在外。

羅機子

用材 （第十一圖）

造羅機子之制，機身長七尺至八尺，横䙓外廣二尺四寸至二尺八寸。材廣三寸厚二寸，先從機身後頭向前量四寸，畫後脚眼。眼長三寸，後脚眼盡前量五寸二分，畫兎耳眼。眼長三寸六分兎耳眼盡前量二尺二寸，畫機樓子眼。眼長一寸六分，機樓子眼盡前量五寸，畫横棍眼。眼長一寸六分，横棍眼盡前量八寸六分立义子眼。眼長一寸六分，立义子眼盡前量八寸，側面畫横棍眼。眼長一寸六分，横棍眼盡向前量五寸，畫高脚眼。眼長三寸

【按】此言機身卯眼及分件位置。

機樓子立頰長三尺六寸，廣二寸，厚一寸六分，下除機身外向上高三尺三寸。上除遏腦卯向下量七寸，是橫樘榥眼。（眼長八分，）樘榥眼合心上下立串眼，栓透遏腦。遏腦廣三寸，廣同兩立頰。遏腦心內左壁離六寸，是引手子眼（眼長一寸八分，）。引手子上是兩立义子，上是鳥座木，上穿鵝兒。引手長一尺二寸。立义子高七寸，前脚高三尺八寸，廣厚同。

【按】以上述機樓子結構。

機身上引出卯七寸，（卯上開口安勝子，）卯下一尺五寸雙樘榥，後脚廣厚同前，高三尺。

捲軸長隨機身之廣徑，廣二寸四分，圓混上開水槽。

立义子高九寸，徑廣一寸五分，上是高㮚木，下是豁絲木，長隨兩機身廣之長。

特木兒長隨機子之廣，心材子廣一寸八分，厚六分加減。

【按】心材子疑爲特木兒之中央鑽心內眼子處，見第七圖。

大泛扇樁子長二尺四寸，小頭廣八分，厚六分，大頭廣一寸四分，厚八分。從頭上向下量三寸四分畫眼子，（眼長八分，）上㮚子眼至下㮚子眼，襪外通量一尺二寸。

小扇樁子小頭廣六分，厚四分，大頭廣八分，厚六分。上下襪㮚子眼外一尺二寸，横廣二尺四寸明，前後同。

斫刀長二尺八寸，廣三寸六分至四寸，厚一寸二分。背上三池槽各長四寸，心用斜鑽蚍蜉眼兒。

文杆隨刀之長，大頭圓徑一寸，小頭梢得八分。出尖膝子，長隨機身廣之外軸，材方廣二寸，耳長一尺至一尺二寸。

【按】高楪木·豁絲木·特木兒·大泛扇楴子·小扇楴子·斫刀·文杆等件，配合情狀不明。

功限

凡機子制度内，或素不用泛扇子，如織華子隨華子，當少做泛扇子。

羅機斫刀并雜物完備一十七功，如素者一十功。

小布臥機子（第十二圖）

用材：

造臥機子之制，立身子高三尺六寸，臥身子與立身子同，徑廣二寸，厚一寸四分。

臥身子前頭襪外横廣二尺四寸，後頭闊一尺六寸，先從立身子上下鑿攤卯眼。上鵓兒口在內，立身子頭上向下量六寸，畫順身前馬頭眼。眼長二寸二分，前斜高向上五分，後低五分，馬頭下五寸四分，後是豁絲木眼。眼圓徑八分，安在機身之後，豁絲木眼下量三寸二分，後橫棍眼。眼長一寸四分，橫棍眼下離一寸六分，是臥機身眼。眼長一寸八分機身下離二寸順身小橫棍眼。眼長八分，小樘棍眼下離二寸，後樘棍眼。橫樘棍下離一寸二分脚踏闌子眼。眼子圓徑一寸，

【按】以上言立身子卯眼，以圖對照，遺漏橫棍一條。

臥身子除前卯向後量二尺五寸後脚眼。與前脚同，後脚眼上，分心兩壁順身各量二寸，畫橫樘棍眼。橫棍上鋏坐板。

馬頭上一尺三寸，廣二寸，厚與機身同。除卯之外，離九寸開臕子軸口。上更安主臕木，厚一寸。

脚踏子長隨機兩身之廣，臒外開六寸，內短串二條，徑各廣一寸二分，厚一寸。

後短脚臒上一尺二寸，廣厚機身同，下安橫樘兩條。廣一寸，厚八分，

綑軸長隨機兩身之徑廣，方廣一寸六分，圓混。

豁絲木長隨機身外楞齊，圓徑一寸四分，破混同前。

蹑兒木長一尺四寸，廣二寸，厚八分，兩頭各留一寸，已裏釘鋹兒，中心安蹑兒木。

膝子軸長隨機子兩馬頭之外，（徑方廣一寸六分，）膝耳內一尺七寸明，耳子長一尺六寸，廣一寸二分，厚六分。

篾框長二尺二寸，廣一寸四分，厚六分。

攀腰鐶兒長三寸，廣二寸，厚一寸二分。（又謂之耳）

輥軸耳子長二寸四分，厚八分。（又謂之懸魚兒，）

【按】輥軸．篾框．攀腰鐶兒．輥軸耳子．之結構及搭配方法不明。

凡機子制度內，或三串栓。馬頭造，或不三串，機身馬頭底用主角木，有數等不同，隨此加減。

功限

臥機子一箇，膝子篾框輥軸共各皆完備全五功七分，如嵌牙子內起心線，壓邊線，更加一功五分。

解割在外。

右大典本梓人遺制一卷，收車畚機具七類，類分用材功限，各附圖釋，其五明坐車子華機子援據舊聞，復增叙事一門，體裁與宋李氏營造法式略同。惟大典出自抄胥，嘉靖重錄後，校對疎略，世有定評，各小段間，原本只空一格，淆雜不清，尤多錯誤，茲逐一剖析分割，仿李書舊例，另行排列，以醒眉目。其字句訛奪處，初引原書釐訂，並依前後文互校，仍難通讀。朱先生以百工致用之書，不僅定其字體眞譌，宜求尺度契合，庶不成爲廢紙。因隨先生以圖文互釋，反覆擘索，偶有所得，附記文後，又於圖內加注分件名目，於是此書可讀者約什得五六。祇叙事節錄周禮鄭注，察其文理，並非脫簡，與用材內辭意隱晦難辨，及分件搭配方法，無術詮解者，一仍其舊。其校正處除文內標記外，逐條表列如次，以存眞象。民國二十一年冬劉敦楨記。

原序

輪輿弓廬匠車梓（原本輿作與，係鈔誤，）

輪輿車廬，（同前）

日者姜氏（大典原本作日姜氏，依葉遐菴先生抄本改正，）

有景石者（原本景作是，依葉先生抄本改正，）

技苛有過人者，原本技作枝，係筆誤，

五明坐車子

叙事

巾車掌公車之政令：原本脫令字，依四部叢刊影印明翻宋岳氏相臺本周禮改正，

服車五乘：原本脫五字，依周禮改正，

大夫乘墨車：原本無乘字，依周禮增入，

亦處其一也：原本處作遠，依周禮改正，

此皆聖人之所作也：原本脫皆字，依周禮增入，

攻木之工輪輿弓廬匠車梓：原本工下有七字，輿訛與，依周禮改正，

凡察車之道必自從也載於地者始也，原本從也用大字，誤爲正文，依周禮改正，

則人不能登也：原本脫也字，依周禮改正，

今世轂用雜榆：原本用作明，用下脫雜字，依周禮改正，

卑於此蔽人目：原本蔽上增則字，依周禮刪去，

直者如生焉：原本生誤坐，依周禮改正，

如此乃善也：原本善作蓋，依周禮改正，

如生：原本生作坐，依周禮改正，

楺之大深傷其利：原本楺作揉，依周禮改正，

和則安：原本作利其安，依周禮改正，

謂轅脊上兩注令水去利也：原本兩作雨，依周禮改正，

玳瑁鵰翅：原本鵰作鵰鳴，依字義改正，

湖方倘云奚車：原本車作申，依前文改正，

用材

十六輻：原本輻作榀，係筆誤，

十八輻：同前

每加同前：原本作前同，疑倒置，

如是勾三輞造者：原文輞作綱，疑筆誤，

牙頭各加在外：原本牙作牛，依前後文改正，

謂之四六：原本謂作爲，

梯盤取前項脚圜徑之高：原本徑作桱，筆誤，

長隨梯盤廣之外徑：同前，

散水欞子：原本欞作櫺，筆誤，

欞子兩頭鑿入大叉椀之內：原本無欞子二字，辭意含混，依前後文加入，

俗謂之奴婢木：原本謂作爲，

耳版隨梯盤：原本盤作檻，但前後文多作盤，暫定爲盤，盤檻孰是，待考。

比前角立柱每高一尺：原本無每字，依文義加入，

謂之龜蓋柱：原本謂作爲，

平格子：原本作平子格，依前後文改正，

又謂之月梁子：原本謂作爲，

剜刻在外原本作宛，依營造法式改正

徑方廣與荷葉杆子同原本無與字，依前後文增入，

俗謂之裙欄板原本謂作爲，

四周各入池槽下鑿入地栿木之內原本池作地，依文義改正，

又謂之明鹵木：原本謂作爲，

又謂之八字木：原本作椡子木，筆誤，

俗謂之三脚木原本謂作爲，

俗謂之狗窩同前

長一丈引出一尺至一尺二寸原本作二寸，依前後文改正，

或是靠背輂子：原本作輾，依圖改正，

功限

坐車子一輛：原本輛作量，

華機子

敘事

淮南子云一節：原本紩誤絲，挂誤掛，下脫其成漁網羅一句，爲下脫之字，杼誤箏，複誤復，便下脫其用二字，依淮南子卷十三氾論訓改正，

或駐馬卽辦：原本卽作郎，上脫馬字，依新唐書房玄齡傳更正，

手經指挂：原本挂作掛，依前文改正，

故知機杼亦起於上古：原本杼作箏等，依前文改正，

以成機杼：同前

用材

兎耳眼：原本耳作而，依前後文改正，

畫下樘榥眼：原本樘作橖，依文義改正，

心榥上量七寸：原本無量字，依文義加入，

共是六個眼子　原本共作士，依文義改正，

是前順欓梡後順根　原本作前後順欓梡順根，依附圖及前後文改正，

安立叉子一個立叉……　原本叉作人，依附圖形狀改正，

自立叉子　原本自作是，叉作人，依文義改正，

口子合心橫鑽塞眼上安立杆　原本鑽作鎖，塞作寨，依前後文改正，

塞眼　原本塞作寨，依附圖形狀改正，

白踏椿子　原本踏作踏，係筆誤，

只用梭子　原本梭作捲，依字義改正，

功限

弓棚架　原本誤棚弁弓，依前文改正，

立竿二條　原本立作利，依前文改正，

泛床子

用材

俗謂之框 原本作框，依文義改正，

向裏壹第一箇樑子眼 原本第作弟，

壹第二箇樑子眼同前，

第四箇樑子眼同前，

內白踏擋蘸椿子打縉線 原本踏作踏，係筆誤，椿作揣，依附圖改正，

掉鑵座

用材

橫兩樑長二尺一寸 原本作當，依前後文改正，

立叉子下除卯向上高七寸 原本作耳，依前後文改正，

立機子

用材

橫榥眼下空一寸 原本作十，依文義改正，

是脚踏五木棿眼：原本踏作路，

同前：原本作前同，

廣厚同前：同前，

心向兩壁：原本作心兩兩壁，

二寸四分：原本作二十四分，

離六寸鑽塞眼：原本鑽作鎖，塞作棗，

長脚踏：原本踏作路，

短脚踏：同前，

從轉軸眼向前量五寸：原本作從彎眼向前量五寸寸，依文義分別增減，

開口子長……：原本開作間，依前文改正，

所以不同：原本作所不以同，依文義改正，

功限

脚踏：五木……原本踏作踏，

懸魚兒鵶兒木……原本兒作鷄，依前文改正，

羅機子

用材

樓機子眼盡：前量五寸原本盡作晝，繕誤，

横榥眼盡：前量八寸六分原本榥作挽，依前後文改正，

後脚廣厚同前：原本作前同，

小布臥機子

用材：

臥身子前頭髋外原本作立，依圖改正，

上鵶兒：口在內原本作鶉，依前後文改正，

豁絲木眼下量三寸二分原本作尺，依前後文改正，

腳踏闕子眼：原本踏作路，

橫桄上嵌坐板：原本用小字，依前後文改為正文，

腳踏子：原本踏作路，

礣混同前：原本作前同，

THE BULLETIN OF
THE SOCIETY FOR RESEARCH IN CHINESE ARCHITECTURE
Vol. III. No. 4

English Translation of Outline of Texts

The San-ta-shih Tien of Kuang-chi Ssu, Pao-ti Hsien

by Liang Ssu-ch'eng

I—The Journey

Pao-ti Hsien is situated about 60 miles south-east of Peiping. San-ta-shih Tien (The Hall of the Three Great Boddhisattvas) of Kuang-chi Ssu (The Temple of Far-reaching Salvation) is the subject of this study. It was discovered by the author in April, 1932; surveyed and photographed in June of the same year.

II—History of the Construction of the Temple

Nine steles of different periods, ranging from 1025 A.D. to 1872, now still standing in the Hall, constitute the main source of information.

The Temple was founded about 1005 A.D. by the Monk Hung-yen who built the well-pavilion, the lecture hall with its pulpit, the common room, and the bath, now all destroyed. A stele was erected in 1025 (5th Year of T'ai-p'ing, Liao Dynasty), conmemorating the completion of the Main Hall and the Gate of Lokapalas after three years of labour under Monks Tao-kuang and Yi-hung, with the donation of Wang Wen-hsi and others. The Temple was consecrated by Imperial Mandate in 1036. A wooden pagoda of "180 feet high" was built behind the Hall soon afterwards, but destroyed by fire sometime between 1149 and 1161 during the Liao-Chin wars. The Wooden Pagoda of Ying Hsien (1056), Shansi Province, the only example of its kind known to us (fig. 8), may give some idea of the appearance of the destroyed pagoda.

No stele of either Chin or Yuan dynasties are found.

The next recorded reconstruction came in the middle of the Ming dynasty. Work was started in 1529 and completed in 1534 (8th to 13th Year of Chia-ching). Monk Yuen-ch'eng of P'an-shan, Chi-chou, was responsible for the replacing of two "principal beams", modelling and painting of 500 Arhats on and along the walls, besides the Five Ta-shih-p'u-sa and the Guardian Kings. Names of 18 technicians were found on the back of the stele, among whom may be mentioned Pu Ching, Hsü Po-ch'üan, beam replacers; Yang Lin, master carpenter; Li Hsiu, master mason; Hsü Wen and Ch'eng Hsiang, modellers; etc.

In 1581, Pao-hsiang Ko, a two or three(?) storied building, was completed behind the Hall on the original site of the Pagoda. It was recorded as still existing in the 1745 edition of the *Pao-ti-hsien-chih*. But today even the foundation is untraceable. The date of its destruction is unknown.

The last repairing in the Ming dynasty was in 1640, as is mentioned in the stele of 1829, the main object of which was however, for recording the restoration of the Hall by Monk Hsien-ch'eng with the donation of Chang Chih-yi, when, besides repainting the wood-work, the "inclined posts were put back to the plumb line, the buried base re-uncovered", images re-gilded, and eighteen additional Arhats modelled.

In 1872, a stele was erected, recording the repainting of the wood-work. No other records thereafter.

III—The Hall

1. Plan. A peristylar hall of six by five columns, described in the 1025 stele as "five bays by eight rafter-lengths", measures 24.50 by 18 m, The longer side is the front, facing south. The two front inner peristylar columns of the central bay are placed one rafter-length (½ bay) back, causing a peculiar construction of the "truss" above. In the northern half of the "cella" is the platform on which sit the images of the "Three Great Boddhisattvas". The entire structure stands on a masonary "base", the surface of which is now only 20 cm. above the present grade. There is a terrace in front of the base. now flushing with the ground. (pl. 2)

2. Elevations. (pl. 3 & 4, fig. 10). The Hall is a building of one story, with single-decked roof of "four slopes". The boldly proportioned *tou-kung* (bracketing system) supporting the heavy over-hanging eave, and the comparatively gentle pitch of the roof, with its short main ridge and gigantic ridge-end ornaments are characteristics not found in later structures. The masonary wall is bulky. The three central bays in front and the one in rear

are filled in with doors. The wood-work below the lintel is all painted red, while the *tou-kung* and members above are painted green.

3. Columns. The exterior columns of 51 cm. diameter measure about 8.6 diameters in height. A slight entasis of 25/1000 and an incline of less than 1 % are some points of refinement detected after careful measurement. The interior columns are all of 11 diameter in height in sp..e of the two different sizes. However, it seems not likely that the height of the column was determined by a certain ratio to the diameter.

The bases of the columns are of brick, probably not original. The column at the center of the east side of the inner peristyle has its lower part in stone, probably a modern replacement of the decayed portion. The small posts now supporting the middle of some beams are later additions.

4. Lintels and *Tou-kungs*. Every structural member in the entire building is exposed.

a. Exterior Frame-work. Lintel and plate of same size, combined as a T-beam, span the inter-columnar spaces of the front facade. *Tou-kung** (bracketing system) are placed on the plate.

(1) *Chu-t'ou-p'u-cho** (The set of *tou-kung* on top of the column, fig. 11.) Its principal function is the carrying of the eave. It is composed of a number of corbelling arms (*kungs*) and blocks (*tous*), so arranged to enable a far overhang of the eave.

(2) *Chuan-chiao-p'u-cho* (The set on the corner column.) Structurally it is the intersection of *chu-t'ou-p'u-cho* of two fronts. Additional *kungs* on the mitre-line are introduced to support the hip-rafters above (fig. 11, 12). The rear of the *p'u-cho* is formed by five tiers of corbelling *kungs* on the mitre-line (fig. 13).

(3) *Pu-chien-p'u-cho* (The set that is in the bay.) The *p'u-cho* is supported by a short stud resting on the plate. The rear is like (2), without transversal *kungs*, a Sung characteristic now still seen in Japanese architecture of the same period. The *p'u-cho* in the end bays have their rear swung aside to make room for the rear of the *chuan-chiao-p'u-cho* (fig. 14).

(4) Eave-purlin. Round in cross-section. It is supported by the tips of the out-stretching *kungs*.

* The *tou-kung* is also called the *p'u-cho*, the former name is more used when refering to it as a *system*, while the latter is often used to designate the actual *set* of *tou-kung*.

(5) *Chiao-liang*. ("Corner-beam"). The hip-rafter is the extension of the corner *kungs*. *Ta-chiao-liang*, the one under-neath, is larger and shorter, while the *tse-chiao-liang* above is narrower and longer, the tip of the latter is protected by a tile dragon head.

b. Interior Frame Work.

(1) *Ju-fu*. Also called *shuang-pu-liang* ("beam of two rafter-lengths"). Supported on ends by outer and inner peristylar columns, with a simple *p'u-cho* on the middle, it carries the load of the purlin and the roof above it (pl. 5, 6, 7, & fig. 16).

(2) *San-ch'uan-fu*. Also called *san-pu-liang* ("beam of three rafter-lengths"). Spanning the inner front of the central bay, it has two points of concentrated load, with *p'u-cho* to transmit the load of the purlin and roof above. For the inner *p'u-cho* a *t'o-feng* or "camel's hump" is used to gain height. (pl. 5 & fig. 16, 17).

(3) *Ssu-ch'uan-fu*. Also called *wu-chia-liang* ("beam of five purlins"). Though it is "four rafter-lengths" long, its clear span is actually only three rafter-lengths. One-third from the north end is a *p'u-cho*, supporting the *p'ing-liang* above, while the southern quarter of the beam reaches one rafter-length beyond the point of support. Such assymetrical arrangement as well as the supporting of the *p'u-cho* on *t'o-feng* resting on small *tous* are unicque motifs not seen elsewhere or in later buildings. (pl. 5).

(4) *P'ing-liang*. Also called *san-chia-liang* ("beam of three purlins"). On the middle of the *p'ing-liang* is a small *t'o-feng*, with a short post and *tou*, supporting the ridge-purlin (fig. 18), resembling the king-post in a truss, and the two inclined members that hold the ridge-purlin from rolling off are like the principal rafters of a truss. But the ensemble cannot be considered as a truss in the real sense because it exerts not thrust.

(5) *T'ai-p'ing-liang*. Same as (4) in construction. It is placed on the *Shun-liang*, and further towards the end of the building, to receive the ridge-end ornaments above.

(6) *Liang-shan-shang-p'ing-ch'uan*. (The topmost row of purlins on the narrow side of the building.) The motif consists of the purlin proper and three auxiliary members called *fang*, and is placed on the *shun-liang*.

(7) *Liang-shan-chung-p'ing-ch'uan*. (The intermediate row of purlins of the narrow side of the building). They are supported by the interior *chu-t'ou-p'u-cho* at the ends, and at the middle by a *pu-chien-p'u-cho* (fig. 21.). Through the latter, the greater part of the load of the *shun-liang* is transmitted on to the lintel which is too small for the burden. The shaded portion in fig. 22 shows the area of the roof taken care of by the lintel. The load is calculated to be 9450 kg. while the safe load of the lintel is only 2820 kg. The additional posts mentioned in paragraph 3 are the result of such conditions.

(8) *Shun-liang*. with one end on the *ssu-ch'uan-fu* and the other on (7), it is another weak-point in the structure of the Hall. The present beam with its excessive width is a Ming or Ts'ing replacement.

(9, 10, 11) Purlins of the Longer side. Similar to those on the narrow side of the building.

A careful study shows a high standardization of the sizes of the structural members. *Ts'ai*, the size of the *kung*, about 24 by 16 cm., being the unit-measure. All members are either multiple of the *ts'ai*, or fraction of it called the *ch'i*, or of both.

5. Pitch and Curve of the Roof. The pitch is 1:2. The curve is plotted by lowering eaeh intermediate purlin 1/10 the height from the purlin above to the bottom of the truss below the straight line drawn from the top of the purlin above to the top of the lowest purlin, in accordance to the *Ying-tsao-fa-shih* method. (fig. 24).

6. Roof. The sheathing is of brick. Tubular and plate tiles form the exterior cover, with gigantic ridge-end ornaments of archaic modelling. The ornamental animals on the corners are also archaic and unusual (fig. 25-29).

7. Masonary Walls. } Modern restorations (fig. 30).
8. Doors.

9. Images. The three principal figures and the attending boddhisattvas (fig. 32-34) are attributed to Liu Yuan, arch sculptor of the Yuan dynasty. A comparison with figures of different periods (fig. 31) seems to confirm the date. The Arhats and guardians (fig. 35-37) are probably of the middle Ming period.

10. *Pien*. Tablets are hung over the central doorway, the one above with characters "San-ta-shih Tien", and the one below, "O-mi-t'o-fo" or "Amitabha" (fig. 30).

11. Steles. The 1025 stele (fig. 38) is the oldest and most important among the group. It is of hard lime-stone with highly polished finish. The inscription records in detail the origin of the Temple and the construction of the Hall. It is known as one of the "Eight Sights" of Pao-ti (fig. 6). The other eight steles are of the Ming and Ts'ing periods.

12. Furniture and Property. Three sacrificial tables of rigid and angular design are still conserved. Two *ch'ings* (iron bells) of the Ming dynasty are the only things worth noticing besides the tables.

IV—Conclusion

1. It is one of the oldest wooden structures known in China, 41 years later than the Kwan-yin Ko and Shan-men of Tu-lo Ssu, Chi Hsien, (984, cf. The Bulletin, Vol III, No. 2), and thirteen years earlier than the Library of Hsia-hua-yen Ssu of Ta-tung, Shansi (1038).

2. The Gate of Lokapalas, the Wooden Pagada, the Pao-hsiang Ko, mentioned in the different steles, were all destroyed; only the San-ta-shih Tien survived through these thousand years of destruction.

3. The heavy proportion of the *tou-kung*, the frank exposure of all construction, the standardization of the structural members, and the assymetrical arrangement of the principal beams are among the most important and interesting characteristics of the Hall.

4. The bold and archaic tile ornaments are rare examples.

5. The principal sculpture is probably by Liu Yuan of the Yuan dynasty.

The Iron Pagoda of K'ai-feng

by Lung Fei-liao

History of the Iron Pagoda

Erected 1041 (?), there are various dates, from 1067 to 1773, found on the bricks. For the past 891 years, 37 earthquakes, 18 hurricanes, 15 floods, 9 rainstorms had been recorded in the district, which may be considered as a series of severe tests to which the Pagoda was subjected.

Material and Construction

Octagonal in plan, thirteen stories in height, with doorways on four sides, and round columns at corners. A balcony and a cornice is attached to each story. Grey brick is used for the core, with iorn-coloured glazed bricks for facing. There is a metal finiale on top. Strong mortar of lime-clay-sand mixture is used for exterior pointing while pure lime is used for interior.

Dimemsions:

Height	57.34 m.
Length of 1 side at base	4.15 m.
Interior stairway: riser	0.28 m.
tread	0.25 m.
Incline of side	1:14
cf. Table	

Stability:

Volume	3,078 cu. m.
Total Weight	5,902,760 kg.
Effect of Wind Pressure:	
(Velocity assumed: 15 m/sec～30 m/sec)	29.25 kg/m —117 kg/m
Total wind pressure on Pagoda	13,385.3～53,541.54 kg.
Point of concentration of pressure	26 m. from ground.
Bending moment	348,017.41 kg. m.～1,392,080.04 kg. m.
Effect of Earthquake:	
$k < 0.1$ (horizontal vibration)	
$k < 0.05$ (vertical vibration).	
Centre of gravity of Pagoda,	24.408 m. from ground.
Bending moment on Pagoda due to earthquake	14.320,095.76 kg. m.
Max. Comp. stress.	8.26 kg/cm^2
Min. comp. stress,	6.14 kg/cm^2
Comp. stress under max. quake	9.46 kg/cm^2
Shearing stress	1.11 kg/cm^2

Plan for Reconrtruction of Floors and Beams of Wen-yuan Ko, Palace Museum, Peiping

By Ts'ai Fang-yin, Liu Tun-tseng, & Liang Ssu-ch'eng

The Society was requested by the Palace Museum authorities to investigate the floors of the Wen-yuen Ko, the house of the famous *Four*

The Last line of Page 8
Should be removed to the
bottom of Page 9

Libraries, which has sagged considerably. After careful examinations, it was found that the sagging was due to the deflection of the principal girders, which are compound-beams of irregular piecing. Calculation shows that the load on the girders is about double the allowable figure. Since all other parts of the building are still in perfect condition it is suggested that reenforced concrete girders be used to replace the original. Smaller beams near the middle of the girder may be used to carry concentrated load of the book-shelf at the centre of the bays. The girder is designed with a T cross section. The flange being of the same width as the original joint to avoid weakening of the columns. Fig. 1 shows plan of the building and deflection of girders. Fig. 2 shows cross-sections of the suggested beams.

Chemical Analysis of Tile Glaze
by Perceval Yetts.

Paragraphs translated into Chinese from *Notes on Chinese Roof-tiles* by Dr. Yetts. cf. original in English.

Architecture of Suburbal Peiping.
by Liang Ssu-ch'êng and Phyllis W. Y. Lin.

Being notes on old remains of architecture in the suburb of Peiping. They are the authors' attempt to bring out the architectural and archaeological siginificance as well as the poetic and picturesque beauties of both the famous and little known architectural treasures in the suburb of Peiping.

1. The Plan of Wo-fo-ssu. The well-known Temple of the Sleeping Buddha, though familiar to many, few realize the significance of its unusual planning. It is perhaps a unique example near Peiping with a plan arranged in the T'ang manner. The collonade carried all the way around the entire enclosure is an important T'ang characteristic now quite rare in Chinese Buddhistic temples. It is the general *parti* of the plan that is important, for though reconstruction had taken place over and over again, it has retained its original features, indicating its ancient origin. The present buildings are, however, of the orthodox Ts'ing style, deserving no special attention.

2. The Gate-way of Fa-hai Ssu. Chü-yung Kuan, the famous arched gate-way beyond the Nankou Pass, is said to have been originally crowned with a stupa. The gate-way of Fa-hai Ssu, a small monument marking the called *ch'üeh*, on which are often found reliefs depicting the career of the

beginning of the approach to the hill-side temple, is a stone arch with a small stupa sitting gracefully on top. Though very much smaller in size and later in date (1660), it may, nevertheless, serve as an example giving a general idea of the original appearance of the well-known Chü-yung Kuan.

3. Three Stone Shrines at Hsing-tse-k'ou. These small shrines of stone slabs are objects one can never miss when travelling along the highway between Hsiang Shan and Pa-ta-chu. They stand on the precipice that overlooks the narrow pass of Hsing-tse-k'ou. Though their origin is still obscure, one of them bears inscriptions made by visitors as early as the "5th. Year of Ch'eng-an" (1200) and "9th. Year of chih-yuan" (1272). In the principal shrine is a sitting statue, though headless and broken in the middle, its fluent drapery and graceful posture are certain evidences of the chisel of a late Sung sculptor.

(To be continued.)

Ta-chuang-shih Notes (continued)

by Liu Tun-cheng

Imperial Tombs of Western Han Dynasty:

Large elaborate tomb construction started by Ch'in Shih-huang-ti. Han Emperors started constuction year after ascending throne. Tombs usually as large as small town, with regular inhabitants, manned by officers, guarded by garrison. Tomb proper covers ground of 7 *ch'ing* (1 *ch'ing* = 100 *mow*). Burial space occupied 1 *ch'ing*, called *fang-chung*, 130 feet deep. Vault is called *ming-chung*, 17 feet high, in which is placed coffin. Vault has doorway on four sides, wide enough for chariot of six horses. Rich treasures are also buried into *ming-chung*. Leading from *ming-chung* are steps and ramps. There are also traps for catching possible tomb diggers. Attached to the *ming-chung* are anti-chambers and passages called *pien-fang*, *hung-tung*, *shan-tao*, etc.

Ground over *fang-chung* is covered by a square or rectangular pyramid or mound of earth, called the *fang-shang*. Resembles Egyptian mastabas. Some stepped like pyramids at Sakkara and Medum.

Earth for *fang-shang* often mixed with sand or charcoal. On top of *fang-shang* are often planted trees to make them resemble hills.

Fang-shang is often surrounded by walls with gateways on four sides, about 100 to 140 feet away from *fang-shang*. Gateway is flanked by "pylons", dead. The approach to the tomb is often flanked by rows of animal and human figures.

In front of the tomb are the *miao* and *ch'in*, the former is the hall for the name tablet of the deceased, while the latter is for his daily apparells. The *ch'in* of the Han tombs seemed to be placed on the eastern side of the tomb, but the position of the *miao* is uncertain. Sometimes bird houses and deer parks are attached to form parts of the tomb.

Imperial Tombs of Eastern Han Dynasty:

Similar to Western Han Tombs in general arrangement, but far less elaborate. Of all the later Han Tombs, only that of Emperor Kuang-wu was surrounded by wall. A new feature in the later Han Tombs is the Stone Hall in front of the *fang-shang*, probably the prototype of the sacrificial halls in front of later tombs.

A Letter from Professor Paul Pelliot to Liang Ssu-ch'eng

In a letter to Professor Pelliot in May, 1932, I asked him whether he has a better photograph of the wooden porch shown in "Premiere visite au Ts'ien-fo-tong" in Plate VII of *Les Grottes de Touen-houang*, and also of the interior of Grotto 130. And begged him to supply me with any historical material concerning these wooden structures, and to allow me to reproduce some of his photographs.

In his reply deted July 30, 1932, from Paris, Professor Pelliot expressed his regret for not having better photographs of those I asked for, but he generously gave me some most valuable information concerning the wooden porches of grottoes 130 and 120a. The former was built in 980 by Ts'ao Yen-lu, heraditary governor of Tun-huang, and the latter in 976 by Ts'ao Yen-kung, Yen-lu's brother and predecessor, according to the inscriptions found on the principal beams of the porches.

These are perhaps the oldest wooden structures known in China, antidating the recently discovered Tu-lo Ssu (984), which is, however, older than the Hua-yen Ssu Library, (1038), refered to by Professor Pelliot in his letter.

The reader is reffered to the *T'ong-pao*, page 413, 1931, and Chapter 16 of Wang Kuo-wei's *Kuang-t'ang-chi-lin*, and Chapter 496 of *Sung-Shih* for particulars concerning the Ts'ao family history.

L. S.-C.

News of the Society:

Report submited to the China Foundation for the Promotion of Education and Culture, on the works of the Society from July 1 to December 31, 1932.

A.—Field Work: 1. San-ta-shih Tien of Kuang-chi Ssu, Pao-ti.

2. Chih-hua Ssu of Peiping.

3. Liu-ho T'a of Hang-chow.

B.—Restoration Plans:

1. Wen-yuan Ko, Palace Museum.

2. South-eastern Corner Tower, City Wall of Peiping.

3. Nan-hsun Tien, Old Imperial Palace.

C.—Editing of Old Books:

1. *Kung-ch'eng-cho-fa-che-li*.

2. *Ying-tsao-fa-shih*.

3. *Ying-tsao-fa-yuan*.

4. *Chih-jen-yi-chih*.

5. Cataloging of Books on Chinese architecture.

D.—Collection of Historical Materials:

1. On the Imperials Palaces of Ming Dynasty.

2. For the Collected Biographies of Master Craftsmen.

3. For the History of Chinese Architecture.

E.—Exhibitions: 1. The Chicago Exhibition.

2. Joint Exhibition of Peiping Cultural Organizations for the Relief of North-eastern (Manchurian) Refugees.

Chih-jen-yi-chih, Chapter 18,245 of Yung-lo-ta-tien (Reprint) edited by Chu Ch'i-ch'ien & Liu Tun-tseng.

The original of this book on the "Craft of the Cart-maker" is in the posession of Mr. C. H. Brewill-Taylor of England. Photostats of them were acquired from the British Museum through Mr. T. L. Yuan, Director of the National Library of Peiping. The text is been re-punctuated. Notes has been added to both the Text and the Drawings.

勸請影印宋磧砂藏經啟

吾國雕刻書版，皆謂導源於佛經，而宋代所刻，傳至今日，若蜀本，若福州本，若思溪本，往往殘卷零函，不能首尾完具也，今影印宋版藏經會所發行之磧砂藏經，則有六千三百十卷，求之法海，厥爲偉觀，此經宋理宗紹定時，平江府磧砂延聖院刊本，具載經跋，元僧圓至曾爲院記述其事，牧濟集及清康熙蘇州府志均錄之，同治蘇州府志，且志其靈異，云有藏經坊，相傳鳥雀不入，其倡刊之人，就經跋推考，初爲紹定四年七月刊大寶積經之范顯，次爲紹定五年五月題無量壽經之勸緣僧善成法澄法如法升法超志圓，一說則爲比丘尼弘道，斷臂勸募，弘道旣歿，其徒復斷臂繼之，更三世其願始滿，見於明萬曆時馮夢禎刻方冊藏緣起，此經發見之地，在今之西安臥龍開元兩寺，而刊版之平江府舊地，則已遍訪不得一帙，夫以始事之淨苦勇毅，宜其有莊嚴鄭重之成就，遠越三千里，久蹤六百年，而猶存孤本也，會衆整理，頗費時日，部居類次，燦然可觀，祇以僻處陝中，未能移瀉付印，派人攜具，往攝原本，緣是運輸艱困，損耗繁鉅，非言說可盡，茲幸已攝印有成矣，約其特點，爲陳三端，此經原有端平目錄，日本昭和法寶，曾以輯入，但依千文列次，自天字大般若波羅蜜多經起，至合字南本大般涅槃經止，僅有一千四百三十二部，五千八百五十七卷，乃今日訪得之經本，實不止此數，合字以下，有濟字宗鏡錄，且直至煩字天目中峯和尚語錄，溢出八十九部，四百五十三卷，不可謂非徵勘藏人之成績，至所有經律論，爲宋代他藏所無者，爲元明清各藏所無者，爲日本高麗各藏所無者，更難以枚舉，此其特點一也，吾國刻書，向苦校正譌字之不易，佛經自不能爲例外，而此經則極少譌字，影印落石，不失真相，用以糾正他刻者甚夥，姑略舉法華經之鳩摩羅什七卷本及闍那掘多八卷本爲例，序品，名月天子之名字，他刻嘗誤作明，方便品，若草木及筆之筆字，他刻嘗誤作葦，純有貞實之貞字，他刻嘗誤作眞，受記品，及轉次受決之及字，他刻嘗誤作乃，或緣形混，或涉音訛，讀者多生疑惑，安可少此貢獻，更有對於他刻，補正經文之脫衍，參訂經題名稱之闕略倒乙，若詳加校錄，將成書盈尺不止，此其特點二也，比經之佛像及經文，皆有書者繪者刊者姓名，像式多至七種以上，書殊且有仿賓盧聚者，依其年代，考其作派，殆可謂一佛教美術之系統，復次，各部卷首之序文，別藏略有遺佚，如大乘起信論之智愷序，明藏即無之，藥師如來本願經之慧矩序，瑜伽師地論新譯之許敬宗序，佛遺教經之宋景宗序，最近頻伽藏且無之，復次，各部卷末及中縫之題跋，尤蘊藏恭富，如經局之組織，施主之名稱，刻版之工値，亦研求社會體俗經濟者所欲急得之事徵，此其特點三也，世間雖得睹此法典，寧有不歡喜踴躍以求之者哉，原本梵夾，今易綫裝，廣爲流通，極求便省，稱知覺舍時彥，梵刹緇流，得聞經名，必發弘願，或演繹以紙於藏栞，或供養以術於天龍，時節因緣，庶其在此，代瀆清聰，主臣主臣。

全藏冊數　五百九十二冊，分裝六十套，用連史紙影印。

預約實價　國幣五百二十五圓，一次交足，郵費書套費書箱費在外。

寄經郵費，國幣二十圓。

書套費，四摺式布套，計六十個，每套加印經目，國幣四十圓，郵費三圓，雙摺式布套，計六十個，每套加印經目，國幣二十圓，郵費二圓二角。

書箱費，精製木箱四只，國幣四十八圓，不能郵寄。

預約期限　上海本埠，定至民國廿二年六月底截止，外埠展至同年九月底截止，國外展至同年十二月底截止。

出書期限　民國廿二年六月，印出一百五十冊，同年十二月，印出一百五十冊，民國廿三年六月，印出一百五十冊，同年十二月出齊。

發行者　影印宋版藏經會，該會在上海公共租界威海衛路一百八十號，一切預約詳章，可向該會索取。

中國佛教會啓

本社職員

社長 朱啓鈐

文獻主任 劉敦楨 編纂 瞿祖豫 單士元

法式主任 梁思成 助理 邵力工

編纂 瞿兌之 梁啓雄 謝國楨 會計 朱湘筠

收掌彙厰務 韓振魁 事務員 劉家祺

本社社員

幹事會 朱啓鈐 周詒春 葉恭綽 孟錫珏 袁同禮

陶蘭泉 陳垣 華南圭 周作民 錢新之

徐新六 裘子元

評議 郭葆昌 關冕鈞 徐世章 吳延清 張文孚

馬世杰 張萬祿 林行規 翟孟生 李慶芳

何遂 艾克 鮑希曼 彭濟羣

校理 馬衡 葉瀚 胡玉縉 任鳳苞 江紹杰

孫壯 陶洙 劉南策 盧樹森 金開藩

唐在復 劉嗣春 葉公超 林徽音 吳其昌

汪申

參校 陳植 松崎鶴雄 橋川時雄 關祖章 趙深

林志可 宋麟徵

中國營造學社彙刊

第三卷 第四期

中華民國廿二年十二月出版

每冊六角 郵費六分

全年四冊 二元二角 郵費二角四分

編輯者 中國營造學社

北平中山公園內

電話南局二五三六號

發行者 中國營造學社

北平和平門內北新華街

電話南局四五七〇號

印刷者 京城印書局

寄售處

國立北平圖書館

北平米市大街新月書店

天津法租界廿六號路利亞書局

南京中央大學對過萊巷口鍾山書店

上海寧波路四十號趙深建築師

上海福州路五五六號作者書社

BULLETIN
OF THE
SOCIETY FOR RESEARCH IN CHINESE ARCHITECTURE

Vol. III, No. 4. **December, 1932**

Articles:

Correspondence:

News of the Society

Reprint:

Published by the Society at Chung-shan Kung-yuan, Peiping, China